走进生活中的
化学

主　编　姜艳丽　闫慧君　宫显云

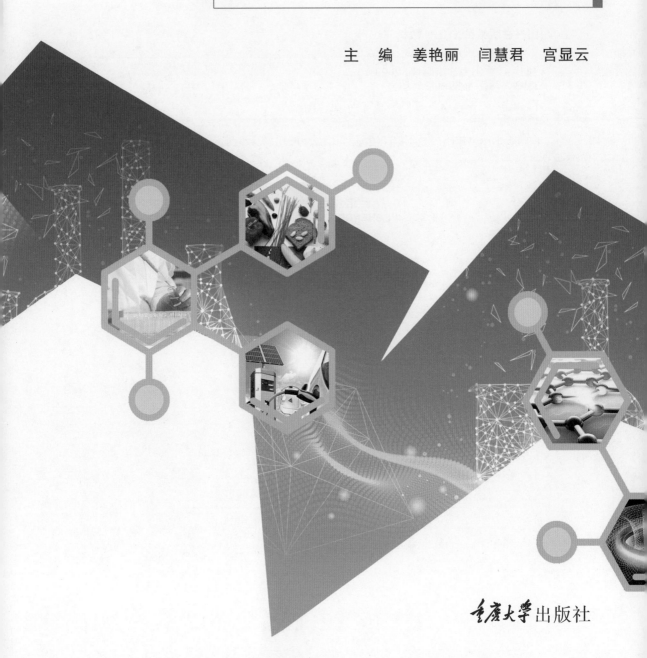

重庆大学出版社

内容提要

本书分为9章，包括化学与食品、化学与日用品、化学与服饰、化学与健康、化学与环境、化学与新能源、化学与材料、化学与文艺、化学与未来世界。本书从现实生活中的衣、食、住、行等许多与化学相关的问题入手，深入浅出地介绍了化学与人类生活、社会发展的关系，具有良好的趣味性、知识性和实用性，使学生进一步认识化学对促进社会发展、提高人类的生活质量等方面做出的重要贡献，关注化学与其他学科的交叉，着力培养学生和社会公众的科学文化素养。

本书可作为高等学校各专业学生的教材，也可供具有初步化学知识的读者阅读，还可供各级各类化学教师参考。

图书在版编目（CIP）数据

走进生活中的化学 / 姜艳丽，闫慧君，宫显云主编
. -- 重庆：重庆大学出版社，2023.7
ISBN 978-7-5689-3425-1

Ⅰ.①走… Ⅱ.①姜…②闫…③宫… Ⅲ.①化学—普及读物 Ⅳ.①O6-49

中国版本图书馆CIP数据核字（2022）第132199号

走进生活中的化学
ZOUJIN SHENGHUO ZHONG DE HUAXUE

主　编：姜艳丽　闫慧君　宫显云
策划编辑：杨粮菊
责任编辑：范　琪　　版式设计：博卷文化
责任校对：王　倩　　责任印制：张　策
*
重庆大学出版社出版发行
出版人：饶帮华
社址：重庆市沙坪坝区大学城西路21号
邮编：401331
电话：（023）88617190　88617185（中小学）
传真：（023）88617186　88617166
网址：http://www.cqup.com.cn
邮箱：fxk@cqup.com.cn（营销中心）
全国新华书店经销
重庆亘鑫印务有限公司印刷
*
开本：787mm×1092mm　1/16　印张：15　字数：377千
2023年7月第1版　2023年7月第1次印刷
印数：1—1 500
ISBN 978-7-5689-3425-1　定价：59.00元

前 言
PREFACE

在我们的生活中，存在着形形色色的物质，而且物质还在不断变化着。化学就是一门研究物质及其变化的科学，它与人类生活密不可分，是人类认识世界、改造世界的好帮手。只要你留心观察、用心思考，就会发现生活中的化学知识到处可见。有的物质是天然存在的，如水、空气；有的物质是由天然物质改造而成的，如酱油和酒是由粮食加工和经过化学处理得到的；而更多的物质不是天然生成的，是用化学方法由人工合成的，如化肥、农药、合成橡胶、合成纤维等。它们无所不在，使人类社会的物质生活更加丰富多彩。纵目四顾，我们会看到各种各样的化学变化、五光十色的化学现象。

本书从现实生活中的衣、食、住、行等许多与化学相关的问题入手，深入浅出地介绍了化学与人类生活、社会发展的关系，具有趣味性、知识性和实用性。本书理论部分力求简单易懂，且与生活紧密联系，注重理论与实践的结合，关注化学与其他学科的交叉，使学生进一步认识化学对促进社会发展、提高人类的生活质量等方面做出的重要贡献，着力培养学生和社会公众的科学文化素养。

本书为黑龙江省线上线下精品课程"走进生活中的化学"的配套教材。本书共分为9章，主要介绍了化学与食品、日用品以及健康的联系，同时研究了化学与新能源、新材料开发的联系等内容，介绍了化学影响日常生活的一些实例，提倡绿色化学和可持续发展的理念。本书的编写工作由哈尔滨学院姜艳丽、闫慧君、宫显云、李莹莹完成，其中姜艳丽负责编写第1章、第4章4.1—4.4（约87千字），闫慧君负责编写第2章、第5章、第6章（约114千字），宫显云负责编写第3章、第4章4.5—4.7、第7章、第8章（约104千字），李莹莹负责编写第9章（约23千字）。在本书的编写过程中，田玫教授、王杨博士等给予了很多帮助，在此对他们表示由衷的感谢。

由于编者水平有限，书中难免有疏漏和不妥之处，敬请读者批评指正。

编　者

2023年3月

目　录
CONTENTS

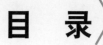

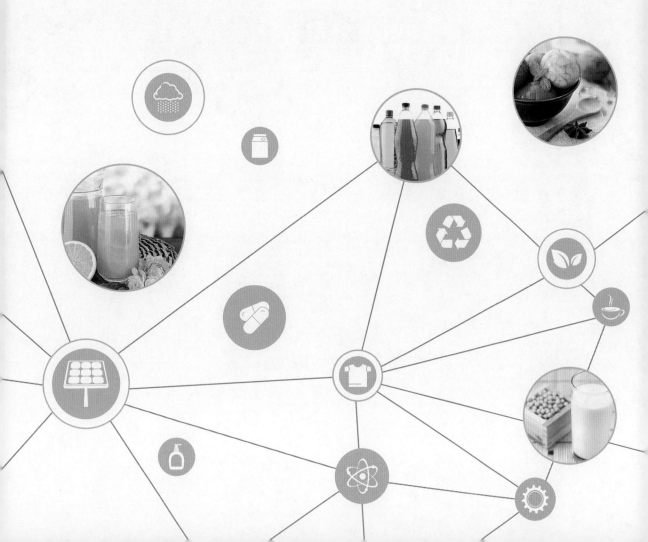

chapter

第 1 章

化学与食品

Chemistry in Daily Life

"民以食为天"，食物是人类赖以生存和发展的基本物质条件。食品安全不仅关系到每一位公民的生命健康权利，也关系着国家和社会的稳定和发展。无论食物来自植物、动物还是微生物，在化学家的眼里不过是一些蛋白质、脂肪、糖、维生素、无机盐和水。而现代食品工业也是一个充满化学物质的工业，食品与化学存在着不可分割的联系。从化学的视角可以分析食品的成分和结构，化学为食品界增添了色彩，但与此同时，人们在食物加工成食品过程中不正确添加和使用化学物质，也给食品带来了不可磨灭的灾难。关注食品与化学，正确看待食品中的化学是人们必备的素质。

1.1 化学与牛奶及乳制品

新鲜的牛奶是一种青白色、白色或略带黄色的不透明液体，稍有甜味，具有特殊的香味。牛奶是一种营养成分齐全、组成比例适宜、容易消化吸收的天然优质食物，不但适合婴儿、病人和老年人食用，也适合广大的普通人群食用。衍生的乳制品如图1.1所示。

图1.1 乳制品

1.1.1 牛奶的化学成分

牛奶的化学成分非常复杂，实验证实有100多种，主要有水、乳脂肪、矿物质、蛋白质、乳糖、无机盐等。其主要成分的含量因乳牛的品种不同、或相同品种不同个体之间不同，其差别很大。一般牛奶含水分约87.5%、乳脂肪约3.5%、蛋白质约3.4%、乳糖约4.6%、无机盐约0.7%、其他约0.3%。

乳脂肪是一种被称为三酸甘油酯的不同脂肪酸酯的混合物，三酸甘油酯是甘油和脂肪酸的化合物，约90%的乳脂肪是脂肪酸参与构成的酯。脂肪酸分子（分子式为RCOOH）是由一个烃基长链和一个羧基（—COOH）组成的。每一个甘油分子都能够结合三个脂肪酸分子，由于这三个脂肪酸分子不一定相同，所以乳中有大量不同种类的甘油酯。乳脂肪的特征是含有大量的丁酸和己酸。

牛奶中的蛋白质是由被称作氨基酸的较小的单位组成的大分子物质。一个蛋白质分子由一个或多个有一定顺序的氨基酸链组成，一个蛋白质分子通常包含有100～200个氨基酸，但也有小于100、大于200个氨基酸组成的蛋白质分子。氨基酸分子的特点是既含一个弱碱性的氨基（—NH$_2$），又含有一个弱酸性的羧基（—COOH）。用于构成蛋白质的氨基酸有20多种，在乳蛋白质中可见到18种。从营养角度来说，20多种氨基酸中有8种（对于婴儿有9种）氨基酸是非常重要的，这8种氨基酸人体自身不能合成。由于这些氨基酸对维持正常代谢非常必要，因此必须由食物来提供。这些氨基酸被称为必需氨基酸，乳蛋白质中含有全部的必需氨基酸。

乳糖是一种仅在乳中发现的糖类，属碳水化合物类。乳糖属双糖，含有葡萄糖和半乳糖两种分子，是水溶性的，在乳中以分子形式存在。乳糖没有其他糖类甜，例如，其甜度比蔗糖低30倍。

牛奶还能够为我们提供维生素A、维生素B$_2$和钙。牛奶是人体钙的最佳来源。牛奶中钙磷比例适当，非常有利于人体对钙的吸收，而且牛奶中的乳糖能促进人体肠壁对钙的吸收，吸收率高达98%，从而调节体内钙的代谢，维持血清钙浓度，增进骨骼的钙化。值得一提的是，牛奶中某些成分还能抑制肝脏制造胆固醇的数量，使得牛奶还具有降低胆固醇的作用。但牛奶中维生素B$_1$和维生素C很少，铁含量很低，如果用牛奶喂养婴儿，应注意铁的补充。

1.1.2 乳制品种类

乳制品是一种可以伴随人类一生的食品，如何选购及正确饮用非常重要。目前，国内市场上的乳制品主要有液态奶、发酵奶、奶粉和干酪。

（1）液态奶

液态奶是指以生鲜牛（羊）奶为原料，不添加或添加辅料，经巴氏杀菌或灭菌制成的液体产品，包括巴氏杀菌纯牛（羊）奶、巴氏杀菌调味奶、灭菌纯牛（羊）奶及灭菌调味奶，不包括炼乳和酸奶。

目前，在市场上流通的液态鲜奶主要有巴氏杀菌奶和灭菌牛奶。巴氏杀菌奶是经低温杀菌的纯鲜牛奶，保质期较短，一般在48 h以内，其特点是最大限度地保存了牛奶中的营养元素。一般每日配送到家，或在商超冷柜区销售。切记巴氏杀菌奶要在2～6 ℃条件保存，否则会很快变质而不能饮用。

在超市里常见的不需要冷藏的长效奶称为灭菌牛奶，也称为UHT奶，这种奶在加工过程中全面灭菌，因此不含任何防腐剂也可在常温下保存，但怕热和阳光照射，保质期大部分是30 d或更长时间。灭菌牛奶因经过全面灭菌，所以奶中含有的对人体有益的菌种基本被破坏，营养损失较大。

液态奶根据脂肪含量的不同可分为全脂奶（脂肪质量分数≥3.1%），部分脱脂奶（脂肪质量分数1.0%～2.0%），脱脂奶（脂肪质量分数≤0.5%）。

（2）发酵奶

发酵奶是以生牛（羊）奶或奶粉为原料，经杀菌、发酵后制成的pH值降低的产品。

"风味发酵奶"是以80%以上生牛（羊）奶或奶粉为原料，添加其他原料，经杀菌、发酵后pH值降低，发酵前或后添加或不添加食品添加剂、营养强化剂、果蔬、谷物等制成的产品。

酸奶是以生牛（羊）奶或奶粉为原料，经杀菌、接种嗜热链球菌和保加利亚乳杆菌（德氏乳杆菌保加利亚亚种）发酵制成的产品。"风味酸奶"是以80%以上生牛（羊）奶或奶粉为原料，添加其他原料，经杀菌、接种嗜热链球菌和保加利亚乳杆菌（德氏乳杆菌保加利亚亚种）、发酵前或后添加或不添加食品添加剂、营养强化剂、果蔬、谷物等制成的产品。

鲜牛奶在发酵过程中乳糖已被发酵成乳酸，所以有"乳糖不耐受症"的人饮用酸奶不会出现腹痛、腹泻的现象。在发酵过程中，乳酸菌发酵产生蛋白质水解酶，使原料奶中部分蛋白质水解，从而使酸奶含有比原料奶中更多的肽和比例更合理的人体所需的必需氨基酸，使得酸奶中的蛋白质更易被机体所利用。其中的乳酸菌生物活性因子，可以有效抑制肠道腐败菌、致病菌，维持肠道微生物菌群平衡。

（3）奶粉

奶粉是将原汁奶消毒后在真空下低温脱水得到的固体粉末。在干燥过程中，维生素C、维生素B和硫胺素大量损失，但对其他营养成分没有明显影响。采用氮气包装或真空包装来消除因脂肪氧化而引起的变质。水分降低有利于运输和保存。奶粉冲调容易，使用方便，可以调节产奶的淡、旺季节和地区间供应的不平衡。

目前，我国生产的奶粉主要有全脂奶粉、脱脂奶粉、全脂加糖奶粉、婴幼儿配方奶粉、儿童配方奶粉、中老年配方奶粉、特殊配方奶粉及少量保健奶粉等，婴儿奶粉的产量正在逐步上升。

（4）干酪

干酪是成熟或未成熟的软质、半硬质、硬质或特硬质、可有涂层的乳制品，其中乳清蛋白/酪蛋白的比例不超过牛奶中的相应比例。

1.2 化学与豆浆

豆浆（图1.2）是一种老少皆宜的营养食品。豆浆起源于中国，相传是1 900多年前由西汉淮南王刘安发明的，距今已有接近2 000年的历史了。

图1.2　豆浆

　　豆浆主要由大豆制作而成。大豆按皮色可分为两类：一类为黄豆，另一类为杂豆。黄豆的产量占世界大豆总产量的90%以上，因而约定俗成地将大豆称为黄豆。大豆含有多种营养成分，其主要成分有蛋白质、脂肪、碳水化合物、矿物质、维生素等。各成分的含量随着大豆的品种、产地、收获时间等不同而有所不同。

　　豆浆是大豆经过浸泡、磨浆、过滤、煮沸等工序加工而成的液态制品。一份泡过的大豆加三份热水碾磨成浆，用纱布滤掉残渣即得。大豆中大部分可溶性营养成分在这个生产过程中转移到了豆浆中。

　　大豆蛋白的氨基酸组成相当完全，除蛋氨酸和半胱氨酸含量较少外，其余必需氨基酸含量均达到或超过了世界卫生组织推荐的必需氨基酸需要量水平。黄豆蛋白质所含的各种氨基酸中，赖氨酸的含量特别高，而赖氨酸正是谷物类食品所缺乏的氨基酸，因此，在谷物类食品中添加适量黄豆蛋白质或黄豆制品，或将黄豆制品与谷物类食品配合食用，可以弥补谷物类食品所缺乏的氨基酸，使谷物类食品的营养价值得到进一步提高。黄豆蛋白质是比较难消化的，但是将黄豆加工成豆制品后，既除去了大豆内的有害成分，又使大豆蛋白质消化率得到增加。如鲜豆浆的消化吸收率高达90%～95%，远高于干炒大豆（48%）、煮大豆（65%）、全脂豆粉（80%）、脱脂豆粉（85%）等。豆浆中的化学成分主要有植物蛋白、磷脂、维生素B_1、维生素B_2和维生素B_3。此外，豆浆中还含有铁、钙等矿物质，适合各类人群饮用。

　　豆浆的营养价值和安全性在某些方面是高于牛奶的，原因如下。

　　①营养价值。

　　牛奶中含有少量胆固醇，豆浆中则很低，因此，对肥胖者和血糖高的人来说，选择豆浆更安全；豆浆的钙含量约为牛奶的1/5，但铁含量是牛奶的25倍，钾含量也较高；牛奶中含有乳糖，而豆浆中不含乳糖，乳糖要在乳糖酶的作用下才能分解而被人体吸收，但我国多数人缺乏乳糖酶，这也是很多人喝牛奶会腹泻的主要原因，因此豆浆更适合乳糖不耐受人群饮用。

　　②安全性。

　　绝大多数人都不能掌控牛奶配送中的多个环节，例如，挤奶、鲜奶的防腐和运输等。而对于制作豆浆，现在家用豆浆机已经普及，制作豆浆的所有步骤都在饮用者的掌控当中，而且还可以根据需要在豆浆中加入红枣、枸杞、绿豆、百合、大米、小米、花生等，安全、经济、营养可以兼得。

1.3 酒化学

酒可以说是一系列复杂化学反应的结果，一般是由含糖的有机物如高粱、小麦、葡萄等经微生物发酵制得。例如，用淀粉酿酒，首先是淀粉糖化反应，即淀粉在淀粉酶的作用下水解为葡萄糖，然后是酒精发酵反应，即葡萄糖在酒化酶的作用下转化为酒精和二氧化碳，其中淀粉酶和酒化酶都来自酒曲中的微生物。这样制得的酒就是所谓的"发酵酒"，发酵酒度数不高。根据酒精与水的沸点不同，将"发酵酒"进一步浓缩蒸馏出酒精，以提高酒的度数。这就是市面上销售的白酒的度数一般都在42°以上的原因了。

1.3.1 酒与化学的关系

"酒文化"可以说是源远流长，历史悠久。在我国数千年的文明发展史中，酒与文化的发展基本上是同步进行的。酒是多种化学成分的混合物，水和酒精是其主要成分，除此之外，还有各种有机物，如高级醇、甲醇、多元醇、醛类、羧酸、酯类、酸类等。这些决定酒的质量的成分往往含量很低，占1%～2%，但种类很多，同时其含量的配比非常重要，对白酒的质量与风味有着极大的影响。

酒精的学名是乙醇，呈微甜味。乙醇含量的高低决定了酒的度数，含量越高，酒度越高，酒性越烈。乙醇的结构简式是$CH_3—CH_2—OH$，分子量为46。

糖转化成乙醇的化学反应式：

$$C_6H_{12}O_6 \longrightarrow 2CH_3CH_2OH + 2CO_2\uparrow$$

在酿酒过程中，如果米酒中的酒精与空气中的氧气发生氧化反应，就会转化成醋酸和水，因此就会变酸，即乙醇转化为乙酸。

化学反应方程式：

$$CH_3CH_2OH + O_2 \longrightarrow CH_3COOH + H_2O$$

[酿酒的过程]：$C_6H_{12}O_6 \xrightarrow{\text{酶}} 2CH_3CH_2OH$（酒精）$+ 2CO_2\uparrow +$ 少量能量

一般酿酒时，常将富含淀粉的植物果实，如大米、玉米、高粱等蒸熟，然后在酒曲（含有糖化酶、酒化酶）中加入少量冷开水调成浑浊液，再与蒸熟的食物混合均匀。放在30～40℃环境下，发生的反应如下：

$$(C_6H_{10}O_5)_n（淀粉）+ nH_2O \longrightarrow nC_6H_{12}O_6（葡萄糖）$$

此时，为验证是否有葡萄糖生成，可取出少量生成物和新制氢氧化铜混合加热，若有红色沉淀生成，则证明得到了葡萄糖。若还要知道淀粉是否完全转化为葡萄糖，可取少量碘酒，加入后不变蓝则第一步反应完全。生成葡萄糖后，在酒化酶作用下，葡萄糖被氧化成乙醇，反应如下：

$$C_6H_{12}O_6 \longrightarrow 2CO_2\uparrow + 2CH_3CH_2OH$$

要验证是否有乙醇（酒精）生成，可取出一些溶液，插入一根红热的铜丝，若有刺激性气味，则说明有乙醇（酒）生成。

发生的反应如下：

$$2CH_3CH_2OH + O_2 \longrightarrow 2CH_3CHO + 2H_2O$$

酒的种类繁多，虽然品色各异，但归根结底，都是乙醇的水溶液。说得更直白些，就是乙醇、水和香精等的混合物。这里的乙醇，即我们常说的酒精，是一种有机化合物，能与水以任何比例互溶。

1.3.2　酒的分类

酒的种类繁多，一般可分为以下几种：

①依酿造方法不同可分为蒸馏酒、压榨酒、配制酒。原料发酵后经蒸馏可得的酒为蒸馏酒，我国的白酒一般都是蒸馏酒；原料发酵后经压榨过滤而成的酒为压榨酒，如黄酒、啤酒就是压榨酒；用成品酒配以一定比例的糖分、香料、药材混合泡制储藏，经过滤制得的酒为配制酒，如果酒、药酒、露酒均是配制酒。

②按照酒精含量的高低，可分为高度酒、中度酒、低度酒。酒精的含量在40%以上的酒为高度酒；酒精含量在20%～40%的为中度酒；酒精含量在20%以下的为低度酒。

③按照我国传统习惯通常把酒分为白酒、黄酒、啤酒、葡萄酒、果露酒、药酒和其他酒七大类。

乙醇能与水互溶，因此互溶后乙醇的占比就用酒精度数（°）来表示。例如，我们说的42°的白酒，指的就是酒中乙醇的体积分数为42%，即100 mL酒中，乙醇占42 mL。

但值得注意的是，最常饮用的啤酒的度数与白酒和葡萄酒的度数含义不同，它指的不是乙醇的含量，而是原料麦芽汁的浓度。例如12°的啤酒，指的是麦芽汁发酵前浸出物（以麦芽糖为主）的质量浓度为12%，而其实际酒精度是远小于12°的，为3°～5°。

1.3.3　酒的成分和作用

酒的主要化学成分为乙醇，其分子式是C_2H_5OH，是无色透明的液体，有着特有的醇香气味。一般的酒，除含乙醇外，还含酯类、酸类、酚类及氨基酸等物质。现代医学认为，少量饮酒可以提高血液中的高密度脂蛋白的含量和降低低密度脂蛋白的含量，有预防动脉硬化及冠心病和减少动脉硬化及冠心病发病率的作用。

除了对健康有影响外，在我国几千年的发展史中，酒还是一种独特的物质文化，也是一种形态丰富的精神文化。具体表现在以下几个方面。

（1）酒可载情

"饮酣视八极，俗物都茫茫"，看来酒后微醉的感觉确非一般。饮酒能使人精神兴奋，即饮用时有快感，这是酒自古以来能流传至今的一种精神力量。纵观中华古今饮品，酒所起的文化功效甚为显著，与不少文人骚客结下不解之缘，高兴时"葡萄美酒夜光杯"；颓废时"今朝有酒今朝醉"；怀念亲友时"明月几时有，把酒问青天"；惜别时"劝君更尽一杯酒，西出阳关无故人"。可说助兴者酒，浇愁者亦酒，酒渗透中国人社会生活的各个角落，成为一种文化的载体，被人们誉为"酒文化"，为人类文化生活增加众多色彩光辉。

（2）酒与药效

酒不仅可载情，尚可滋补、防病、治病。酒是"救人的良药"，但有时也是"杀人之利器"，鸩酒一类的毒酒便可治人于死地。

酒可入药是因为酒精是一种很好的溶剂，可溶解许多难溶甚至不溶于水的物质。用它来泡制如图1.3所示的药酒，有的比水煎中药疗效好，而且药酒进入体内被吸收后立即进入血液，能更好发挥药性，从而起到治疗滋补之功效。为此，中医常有处方让患者用酒冲服，或煎药时用作药引。

图1.3 药酒

酒不仅可内服，而且能用于外科。最常见的除酒精消毒外，酒可以涂于患处，治疗跌打扭伤、关节炎、神经麻木等，如虎骨酒等。

近年来葡萄酒在中国备受青睐。因葡萄酒有保健作用，含有较多的抗氧化剂，如茶素、黄酮类物质及某些维生素、微量元素等，能清除氧自由基，具有抗衰老的作用，并含有白藜芦醇，有辅助抗癌的作用。

（3）酒与健美

早在7世纪中叶，葡萄酒就已经传入我国并得到发展，唐代苏敬等人所著的《新修本草》一书中对葡萄酒就记述为："暖腰肾、驻颜色、耐寒。"

还有桃花酒，是将三月新采的桃花阴干后浸泡在上等酒中，储15日便为桃花酒，饮用该酒，有润肤、活血的功效。

我国古代就有用酒洗浴的做法。入浴前，将0.75 kg的"玉之肤"加入浴池水中，洗浴后皮肤洁白如玉，周身暖和。"玉之肤"浴酒是把发酵酒糟和米酒混合，再经蒸制而成，是清酒的一种。此外，白鸽煮酒、龙眼和气酒也有美容作用。

（4）酒与烹饪

在烹饪美味佳肴时，适量加点酒，可以去腥、赋香，使菜肴美味可口。因为酒的主要成分是乙醇，乙醇的沸点较低，一经加热，很容易挥发，随着挥发便把鱼、肉等动物食材的腥膻怪味带走了。

中国菜用黄酒为最好，因为它含乙醇量适中，介于啤酒和白酒之间，而且黄酒中富含氨

基酸,在烹饪中与盐生成氨基酸钠盐,即味精,能增加菜肴的鲜味。加之黄酒的酒药中配有芳香的中药材,用它作料酒,菜肴会有一种特殊的香味。

而西餐则多用葡萄酒、啤酒。即使是中式菜肴,也有不同技艺。在蒸炸鸡鸭鱼肉之前,用啤酒腌制10 min,做出的菜肴嫩滑爽口,没有腥膻味。由此可见,不同菜肴使用的酒是不同的,当然用酒时间也不尽相同。

(5)饮酒与健康

现代科学测定已证明,随着酒液中酒精含量增高,有害成分也会随之增多。低度的发酵酒、配制酒,如黄酒、果露酒、药酒等,有害成分极少,富含糖、有机酸、氨基酸、维生素等多种营养成分。

其中经发酵而成的黄酒可以说是中国最古老的酒之一,从古至今一直被视为养生健身的"仙酒"珍浆,深受人们喜爱。而蒸馏酒和发酵酒相比较,有害成分主要存在于蒸馏酒中,高度的蒸馏酒中除含有大量乙醇外,还含有少量杂醇油(包括戊醇、异丁醇、丙醇等)、醛类(包括甲醛、乙醛、糖醛等)、甲醇、氢氧酸、铅、黄曲霉素等多种有害成分。人长期或过量饮用这种有害成分含量高的低质酒就会中毒。轻者会出现头晕、头痛、胃病、咳嗽、胸痛、恶心、呕吐、视力模糊等症状,严重的则会出现呼吸困难、昏迷,甚至死亡。

1.4 茶化学

1.4.1 茶的分类、成分和作用

人们经常会说"茶余饭后",可见茶是生活中不可缺少的一种物质。通常将茶树上的叶子叫作茶叶,简称茶。目前,茶、咖啡和可可并称为世界无酒精刺激的三大饮料,其中茶叶历史悠久,风行地区广,饮用人数多,目前全世界有一半以上的人在喝茶。茶在我国也被誉为"国饮"。在日本,开展了"一杯茶运动",每人每天必须喝一杯绿茶。在英国,茶被称为"健康之液,灵魂之饮"。

(1)茶的分类

我国地域辽阔,名茶辈出。根据采制工艺和茶叶的品质及营养价值,可划分为绿茶、红茶、乌龙茶(青茶)、白茶、花茶、黑茶(紫压茶)和再加工茶共七大类(图1.4)。根据加工过程中发酵程度不同,分为发酵茶、半发酵茶和不发酵茶。以茶叶的色泽不同而分为红茶、绿茶、青茶、黄茶、白茶和黑茶。以茶叶的商品形式而分为条茶、碎茶、包装茶、速溶茶和液体茶。

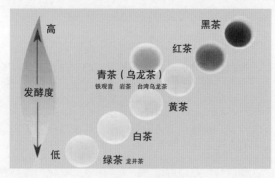

图1.4 茶的种类

（2）茶的成分和作用

1）茶的成分

茶叶中含有3.5%～7.0%的无机物和93%～96.5%的有机物。茶叶中的无机矿物质元素约有27种，包括磷、钾、硫、镁、钙、钠、铁、锌、硒等；茶叶中的有机化合物主要有蛋白质、脂质、糖类、氨基酸、生物碱、茶多酚、色素、维生素、皂苷、甾醇等。茶叶中含有1.5%～4%的游离氨基酸，种类达20多种，大多是人体必需氨基酸。茶叶中含有25%～30%的糖类，但能溶于茶汤的只有3%～4%，茶叶中含有4%～5%的脂质，也是人体必需的。

2）饮茶的作用

日常饮茶能补充人体所需的水分、氨基酸、维生素、茶多酚等多种有益的有机物，还能为人体组织提供正常运转所不可缺少的矿物质元素。

与一般的膳食和饮品相比，饮茶对钾、镁、锰、锌等元素的摄入最有意义。饮茶还是人体中必需的常量元素磷以及必需的微量元素铜、镍、锡、钒等的补充来源。茶叶中钙的含量是水果、蔬菜的10～20倍；铁的含量是水果、蔬菜的30～50倍。

但需要注意的是，由于钙、铁在茶汤中的浸出率很低，远不能满足人体日需量，因此，不能将饮茶作为人体补充钙、铁的依赖途径。

现代科学研究已证实，茶叶确实含有与人体健康密切相关的化学成分。茶叶不仅具有提神清心、清热解暑、消食化痰、去腻减肥、清心除烦、解毒醒酒、生津止渴、降火明目、止痢除湿等药理作用，还对现代疾病，如辐射病、心脑血管病、癌症等疾病，有一定的药理功效。

可见，茶叶药理功效之多，作用之广，是其他饮料无法替代的。喝茶的主要功效见表1.1。

表 1.1　喝茶的功效

成　分	功　效
茶多酚	延缓衰老：茶多酚具有很强的抗氧化性和生理活性，是人体自由基的清除剂，对于阻断脂质过氧化反应，抑制皮肤线粒体中脂质氧合酶起到关键作用

续表

成　分	功　效
茶多酚	抑制心血管疾病：尤其是茶多酚中的儿茶素ECG和EGC及其氧化产物茶黄素等，有助于使斑状增生受到抑制，使形成血凝黏度增强的纤维蛋白原降低，凝血变清，从而抑制动脉粥样硬化
	预防和抗癌：茶多酚可以阻断亚硝酸铵等多种致癌物质在体内合成，并具有直接杀伤癌细胞和提高肌体免疫能力的功效
	预防和治疗辐射伤害：茶多酚及其氧化产物具有吸收放射性物质锶和钴毒害的能力，对全血细胞减少症，茶叶提取物治疗的有效率达81.7%；对因放射辐射而引起的白细胞减少症治疗效果好
	抑制和抵抗病毒病原菌：茶多酚有较强的收敛作用，对病原菌、病毒有明显的抑制和杀灭作用，对消炎止泻有明显效果。应用茶叶制剂治疗急性和慢性痢疾、阿米巴痢疾、流感，治愈率达90%左右
	美容护肤：茶多酚是水溶性物质，用它洗脸能清除面部的油腻，收敛毛孔，具有消毒、灭菌抗皮肤老化，减少日光中的紫外线辐射对皮肤的损伤等功效
咖啡因	醒脑提神：咖啡因能促使人体中枢神经兴奋，增强大脑皮层的兴奋过程，起到提神益思、清心的效果
	利尿解乏：咖啡因可刺激肾脏，促使尿液迅速排出体外，提高肾脏的滤出率，减少有害物质在肾脏中滞留时间。咖啡因还可排除尿液中的过量乳酸，有助于使人体尽快消除疲劳
	降脂助消化：茶叶中的咖啡因能提高胃液的分泌量，可以帮助消化，增强分解脂肪的能力
氟化物	护齿坚齿：茶叶中含氟量较高，每100 g干茶中含氟量为10～15 mg，且80%为水溶性成分。而且茶叶是碱性饮料，可抑制人体钙质的减少，这对预防龋齿、护齿，都是有益的
维生素C	护眼明目：茶叶中的维生素C等成分，能降低眼睛晶体混浊度，经常饮茶，对减少眼疾、护眼明目均有积极的作用

1.4.2　喝茶对健康的影响

（1）喝茶对健康的影响

　　民间有关于"茶医百病""浓茶醒酒""品新茶令人心旷神怡""嚼茶根有益健康"的流传。喝茶对人体健康到底有哪些影响？茶中含有600多种化学成分，其中有四类是对人体非常有益的营养物质，即酚类物质、蛋白质、维生素和微量元素磷、钙、锌、钾、氟等，都对人体有利，且有消食、清火的功能。茶中虽然含有这么多对人体有益的物质，但同时也存在一些抑制因子，这些抑制因子不仅不能被吸收而且还会对人体造成一定损

害，比如咖啡因、茶碱、鞣酸等，所以饮茶是既有利也有弊的。下面来看几个跟茶有关的民间说法。

1）"茶医百病"

有人认为，茶不仅是一种安全的饮料，也是治疗疾病的良药，但茶叶中含有的一些成分会加重病情，因此有些病人是不宜喝茶的，特别是浓茶。

这是因为浓茶中的咖啡因能使人兴奋、失眠、代谢率增高，不利于休息，故容易失眠的人不宜饮茶；还可使高血压、冠心病、肾病等患者心跳加快，甚至心律失常、尿频，加重心肾负担；除此它又能促进胃酸分泌，所以患溃疡病的人饮茶不利于溃疡病的愈合，会使病情加重。营养不良的人也不适合多饮茶，因茶叶中含茶碱和鞣酸可影响人体对铁和蛋白质的吸收，对缺铁性贫血患者尤其不宜。

2）茶叶蛋

茶叶中含有鞣酸成分，在烧煮时会渗透到鸡蛋里，与鸡蛋中的铁元素结合而形成沉淀，会对胃有很强的刺激性。茶叶中的生物碱类物质会同鸡蛋中的钙质结合而妨碍其消化吸收，同时会抑制十二指肠对钙的吸收，容易导致缺钙和骨质疏松。由此可见，茶叶蛋（图1.5）的食用是有悖于健康的，更谈不上营养了。

图1.5　茶叶蛋

3）浓茶"醒酒"

当人体摄入酒后，酒中的乙醇在肝脏中先转化为乙醛，再转化为乙酸，然后分解，最后经肾脏排出体外。而如果喝酒后饮浓茶，茶中的咖啡因等可迅速发挥利尿作用，从而促进尚未分解成乙酸的乙醛过早进入肾脏，加重肾脏负担，使肾脏受损。

4）品新茶"心旷神怡"

品新茶（图1.6）真的能使人"心旷神怡"吗？我们来了解一下新茶。由于新产的茶叶存放时间太短，含有较多的未经氧化的多酚类、醛类及醇类等物质，饮新茶会对人的胃肠黏膜产生较强的刺激作用，容易诱发胃病，所以新茶要少喝，存放不足半个月的新茶应禁喝。如果长时间饮新茶可出现腹痛、腹胀等症状。同时新茶中含有活性较强的鞣酸、咖啡因等，过量饮用可产生四肢无力、失眠等"茶醉"，也称为"醉茶"现象。

图1.6 品新茶

5）嚼茶根

很多人都认为嚼茶根可以帮助清除口腔异味，所以喝茶之后嚼一嚼茶根，但有的茶叶根部会有一些农药残留物，所以茶根还是不嚼为好。

6）饮茶会使血压升高

茶叶具有抗凝、促溶、抑制血小板聚集、调节血脂等作用，可防止胆固醇等脂类团块在血管壁上沉积，从而预防冠状动脉变窄，特别是茶叶中含有儿茶素，它可使人体中的胆固醇含量降低，血脂也随之降低，从而使血压下降，而不是民间认为的血压升高。因此，饮茶可防治心血管疾病（图1.7）。

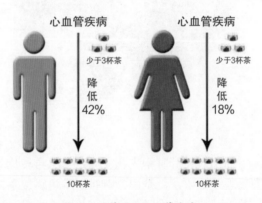

图1.7 饮茶防治心血管疾病

（2）饮茶注意事项

①茶叶苦寒，宜喝热茶，喝冷茶容易伤脾胃。

②肥胖者宜多饮绿茶，瘦弱者宜多饮红茶和花茶。

③体力劳动者首选红茶。

④要减肥去脂，以乌龙茶、普洱茶效果最佳。

⑤患胃病者宜用蜜茶；患肝病者宜用花茶。

⑥夏季饮绿茶，可清热去火降暑；秋冬季节最好饮红茶，以免引起畏寒腹胀。

⑦青壮年时期，以饮绿茶为佳；进入老年，因脾胃功能趋于衰退，故以饮红茶和花茶为宜。

⑧儿童不宜饮茶。由于茶叶中含有大量鞣酸，它能与人体中的钙、铁、锌等结合成不溶性物质，不利于儿童对这些微量元素的吸收，并妨碍胃肠道对蛋白质和脂肪的吸收，所以，儿童最好不要饮茶。

⑨孕妇、哺乳期妇女不要饮茶。茶叶中的鞣酸影响孕妇对食物中铁的吸收，容易导致贫血或营养不良，从而不同程度地影响胎儿的发育。而哺乳期妇女饮茶，因茶叶中某些物质具有一定的抑制乳汁分泌的作用，会导致乳汁减少。

⑩泡茶时不宜用高温沸水，茶中的某些成分遇高温后极易被破坏，更不能煎煮，一般用80～90 ℃的开水为宜。

1.5　咖啡和可可

1.5.1　咖啡

近年来，人们由于工作和社交的需要，热衷于饮用咖啡（图1.8）。早上起床一杯咖啡、中午冲杯咖啡解解乏已经成了部分人的一种习惯；经常加班、熬夜的人常饮用咖啡来提神；情侣们往往酷爱咖啡屋的温馨氛围。随之而来的这些"咖啡文化"充满着生活的每时每刻。如今咖啡逐渐与时尚、现代生活联系在一起，也带动了咖啡消费量的迅猛增加。

图1.8　咖啡

（1）咖啡简介

咖啡是热带的咖啡豆经200～250 ℃烘烤和磨碎后制成的饮料。咖啡的主要化学成分有蛋白质（14%）、脂肪（12.3%）、糖（47.5%）、纤维（18.4%）、灰分（4.3%）。当制成饮料后，溶于水的有用成分主要有咖啡因（提供刺激性）、咖啡酸（又称绿原酸，提供咖啡色素）、蛋白质、单宁（涩味）。

咖啡因是咖啡中的一种较为柔和的兴奋剂，有麻醉、利尿、助消化、兴奋和强心等功效。目前，人类在大约60种植物中发现了咖啡因，其中最为人知的便是茶和咖啡。咖啡的兴奋性比茶叶更优，所含咖啡因比茶叶高出40%～60%。

根据咖啡特有的香味可以判别其质地的优劣，而这特有的咖啡香味是由咖啡中的碱、酸及脂肪在烘焙过程中酯化形成的。

（2）市场上常见的咖啡品种

1）咖啡粉

原封罐装咖啡粉是真空包装的，在常温条件下可保存几个月，然而一旦打开就只能保存7～10天（常温）或1个月（冷藏），并且香味很快消失。咖啡粉煮沸会产生讨厌的味道，煮好后要尽快饮用，凉了不要重新加热。一般煮6～8 min即可，不宜过长，以防变味。咖啡渣应弃去，不可煮第二次。

2）速溶咖啡

速溶咖啡是通过将咖啡萃取液中的水分蒸发而获得的干燥的咖啡提取物。速溶咖啡能够很快地溶化在热水中，而且在储运过程中占用的空间和体积更小，更耐储存。

3）掺和咖啡

将各种咖啡掺和，能制造色、香、味更佳的混合物，有时也掺和别的物质如菊苣（即法国苣荬菜）、淀粉、豆粉、果晶、花生炒面等，用开水冲开即可饮用，还可加入蛋黄粉、肉松、鱼松，制成质地更佳的掺和咖啡。巧克力咖啡即属于掺和咖啡的名品。

（3）饮用咖啡的利弊

适量饮用咖啡能够消除疲劳、振作精神、增强思考能力，提高心脏功能、使血管舒张、促进血液循环，助消化、帮助分解脂肪、有利于减肥，预防癌症和减缓衰老等。

但经常大量饮用咖啡，极易引发各种疾病，可能诱发骨质疏松，导致血压升高，引发失眠、心脏病等症状。对女性最直接的影响是降低受孕概率。12岁以下儿童因肝、肾发育不完全，解毒能力差，使得咖啡因代谢的半衰期会延长，所以禁止喝咖啡。

此外，需要注意的是，喝咖啡最好在用早餐及午餐后，因为这样可以促进肠胃的蠕动，帮助消化，可以分解吃下去的高热量、高脂食物。最好不要在晚餐后喝咖啡，会影响睡眠质量。医生建议在睡觉前6个小时内不要喝咖啡。

1.5.2 可可

由于巧克力和可可粉在运动场上作为最重要的能量补充剂，发挥了巨大的作用，人们便把可可树誉为"神粮树"，把可可饮料誉为"神仙饮料"。

据史料记载，大约在3 000年前，玛雅人就开始种植可可树，其果实如图1.9所示，后扩大到中美洲和墨西哥，特别是阿兹特克人把可可豆作为钱币使用，还将这种可可烘干碾碎，加水和辣椒混合成一种苦味的饮料饮用，当地人称为"热饮"，专供王室享用。16世纪，西班牙人在这种苦饮料中加入糖并加热以改善其口感，后来饮用可可的习惯逐渐传入欧洲其他国家并流行起来。

图1.9　可可

（1）可可化学成分

可可的主要化学成分有糖（38%）、脂肪（22%）、蛋白质（22%）、灰分（8%），还有6%的单宁、3%的有机酸及少量咖啡因、可可碱和酵素等，后一类特征成分使可可具有苦味、香味、涩味、刺激性及深色。可可的特点是脂肪含量高，属于高能食品。

（2）常见的可可产品

如今常见的可可产品主要有以下两种。

第一种是可可粉。往可可浆中加入碱性化合物（钠、钾、铵、镁的碳酸盐）以改变其味和色。经压榨挤出可可脂，再经冷却、粉碎和过筛，即成可可粉。其脂肪含量在10%～22%，是牛奶等饮料的香味添加剂，可和麦乳精调制成各种可可饮料。

第二种巧克力。大家都常吃巧克力，巧克力是可可浆、糖、可可脂和香草香精的混合物。其在高温（54～80 ℃）空气流中进行混合，称为"巧克力精炼"，这样可提高其香味（脂肪分解成较小分子），颜色变深，促使可可脂覆盖所有颗粒物。最后用模子铸成人们喜欢的形状。

（3）可可对健康的影响

可可富含可可脂、蛋白质、纤维素、多种维生素和矿物质，营养全、可吸收碳水化合物很少（不到10%），食用它有饱腹感，并对血糖影响很小；因可可中丰富的原花青素和儿茶素具有很强的氧化作用，所以可可可以美肤美容、能聚精提神、降脂护心、清口固齿、抗氧化、有助于长寿（图1.10）。

但过多食用可可对身体健康也会造成负面影响。主要表现在：会引发神经过敏、会让高血压加重、能引起骨质疏松，所以在食用时要注意。

图1.10　可可对身体的好处

1.6 软饮料

1.6.1 软饮料简介

软饮料（图1.11）通常是指酒精含量低于0.5%（质量比）的天然或人工配制的饮料，又称清凉饮料、无醇饮料。

图1.11 各种软饮料

如今市场上销售的软饮料的品种很多。按原料加工工艺可分为碳酸饮料、果汁及其饮料、蔬菜汁及其饮料、植物蛋白饮料、植物抽提液饮料、乳酸饮料、矿泉水和固体饮料八类。

（1）碳酸饮料

碳酸饮料主要是由饮用水吸收二氧化碳，并添加了甜味剂和香料等成分制成。在夏季，人们总爱喝汽水的原因是当打开这类饮品的瓶盖便可看到气泡沸腾，喝进肚中不久便有气体涌出，马上会让人产生清凉之感，这就是二氧化碳气体所发挥的作用。

碳酸饮料中因含有二氧化碳，饮后可开胃通气，并促进体内热气排出，产生清凉爽快的感觉；又因当中含有的二氧化碳溶于水后显酸性，所以有一定的杀菌、抑菌功能；此外，饮碳酸饮料还可以补充水分，有解渴功效，因含糖量高，还可以补充能量。

（2）果蔬汁

果蔬汁（图1.12）是以新鲜或冷藏果蔬（也有一些采用干果）为原料，经机械加工或加入糖液、酸味剂等配料所得的饮品。果蔬汁可分为原果汁、浓缩果汁、原果浆、水果汁、果肉果汁、高糖果汁、果粒果汁和果汁八种。

图1.12 果蔬汁

果蔬汁一般含有原料水果或蔬菜的营养，能有效为人体补充维生素以及钙、磷、钾、镁等矿物质，可以调节体内酸碱平衡、调整人体功能协调，增强细胞活力以及肠胃功能，促进消化液分泌、消除疲劳。

1.6.2 饮用果蔬汁注意事项

①除100%原果汁外，一般果汁饮料中都要加糖、食用色素、香料和防腐剂，所以日常生活中不能用其代替水果和水，特别是儿童大量饮用这些饮料，会抑制食欲或过多摄入糖分，导致肥胖。

②两餐之间或饭前半小时是饮用果汁的最佳时间。

③不宜加热。

④不宜用果汁服药。

⑤胃溃疡、急慢性胃肠炎患者不能喝果汁。因果汁中含有不能被消化的糖类，个别人喝果汁会出现腹胀和腹泻。另外，肾功能欠佳的人，避免在临睡前饮用，否则会造成早晨醒来后手脚浮肿。

1.6.3 果汁饮料鉴别方法

首先，根据标签上标注的原果汁含量判断饮料和其名称是否一致。

其次，看包装有无渗漏和胀气现象。具体方法是：瓶状或罐装饮料的瓶口、瓶身不得有糖渍和污物，软包装饮料手捏不变形，同时瓶盖、罐身等不得凸起。

最后，看果汁的外观，凡不带果肉的透明型饮料，应均匀一致，不分层，不得产生浑浊；果肉型饮料，可见不规则的细微果肉，允许有沉淀。

需要引起注意的是：不少市面上销售的"鲜榨果汁"并不完全是新鲜水果榨汁，其实是大量兑水并掺入十几种添加剂的混合产品，购买时一定要谨慎。

1.7　食品添加剂

1.7.1　食品添加剂的定义、作用及分类

随着生活水平的提高，人们已经从物质消费转到了精神消费，对食品的需求已经不仅仅是为了解决饥饿和提供必需的营养，而是对食品品种和质量、食品的储藏、保鲜、营养都提出了更高的要求，如要营养、安全、美味并且具有某些功能，那如果要实现这一切都离不开一类物质——食品添加剂。可以说食品添加剂是食品工业的灵魂，没有食品添加剂就没有现代食品工业。而一些不法商贩为了满足人们的需求利用化学物质和化学方法来提高食品的口感和外观，严重危害人类身体健康，由此也导致食品安全问题时有发生。

（1）定义

食品添加剂又称为食品中的"化妆品"。目前，在国际上对食品添加剂的定义还没有统一规范的表述。我国在《食品安全国家标准　食品添加剂使用标准》（GB 2760—2014）将食品添加剂定义为："是为了改善食品品质色、香、味以及为防腐和加工工艺的需要而加入食品中的化学合成或者天然物质，营养强化剂、食品用香料、加工助剂也包括在内。"

我国把食品营养强化剂也归属于食品添加剂。《中华人民共和国食品卫生法》明确规定，食品营养强化剂是一种为了增强营养成分而加入食品中的天然的或者人工合成的属于天然营养素的食品添加剂。

从狭义的概念上讲，食品添加剂不是食品配料。根据目前的习惯，食品配料是指生产和使用不列入食品添加剂管理的，其相对用量较大，而在这个范围内使用或食用被认为是安全的食品添加物。比如我们在日常生活中用量较大的淀粉、蔗糖、食盐等均是配料。但是广义上的食品配料是指加入食品的所有添加物，需要在食品的标签配料项内列出。

（2）食品添加剂在食品工业中的作用

在工业革命后，首先是化学工业特别是化学合成工业的发展使食品添加剂进入一个新的加快发展的阶段，许多人工合成的食用化学品如着色剂、防腐剂等相继大量应用于食品加工。进入20世纪后期，发酵工艺生产的和天然原料提取的食品添加剂也迅速发展起来。

总之，食品添加剂在食品工业中已经处于非常重要的地位，主要体现在以下四个方面。

①在食品的色、香、味、形等品质方面满足消费者不断增加的需要。

②赋予食品特殊的营养价值和保健作用，满足消费者不断提高的要求。

③保证原料和食品在储藏和货架期内的品质符合要求。

④满足食品加工制造过程中的工艺技术需要。

（3）食品添加剂的分类

由于食品添加剂在现代食品工业中起着越来越重要的作用，各国允许使用的食品添加剂品种也越来越多。据报道，目前全世界使用的食品添加剂达14 000多种。其中，美国已经批准使用的添加剂有2 500种，日本使用的食品添加剂约1 100种，欧洲共同体使用1 000～1 500种。我国许可使用的食品添加剂品种，在20世纪70年代仅几十种，此后迅速增加，到目前为止有2 000多种。

食品添加剂的分类可按其来源、功能和安全评价的不同而有不同划分。

①如果按来源可分为天然和人工合成食品添加剂。天然食品添加剂主要由动、植物提取制得，也有一些是来自微生物的代谢产物或矿物；而人工合成添加剂则是通过化学合成的方法所得。

②如果按功能作用分为：

a. 有利于食品的保藏，防止食品腐败变质的防腐、抗氧和杀菌剂。

b. 为改善食品感官性状的鲜、甜和酸味剂、色素、香料、香精、发色、漂白和抗结块剂。

c. 为保证和提高食品质量的组织改良剂、膨化剂、乳化剂、增稠剂和被膜剂。

d. 能改善和提高食品营养的维生素、氨基酸和无机盐。

e. 有利于食品加工操作、适应生产的机械化和自动化的消泡剂、助滤剂、凝固剂和净化剂。

f. 可以满足其他特殊需要的添加剂。比如，我们都知道糖尿病人限制吃糖，这时可用无营养甜味剂或低热能甜味剂。而对于缺碘地区供给碘强化食品，可防治当地居民的缺碘性甲状腺肿。

这里值得注意的是，由于毒理学及分析技术等的深入发展，某些原已被食品添加剂联合专家委员会（JECFA）评价过的品种，经再评价时，其安全性评价分类又有变化。因此，关于食品添加剂安全性评价分类情况并不是一成不变的。

③正确看待食品添加剂。

在现今食品销售的广告宣传中，最时髦、最吸引消费者眼球的就是"本产品不含添加剂"。而食品专家们认为，在现实中市售的食品不使用食品添加剂几乎是不可能的，因此打有"不含食品添加剂"的标签不一定可靠。而中国食品添加剂生产应用工业协会专家认为，经过工业化生产的食品几乎都含有不同种类的食品添加剂，从技术角度上讲，不含添加剂的食品几乎是没有的。

实际上，食品添加剂在进入市场时要经过严格的毒理学检验，因而，大家尽管放心，食品添加剂只要是在一个正常的、规定的范围内使用是不会对人体健康造成影响的。

同时我们需要知道，天然物不等于是没有毒性的，而合成物也不一定就是不安全的。例如，天然色素大部分是从植物中提取的，普遍认为是较安全的品种。但是我国已经批准列入使用卫生标准中的40多种天然色素，只有甜菜红、辣椒红、焦糖、萝卜红、黑加仑红、茶黄素、柑橘黄等品种，使用量不受限制，可按生产需要适量添加，其余大部分品种，均有最大使用量的限制。如姜黄素的最大使用量规定为0.01 g/kg，比合成色素日落黄、柠檬黄（0.1 g/kg）要低十倍，这是因为姜黄素的毒性强于合成的黄色素。由此可见，不论是天然的还是合成的，只要是列入使用卫生标准目录的品种，只要按规定的剂量使用，均是安全的。

1.7.2 常用食品添加剂的作用和危害

我国允许使用并具有国家标准的食品添加剂主要有：防腐剂、抗氧化剂、着色剂、发色剂、漂白剂、酸味剂、凝固剂、增稠剂、乳化剂、疏松剂、甜味剂等。下面介绍几种常见的食品添加剂。

（1）食用色素

有专家认为"儿童多动症"可能与儿童长期过多进食含合成色素的食品有关。这是因为儿童阶段正处于生长发育期，体内的器官功能比较脆弱，神经系统的发育尚不健全，因此处于这一时期的儿童对化学物质非常敏感，如果再过多过久地食用含有合成色素的食品，就会影响神经系统的冲动传导，从而刺激大脑神经出现躁动、情绪不稳、注意力不集中、自制力差、行为过激等症状。

食用色素又称食品着色剂，是以食品着色为主要目的一类食品添加剂。食品的色泽是我们对食品食用前的第一个感性接触，是辨别食品优劣，对其做出初步判别的基础，也是食品质量的一个重要指标。因此，在食品加工过程中为了更好地保持或改善食品的色泽，常常需要向食品中添加一些食品色素。

常用的食品色素有60多种，按其来源和性质分为两大类，一类是人工合成色素，另一类是天然色素，如叶绿素、花青素、红曲色素、姜黄素、β-胡萝卜素等。

①人工合成色素色彩鲜艳、着色力强、性质稳定、成本低，但是合成色素的结构多为偶氮类，属于煤焦油染料，本身没有营养价值，且大多数对人体有害，"苏丹红"事件、红心鸭蛋事件中所用的色素即为该类色素。因此，我国的食品卫生标准对合成色素的使用有严格的规定，允许使用的仅有胭脂红、苋菜红、柠檬黄和靛蓝4种，而"苏丹红"不是食品添加剂，是严格禁止添加在食物中的。食品添加剂中允许使用的合成色素广泛用于单味型饮料、果汁型饮料等食品和饮料中，对其用量有严格的限制，而且不许在婴儿食品中使用。

潜在的危害能引起"儿童多动症"。由于儿童肝脏解毒功能及肾脏排泄功能不够健全，食用含有合成色素的食物后会大量消耗体内解毒物质，干扰体内正常代谢功能，从而导致腹泻、腹痛、营养不良、智力低下和多种过敏症，所以儿童更应当注意控制合成色素的摄入量，少喝或不喝饮料，禁止食用经过染色处理过的食品。

②天然色素是从动、植物及微生物中提取，有一定的营养或药理作用，一般对人体无害，但色泽、稳定性不如合成色素，成本也比较高。如天然色素中的血红素，它的基本结构（图1.13）是由4个吡咯环连接而成的吡咯环结合1个Fe^{2+}，该化合物具有酸性。由于存在共轭体系，该物质呈现颜色。

血红蛋白（Hb）与肌红蛋白（Mb）就是含有血红素基团的蛋白质，是构成动物血液红色和肌肉红色的主要色素。牲畜被屠宰放血，血红蛋白排放干净之后，酮体肌肉中90%以上是肌红蛋白。肌肉中的肌红蛋白随年龄不同而不同，如牛犊的肌红蛋白较少，肌肉色浅，而成年牛肉中的肌红蛋白较多，肌肉色深。

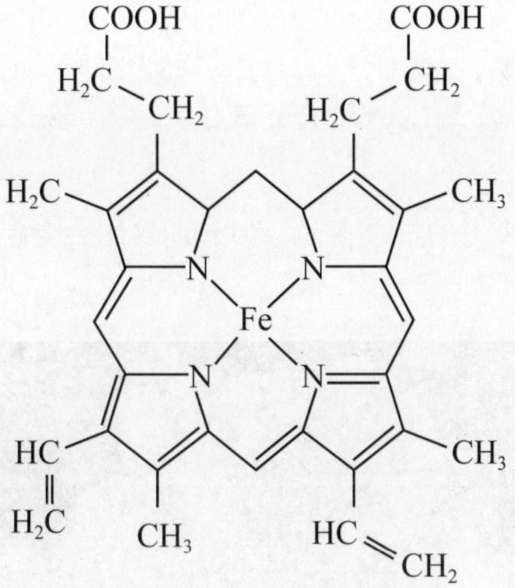

图1.13 血红素结构式

血红蛋白在血液中具有结合输送氧气的功能,与O_2结合成氧合血红蛋白(HbO_2)而呈现鲜红色。同样,当肌肉切开后,肌红蛋白也能与O_2结合成氧合肌红蛋白(MbO_2)而呈鲜红色。但氧合肌红蛋白(MbO_2)在有氧加热时,球蛋白变性,血红素中的Fe^{2+}氧化为Fe^{3+}而生成棕褐色的高铁肌红蛋白,即为熟肉的颜色。

此外,血红蛋白(Hb)与肌红蛋白(Mb)能与亚硝基(—NO)作用,形成稳定艳丽的桃红色亚硝酰血红蛋白和亚硝酰肌红蛋白,即使加热后颜色也不会发生改变。根据这个原理,在火腿、香肠等肉类腌制加工过程中,常常使用硝酸盐或亚硝酸盐等作为发色剂。

虾、螃蟹的身体中没有鲜红的血液,只是它们血液的颜色颠覆了我们传统的对血液颜色的认知,不再呈现红色,那是因为在动物界中不仅仅只有血红蛋白一种,还有血绿蛋白、血蓝蛋白等。如虾蟹等软体动物和节肢动物的血液中含的就是血蓝蛋白,它是一种含铜的呼吸色素,和氧结合后是淡蓝色的,而脱氧后是无色的。这就是在贝类或昆虫、虾蟹中从未见流鲜红的血的原因。

(2)防腐剂

在食品中添加防腐剂是为达到防止食品腐败、变质、延长食品保存期,抑制食品中微生物繁殖的目的,而食品防腐剂是一把"双刃剑",如果食品生产经营单位违规、违法乱用、滥用食品防腐剂,就会对人体健康产生一定危害。

食品防腐剂通过影响细胞的亚结构(包括细胞壁、细胞膜、与代谢有关的酶、蛋白质合成系统及遗传物质),杀死微生物或抑制微生物增殖,从而有效防止食品的腐败或延缓食品腐败时间。在食品加工过程中采用物理、化学或生物的方法。物理方法是通过低温、干燥、高渗、辐射等方式来灭菌或抑菌;化学方法通常是采用防腐剂来杀菌或灭菌;生物方法则是通过"以菌制菌,以菌灭菌"的原理来抑制或消灭微生物。我国到目前为止只批准了32种允许使用的食物防腐剂,其中最常用的有苯甲酸、山梨酸等。

在我们的生活中,食品防腐剂是必不可少的,但过量的添加也会对人体造成危害。有研究指出，食用过量防腐剂会影响人体新陈代谢平衡。例如，苯甲酸、山梨酸等防腐剂都属于酸性物质，食用太多的酸性物质，直接增加机体的酸度，从而导致人体内碘、铁、钙等物质过多消耗与流失。有研究表明，长期且同时食用多种含有同类防腐剂的食物，会对人的神经系统造成损害，如老年痴呆症、帕金森综合征等。

（3）膨松剂

油条（图1.14）是早餐桌上的常见食品，但长期食用会老年痴呆，下面就带大家了解一种在油条中常添加的食品添加剂——膨松剂。

图1.14　油条

膨松剂是能使产品形成致密多孔组织，从而使制品具有膨松、柔软或酥脆的物质，可分为碱性膨松剂和复合膨松剂两类。碱性膨松剂主要是$NaHCO_3$，其受热后分解为Na_2CO_3和CO_2。

$$2NaHCO_3 =\!=\!= Na_2CO_3 + CO_2\uparrow + H_2O$$

残留物Na_2CO_3在高温条件下将与油脂发生皂化反应，使制品品质不佳，口味不纯，pH值升高，颜色加深，破坏组织结构。

而复合膨松剂，即俗称的发酵粉，一般由碱性剂（$NaHCO_3$）、酸性剂（硫酸铝钾、酒石酸氢钾）和填充剂（淀粉、食盐）组成，因其比较稳定，常用于油条制作过程中。但其中所含的铝会减退人的记忆力和抑制免疫功能，阻碍神经传导，并且铝从人体内排出速度很慢，国际上很多报道均指出铝与阿尔茨海默病有密切关系。2014年5月22日，国家五部门联合下发调整含铝食品添加剂使用规定的公告，规定膨化食品、小麦粉及其制品不得添加用硫酸铝钾（钾明矾）和硫酸铝铵（铵明矾）。由此看来，我们日常生活中还是少食用含铝的复合膨松剂为好。

科研工作者研制出了无铝膨松剂，它由食用碱、柠檬酸、葡萄糖酸内酯、酒石酸氢钾、磷酸二氢钙等混合制成。无铝复合膨松剂安全、高效、方便，满足了消费者的需求，是近年来食品膨松剂的主要发展趋势。

（4）凝固剂

"卤水点豆腐"中，卤水指的就是氯化镁（$MgCl_2$），它是制作豆腐过程中添加的凝固剂。除了常选氯化镁之外，硫酸钙、葡萄糖酸内酯也是制作豆腐常用的凝固剂。

过多地摄入氯化镁点过的豆腐，有可能对我们的血液造成一定的影响，原因是氯化镁中的阳离子可能使血液中的一些蛋白质凝固，这对人体是不利的，所以食用卤水豆腐要适量。

目前，比较提倡用的豆腐凝固剂是葡萄糖酸-δ-内酯，它在1933年作为无毒性食品添加剂获得美国药物管理局的批准。

（5）调味剂

调味剂是一种能改善食品的感官性质，使食品更加美味可口，并能促进消化液分泌和增进食欲的一种食品添加剂。调味剂的种类很多，主要包括咸味剂（主要是食盐）、甜味剂（主要是糖、糖精等）、鲜味剂、酸味剂等。

调味剂

1）甜味剂

甜味被认为是最受人们欢迎的滋味之一，有观点认为：喜欢甜味是人的天性。有实验发现，在孕妇的羊水里加糖后，胎儿吞咽就会变得频繁，而添加苦味物质则会降低胎儿吞咽次数。小孩普遍喜欢吃糖，大概都是同样的道理。那如何能做到让某些食品具有足够的甜味呢？这就需要在食品加工过程中添加一种食品添加剂——甜味剂。甜味剂是指能赋予食品或饲料以甜味，提高食品品质，满足人们对食品需求的一种食品添加剂。

其实，我们现在吃的许多食品、饮料中都含有甜味剂。甜味剂的种类较多，用于食品中的甜味剂主要有以下三种来源。

第一种就是天然糖类，即蔗糖、果糖、麦芽糖等天然产品。天然糖类甜味纯正，没有安全问题，但对于高血糖或糖尿病病人有一定危害。

第二种是糖醇类甜味剂，即由天然糖加工生产的山梨醇、木糖醇等。

第三种是高强度甜味剂，如糖精钠。

最常用于食品饮料中的合成甜味剂是糖精钠，分子式$C_7H_4NNaO_3S \cdot 2H_2O$，相对分子质量为241.19，每日允许摄入量（ADI）为0～5 mg/kg。

糖精钠是人工合成甜味剂中最常见的一种，据说最早是从煤焦油中提炼出来的。它的甜度是蔗糖的300～500倍。但它对人体没有任何营养价值，只起增加甜度、改善口感的作用。如今它主要是以甲苯为原料，经过磺化、胺化、氧化、环化等过程制得。

有研究证实，让雄性大鼠过多食用糖精钠会患上膀胱癌，因此，糖精钠的安全性一直备受质疑。如果人体摄入糖精过多会影响肠胃的消化吸收，进而会导致食欲下降、营养不良，而短期内大量食用糖精钠，常会导致血小板减少性大出血，甚至会严重损害脑、心、肺、肾、肝等部位。

人工合成甜味剂的价格都很低，2 kg左右糖精钠的甜度相当于1 t蔗糖的甜度。因糖精钠价格低廉，常常被一些唯利是图的企业在所生产的食品中超量、超范围使用，有的用量竟大大超过国家规定的标准。更有甚者将一些糖精钠混入少量蔗糖，以蛋白糖的名义出售，蒙骗消费者。

由此看来，我们对部分甜味剂潜在的危害不可轻视，在选购食品时一定要通过正规渠道选择正规厂家生产的产品，看好食品标签，谨防上当受骗影响健康。

2）鲜味剂

按照中国人的传统饮食习惯，在炒菜或者炖汤的时候，为了增强食品的鲜味，通常都

会或多或少加入鲜味剂，鲜味剂其实就是食品添加剂，是一种能增强食品风味的物质。鲜味剂按化学性质可分为氨基酸系列、核苷酸系列两种。下面主要介绍最常用的鲜味剂——味精。

味精，化学名称为2-氨基戊二酸单钠盐，结构式如图1.15所示，又叫L-谷氨酸钠或麸氨酸钠。

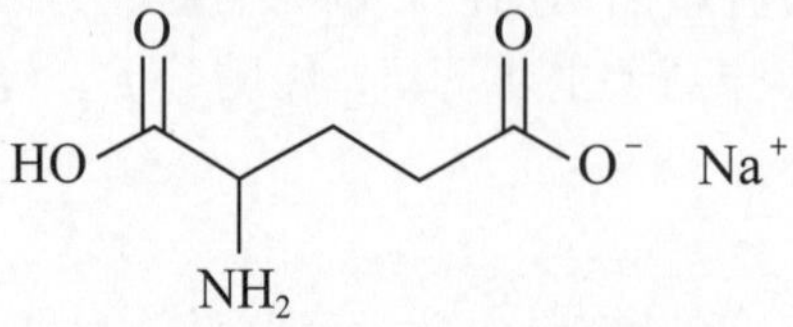

$$HO \overset{O}{\underset{NH_2}{\diagup}} \quad \overset{O}{\diagdown} O^- \quad Na^+$$

图1.15　2-氨基戊二酸单钠盐结构式

它是以淀粉为原料，经过水解、糖化、发酵、提炼浓缩而成的，使用它能提高菜肴的鲜度，促进食欲。但味精进入人体后会有96%被吸收，其余氧化后经肾脏由尿液排出，所以我们每人每天摄入量不应该超过7 g，否则会导致体内谷氨酸钠增多，超过肠道转化能力，而一旦血液中谷氨酸钠含量升高必然会影响人体对Ca^{2+}和Mg^{2+}的吸收，从而会出现短暂的身体不适，比如短时的头痛、心跳加快、恶心等，甚至会对人的生殖系统造成不良的影响。

（6）乳化剂

乳化剂具有乳化、润湿、渗透、发泡、消泡、分散、增溶、润滑等一系列作用。乳化剂在食品加工中可起到多种功效，是一类重要的食品添加剂，广泛用于面包、糕点、饼干、人造奶油、冰淇淋、饮料、乳制品、巧克力等食品中。

乳化剂的特点是安全性高，对人体无任何不良影响，同时又可满足食品加工的各种性能要求。经过长期试验筛选形成了以脂肪酸多元醇酯及其衍生物和天然乳化剂大豆磷脂为主的食品乳化剂体系。这些乳化剂在人体消化过程中可被分解为脂肪酸和多元醇，从而被人体吸收或排出体外，对人体的代谢无不良作用，是一个集多个优点于一身的食品添加剂。

食品乳化剂虽说优点很多，但过量添加也会对人体造成不小的伤害，乳化剂可使其他物质互不相溶，并且添加乳化剂的食品属于高热量物质，不容易消化、吸收，过量摄入可能导致腹泻、腹痛等症状，加重对胃肠道负担，所以我国对乳化剂的添加剂量有严格规定，以确保我国人民的健康。

1.8　常见食物的贮存方法

任何食物贮存不当都可能发生变质。其实食品的变质在日常生活中是很常见的，因此食物的贮存方法尤为重要。

常见食物的
贮存方法

1.8.1 谷类

（1）稻谷

稻谷壳较坚硬，对籽粒起保护作用，能在一定程度上抵抗虫害及外界温、湿度的影响，因此，稻谷比一般成品粮好保管。但是稻谷易生芽，不耐高温，需要特别注意。首先，提高入库稻谷质量，是稻谷安全储藏的关键。稻谷的安全水分标准，应根据品种、季节、地区、气候条件考虑决定。一般籼稻谷在13%以下，粳稻谷在14%以下。杂质和不完善粒越少越好。其次，新稻谷由于呼吸旺盛、粮温和水分较高，应适时通风，降温降水。最后，可以充分利用冬季寒冷干燥的天气，进行通风，使粮温降低到10 ℃以下，水分降低到安全标准以内，在春季气温上升前进行压盖密闭，以便安全度夏。而家中存放的精制大米建议采用无氧保存法，即把大米装入可密封的、干净的、无水无油的瓶子中，密封后放在阴凉干燥处保存，这样可以存放较长时间。

（2）小麦

小麦的显著特点是蛋白质含量高于其他谷物，且主要为麸蛋白（主成分为麸胺酸），结构中含—SH键，在湿润时柔韧而黏着力强（结合成—S—S—桥），放置适当时间后因氧化而成团，是为发面。但捏合太久，其分子间的—S—S—结合转化为分子内的结合，则黏性降低，成为碎块，失去加工性能。故小麦贮存切忌受潮。

1.8.2 肉、乳、蛋类

肉、乳、蛋类即荤食类，其特点是蛋白质及脂肪含量高，贮存时易发生细菌作用和酵解。

①肉贮藏的主要问题是控制腐败细菌的活动。通用的方法是酸化（因酸性环境不利细菌生长，如醋泡猪蹄）、排除空气（或充二氧化碳、氮气包装，以防氧化）、干燥（烘干、风干、速冻以降低水分）、腌制（盐、糖渍）、辐射等。此外，还有用芥末油、大蒜汁（大蒜素有抑菌作用）涂抹鲜肉的方法。

②水产品鱼贝及其他动物肉类的贮存，应先去除内脏（因为这些最易腐坏），然后尽快冷冻。鲜鱼在0～1 ℃可保存1～2个月，肉类为10～20天，深度冷冻（−18～−9 ℃）可达数月至半年。

③奶及乳制品极易变质，鲜奶1～2 ℃可保存1～2天，酸奶0～1 ℃可保存3～5天。家庭贮存奶及乳制品时应避光及时冷藏，容器要密封。奶粉打开后应保持干燥、凉爽并迅速密封，如因吸湿而结块，则不能直接冲服，而应煮沸。

④蛋在低温（0 ℃，相对湿度75%～80%）下可冷藏1年，但出库后易腐，应在1周内用完。浸入3%硅酸钠溶液或石灰乳中，可保存5～8个月，因该碱性溶液可杀菌，且蛋呼出的二氧化碳可堵住壳面气孔，也可涂凡士林或石蜡等盖住气孔。用草木灰、稻壳等覆盖，置于通风良好的阴凉处，也可保存1个月以上。于二氧化碳或氮气气氛下冷藏，可长期存放。

如将鲜蛋放在石灰水中，蛋内呼出的二氧化碳以及空气中存在的二氧化碳均能与氢氧化钙发生反应：

$$Ca(OH)_2 + CO_2 == CaCO_3\downarrow + H_2O$$

反应生成的难溶性碳酸钙微粒沉积在蛋壳的表面，堵塞了蛋壳表面的气孔，阻止了外界微生物的入侵，使蛋的呼吸作用下降，而且气孔堵塞，向外边排出的二氧化碳减少，二氧化碳便在蛋内积存。由于二氧化碳是酸性氧化物，会使蛋白酸度升高，从而阻止了蛋内微生物的作用，鲜蛋就得到了保护。

1.8.3 蔬菜、水果类

①如马铃薯贮存的适宜温度为7~8 ℃，相对湿度为85%~90%，两者过低、过高均易发芽而毒变。马铃薯碰伤后会变色，是因为所含的酪氨酸、绿原酸等受氧化酶作用或与 Fe^{3+} 作用。而马铃薯出现的"空心""黑心"或"内部黑斑"的主要原因是收获期过早或日光暴晒。

②甘薯贮存中的最大问题是黑斑病。克服办法是保温32~35 ℃及相对湿度90%经4~6天，使伤口及表皮干燥收缩，然后在10~15 ℃正常贮藏于地窖。甘薯经蒸煮加工后变暗，干燥后表面出现白粉，即经β-淀粉酶作用生成的麦芽糖。久浸于水中的甘薯会硬化，其主要原因是细胞死后钙质通过细胞膜在膜上形成果胶酸钙。再经水煮也不能软化，故烹制前不应沾水。

③香蕉11~14 ℃可较久存放（2周）。超过25 ℃，果肉软黑。温度过低，易变质。但剥皮后深度冷冻（-10 ℃）可达数周。

④柿子可冰冻或在10~15 ℃时窖藏脱涩。其涩味来自以无色花青素为基本结构的配糖物，易溶于水，成熟后汽化或聚合成不溶于水的物质而失去涩味。其他脱涩法还有温水浸（40 ℃水浸10~15 h）、酒浸（40%酒喷洒，密封置于暖处5~10天）、干燥（剥皮后悬置徐徐阴干）等法，旨在使花青素挥发或溶解；此外还有气体法，如将生柿置于含50%二氧化碳的容器内数日可去涩。

1.8.4 茶及中草药

①茶应该先在通风处干燥后再分装于铁盒中贮存。也可以放置在底部有石灰的坛内，用布或铁丝网等与石灰隔开，利用石灰的吸湿性和杀菌作用使茶得以长期贮存而不变质。

②一些中药如人参、西洋参、当归、枸杞等名贵药材，由于含糖、蛋白质较高，易受潮、发霉、虫蛀，通常先阴干，再装入广口瓶内密封于4 ℃时保存。也可以在小坛内装入2/5的生石灰，然后将药材用纸或布包严后吊在瓶中。

③枣、桂圆等可置于底部已放一层食盐的缸中，盐上铺布，枣、桂圆等在布上散开，再隔布放盐，如此交替存放，耗盐量约为药材的10%。在远红外干燥箱内于30~40 ℃烘烤40~48 h，取出后存放于冰箱内。在阴凉处晾干后，再喷洒3%~5%的乙醇密封，因为乙醇可渗入微生物细胞膜内而使其死亡，从而防止食物变质。

第 2 章

化学与日用品

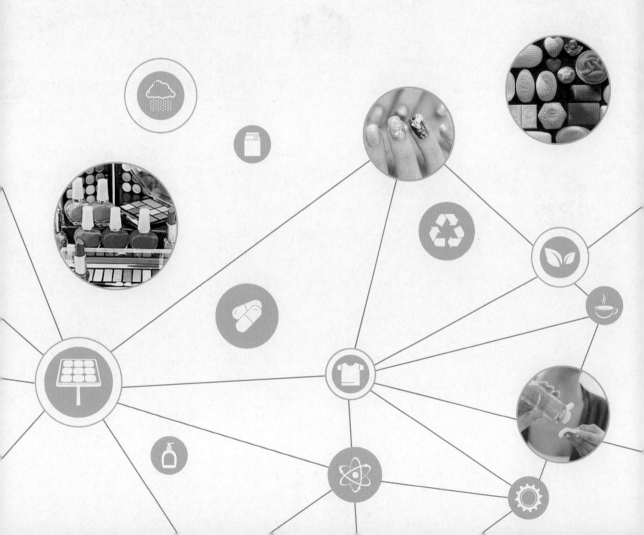

Chemistry in Daily Life

随着生活水平的不断提高，化妆品越来越受欢迎，为此琳琅满目的化妆品已经走进我们的生活。目前，日用化学品（化妆品、洗涤剂）已经成为人们生活必不可少的物品。

2.1　化妆品化学

"化妆品"一词的希腊文原意是"装饰的技巧"，意思是把人体自身的优点加以发扬，缺陷加以补救。《化妆品监督管理条例》中给化妆品下的定义是："化妆品是指以涂擦、喷洒或者其他类似方法，施用于皮肤、毛发、指甲、口唇等人体表面，以清洁、保护、美化、修饰为目的的日用化学工业产品。"

2.1.1　化妆品的主要作用

①除去面部、皮肤以及毛发上的脏污物质。

②保护皮肤柔软光滑，用以抵御风寒、烈日、紫外线辐射，防止皮肤开裂。

③滋养皮肤、毛发，增加细胞组织活力，保持表皮角质层的含水量，减少皮肤细小皱纹及促进毛发生长。

④具有美化面部、皮肤以及毛发的作用，给他人以容貌整洁的好感，有益于人们的身心健康。

2.1.2　化妆品的分类

常见化妆品的分类见表2.1。

表 2.1　常见化妆品的分类

分类方式	品　种
按使用目的	清洁用化妆品、基础化妆品、美容化妆品、香化用化妆品、护发美发用化妆品
按使用部位	皮肤用化妆品、黏膜用化妆品、头发用化妆品、指甲用化妆品、口腔用化妆品
按产品用途	清洁用化妆品、一般化妆品、特殊用途化妆品、药用化妆品
按产品形态	液态化妆品、固态化妆品

2.1.3　常见的几类化妆品

（1）清洁用化妆品

皮肤上的污垢除了指附着在皮肤表面的尘埃和化妆品等的残留物之外，还包括表皮角质

层剥脱的角质细胞，从皮肤分泌出的皮脂、汗液以及它们的分解产物。

如果这些污垢较长时间附着在人们的皮肤上，不仅容易导致细菌的生长繁殖，也会刺激皮肤，对皮肤的正常生理活动造成不良影响。因此，做到保持皮肤清洁既是人们日常生活必不可少的活动，也是化妆的基础条件。

清洁皮肤离不开清洁用化妆品，清洁用化妆品基本上是按水洗、油洗、粉末吸附或磨搓等去垢方法制备的。常用的品种见表2.2。

表2.2　常见清洁用化妆品

名　称	成　分	作　用
无脂洁肤剂	水、甘油、鲸蜡醇、丙二醇	适合干性皮肤，皮肤敏感的人可以用它卸妆
剥脱剂	收敛性化妆水里加入水杨酸或金缕梅	促进枯萎的角质细胞脱落，保持皮肤清洁、滋润，排除粉刺
磨面膏	氧化铝、氧化镁、聚乙烯微粒、果核粉粒或十水四硼酸钠颗粒等	去除脱落的角质和抑制皮脂分泌过多
洁肤面膜	硅酸铝镁胶体、精制硬脂镁、聚乙烯醇、米淀粉、高岭土等	面膜中的吸附剂将脸上的污垢吸附在面膜上，清洁面部皮肤，使皮肤清洁、滑润
清洁化妆水	透明的醇性洁肤液体，含有水和醇和少量碱性物质氢氧化钾	溶解污垢，软化角质，提高皮肤紧致度

（2）护肤类化妆品

护肤类化妆品属于基础化妆品，常见的品种主要有膏霜类、乳液、化妆水和面膜等。

1）膏霜类

膏霜类是通用的有代表性的化妆品。目前在市面上流通的品牌五花八门，常见膏霜类化妆品见表2.3。

表2.3　常见膏霜类化妆品

名　称	成　分	作　用
雪花膏	硬脂酸、保湿剂、水和香精等	使皮肤保持润泽，防止粗糙干裂，适合油性皮肤使用
润肤霜	羊毛脂及其衍生物、高碳脂肪醇、多元醇、癸酸甘油酯、植物油等	提高皮肤对外界刺激的防御能力，保护皮肤并使之细嫩
冷霜	凡士林、蜂蜡、石蜡、聚氧乙烯、山梨糖醇酐和香精等	能滋润皮肤，防止干裂，也常作粉底霜使用
洁肤霜（膏）	以低熔点的油脂和蜡为主体原料	清除老化剥脱的角质、分泌物、尘污，使皮肤润滑、柔软

续表

名　称	成　分	作　用
按摩霜	蜂蜡、单月桂酸酯、脂肪酸酯类	改善局部血液和淋巴液循环，防止结缔组织纤维衰退

2）乳液

乳液也常称作面乳或奶液，是一种乳浊状的膏霜化妆品，如图2.1所示。它的性质介于化妆水和霜膏类之间，是略带油性的半流动状乳剂。按照它的效能可以划分为不同的品种，如把以皮肤保湿和柔软为目的的称为润肤乳液；以清洁皮肤为目的的称为洁面乳液；在按摩皮肤时使用的乳液称为按摩乳液。

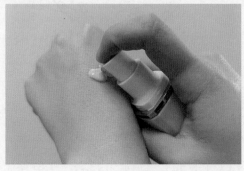

图2.1　乳液

3）化妆水

化妆水是一种搽用的透明液体护肤用品，如图2.2所示。它是以水为基质，加入少量酒精及其他物质制成的。它的主要功效是使皮肤柔软，润湿状态适度，并且还具有抑菌作用，具有润肤、整肤效果。

图2.2　化妆水

化妆水成分中所占比例最大的是精制水，其次是酒精或保湿剂，此外还有柔软剂、增溶剂、增黏剂和防腐剂等。目前，常见的化妆水有碱性化妆水、酸性化妆水、中性化妆水和收敛性化妆水等。

4）面膜

面膜是一类既有护肤又有洁面作用的化妆品，如图2.3所示。面膜的种类很多，主要分为洁肤面膜和美容面膜两大类。按照它的质地不同，可以分为薄膜型面膜（胶状面膜）和膏状面膜（乳剂型面膜）；按照它的功效又将面膜分为护肤营养、增白、祛皱、祛斑、祛痤疮、抗过敏和洁肤面膜等；按其制成成分又分为药物、天然原料（蔬菜、水果、奶、蛋、蜂蜜、淀粉、植物油）和酵素面膜等。

图2.3　面膜

（3）彩饰类化妆品

彩饰类化妆品主要是用来美化颜面、眉眼、口唇、指甲等部位（个别也用于或只用于颈、臀或腿部），起到对容颜和肤色彩化修饰的效果。彩饰类化妆品可以遮盖皮肤上的瑕疵，有的对皮肤还起一定的保护作用。

彩饰类化妆品按照它的使用部位又可分为面颊用彩饰化妆品、眉眼用彩饰化妆品、口唇用彩饰化妆品和指甲用彩饰化妆品。面颊部常用的彩饰化妆品有粉底、化妆粉和胭脂三种。眉眼用化妆品大体上有眼影、眼线颜料、睫毛油、眉笔和描眉颜料、眼妆去除剂等。口唇用化妆品主要有唇膏、护唇软膏和唇线笔。指甲用化妆品有修护指甲用品、指甲涂彩用品和彩油去除用品三类。常见眼部化妆品见表2.4。

表 2.4　常见眼部化妆品

种　类	说　明
眼影化妆品	眼影是用来修饰渲染眼睛的化妆品。常用的有眼影粉、眼影膏和眼影液。用于眼眉以下皮肤、外眼角以及鼻子的两侧着色，涂后的阴影使眼睛看起来有立体感
描画眼线化妆品	常用的有眼线笔和眼线涂料用于勾画上下眼皮眼睑的边缘，沿着眼睛的轮廓描画细线，修饰眼形，使眼睛的轮廓更清楚，起到增加眼睛神采的作用。眼线笔有硬的和软的两种，前者又有铅笔型和粉末型两种。软的眼线笔是为配合液体颜料描绘眼线所用的眼线笔。液体涂料有油性和水性两种

续表

种　类	说　明
美化睫毛用化妆品	常用的有睫毛膏和睫毛油，用于睫毛着色，使睫毛看起来颜色更深、更密、更长，具有适度的光泽，并可使睫毛稍稍向上弯翘，使眼睛显得更美。含有纤维的睫毛油（膏）可使睫毛加长；另一种睫毛油（膏）是加深睫毛颜色的。按剂型和成分分为固体睫毛膏和油性睫毛油
描画眉毛用化妆品	常用的有眉笔、染眉粉饼等，一般多为黑色或深茶色。选用颜色合适的眉笔或眉粉饼把眉毛画成意欲求得的形状和颜色，可以增进眉眼的魅力
卸除眼妆的用品	眼妆清洗液去污力强，一般不含有刺激性物质和香料。这类用品有凝胶剂和霜剂，它们可以直接涂拭，然后用脱脂棉或面巾纸擦掉，再用水冲洗干净。常用的清洁霜等虽然也可除去眼妆，但眼区十分敏感，需要谨慎使用

（4）美发化妆品

对头发进行美化是化妆美容活动的主要内容之一。使用美发化妆品能够明显改善和美化头发的质地，保护头发的健康，如图2.4所示。按美发化妆品的使用目的主要可以分为清洁、整饰、着色（或漂白）和卷曲（或伸直）用品。

图2.4　美发化妆品

①洁发用化妆品的主要功能是洗涤头发。按照功能分类，有一般洗发液，兼有洗发、护发功能的"二合一"香波；还有兼有洗发、去头屑、止痒功能的"三合一"香波。此外，还有调理香波、去头屑香波、烫发香波、染发香波等。根据适用于不同发质又分为干性、中性、油性头发洗发香波。

②护发化妆品是专门用来护理头发的一类制品，它特别适用于因某种原因受到损伤的头发，或发质不良的头发。它多半还兼有洁发、美发的效果，可使头发变得滋润柔软、增加强度、恢复原有的光泽。这类化妆品常用的有护发水、发乳、发油、发蜡、发露、护发素、头发调理剂等。

③整饰头发用化妆品按其用途和功能大致可以分为增加头发光泽的化妆品、保持发型、改善和调理油分的化妆品。这类产品在功能和用途上多半是综合性的，它的主要作用是固定发丝，保持发型，并赋予头发一定的光泽度。常用的有透明发膏、喷发胶、定发液、摩丝等。

④染发用化妆品。染发不仅可以弥补生理上的缺陷，还起到美发的效果，如将灰白的头

发染黑和将天然的头发颜色漂浅，或染成理想的颜色，如褐色、黄色、红色、金色等。染发所用的染发剂品种很多，依据染色后发色保持的时间长短将染发剂划分为暂时性、半持久性和持久性三种类型。根据所用原材料的不同，又将染发剂分为天然染发剂、合成有机色素染发剂和金属染发剂。

（5）特殊用途化妆品

按照我国《化妆品监督管理条例》，特殊用途化妆品是指用于染发、烫发、祛斑美白、防晒防脱发的化妆品以及宣传新功效的化妆品。特殊用途化妆品是一些在性质上介于化妆品和药品之间，具有某些特定效果，或者含有某种特殊成分的产品。常见特殊用途化妆品见表2.5。

表2.5　常用特殊用途化妆品

名　称	成　分	作　用
育发化妆品	以乙醇或水为溶剂，从生姜、侧柏、川椒、黄芪、羌活、首乌等中提取有效成分	刺激头皮和发根，改善头皮血液循环，滋养毛根，有助于毛发生长、减少脱发和断发
脱毛化妆品	硫化锶、硫化钠、硫化钙，有的添加一些尿素、胍类有机胺	加速毛发蛋白质溶胀变性，减少、消除体毛
美乳化妆品	当归、甘草、益母草、啤酒花、女贞子、蜂王浆、紫河车、青蛙卵巢	涂抹于乳房局部，结合按摩达到促进乳房发育，使乳房健美的目的
健美化妆品	大黄、人参、田七、薄荷、月见草油等	促进药物经皮吸收，增强体内脂肪代谢，消除体内多余的脂肪，达到减肥的目的
除臭化妆品	磺基碳酸锌、羟基苯磺酸锌、柠檬酸作收敛剂，氯化羟基二甲基代苯甲胺、四甲基秋兰姆化二硫作杀菌剂	利用强收敛作用抑制出汗，间接地防止汗臭，其次是杀菌，防止分泌物被细菌分解、变臭
祛斑化妆品	曲酸及其衍生物、果酸、熊果苷、胎盘和海藻提取物、氯化氨基汞、硫黄、倍他米松、氢醌、壬二酸等	抑制黑色素的形成，消除或减轻皮肤表面色素沉着
防晒化妆品	水杨酸衍生物、苯甲酸衍生物、肉桂酸衍生物、钛白粉、氧化铁、高岭土、碳酸钙或滑石粉等	减轻由日晒而引起的日光性皮炎、黑色素沉着以及防止皮肤老化

（6）芳香化妆品

芳香化妆品是以散发出怡人的芳香气味为主，给人以嗅觉美感的化妆用品，如图2.5所示，主要有香水、花露水等。它们的主要成分是香精，是以乙醇溶液作为基质的透明液体。其主要作用是添香和除臭。

图2.5 芳香化妆品

（7）特殊人群用化妆品

1）婴幼儿用化妆品

新生儿和婴幼儿的皮肤，皮肤含水量较多，容易出汗。婴幼儿皮肤的功能尤其是防御功能还不完善，但是吸收和渗透功能明显强于成人。特别是角质层明显比成人薄，外观十分细嫩，极容易受到损伤，所以婴幼儿的皮肤需要特殊保护。婴幼儿用化妆品的组成成分与成人用的基本相同，但是对原材料和香料、色料、防腐剂等添加剂的选用和用量方面都必须符合婴幼儿皮肤的卫生要求。用于婴幼儿化妆品包装的容器必须无毒，对皮肤、眼睛无刺激，必须保证其使用更安全。由于婴幼儿皮肤常被粪尿沾污，为了抑制产氨细菌和常见致病菌的繁殖，在婴幼儿的化妆品中常添加适当的杀菌剂。用于婴幼儿皮肤上的化妆品主要有洁肤品、护肤品和卫生用品。

2）男性用化妆品

男性的皮肤实际上和女性并没有很大区别，也需要保护和美化，只是受雄性激素的影响，皮脂腺比女性发达，皮肤角质层较厚，皮肤纹理也较粗。男性皮肤以油性皮肤居多，特别是男性在青壮年时期皮肤一般比同年龄女性油腻得多，因而，更加需要使用洁肤化妆品除去多余的油脂，以防止产生脂溢性皮炎或痤疮。除此之外，男性还有一些专用的化妆品，如剃须用品、科隆水等，如图2.6所示。

图2.6 男性用化妆品

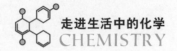

3）孕妇用化妆品

妇女在怀孕后，不但汗腺、皮脂腺分泌增多，日常需要勤洗皮肤，而且，妊娠初期脸色往往不好，面部皮肤常会出现黄褐色或深褐色的斑块，影响容颜的美观，这常常通过化妆来加以修饰。但是孕妇用化妆品须选用低香料、低酒精、无刺激性的霜剂或乳液，如可以涂些粉底，并在两颊涂上淡淡的胭脂，外出时可以搽些防晒化妆品，它可以对紫外线起到一定的阻挡作用，减轻黄褐斑的形成和发展。口红中有些成分比较容易引起过敏，特别是对于孕妇。其中的羊毛脂具有较强的吸附作用，能够吸附空气中各种对人体有害的物质，这些物质附着在口红上，就会随着唾液进入体内而殃及胎儿，所以怀孕期间使用化妆品要慎重。

4）老人用化妆品

根据人体不同年龄段的生理特点及其新陈代谢的规律，当进入老年后，人的皮肤会出现萎缩和松弛。因此，老年人的护肤和美肤极其重要。目前，市场上的抗衰老化妆品主要有以增加营养成分、皮肤保湿、补充生理活性物质、崇尚天然为主的四大类。在化妆品中适当地加入一些泛酸、烟酸、生物素、维生素C、胆固醇以及某些矿物质，在一定程度上可以促进皮肤的新陈代谢，给皮肤提供营养，延缓衰老。值得注意的是，常常具有抗皱功效的除皱霜含有激素类成分，如果长期涂抹这类化妆品可能导致皮肤萎缩和色素沉着等不良反应。某些含有血清蛋白的霜膏也容易引起细菌感染，需要小心使用。近年来，以动植物的浸膏、抽提液为基质或添加剂的天然抗衰老化妆品正在为人类延缓皮肤衰老开辟新的途径，其效果尚待科学的验证。

5）演员用化妆品

舞台演员用化妆品主要以油彩为主，如图2.7所示。油彩是由有机或无机的颜料（如立索尔大红、银朱R、耐晒黄、氧化铁红和炭黑等）、基质油（如白油、凡士林、茶油等）、填充剂（如白陶土、氧化锌等）和香精四种主要成分组成。控制粉底在专业化妆中主要用于彩妆，特别是摄影化妆的基础打底。它的剂型和色彩也多种多样。

图2.7　演员用化妆品

另外，打底油、定妆粉、黏糊胶、描眉笔、造型用的鼻油灰以及卸妆油等都是演员经常使用的化妆品。其中卸妆乳油分为乳化型和非乳化型两类。它的主要成分是表面活性剂，含水量20%～30%，能够很好地溶解皮肤上的化妆油彩而不刺激皮肤。

2.1.4 化妆品的有效成分

（1）化妆品的化学成分

在化妆品中还经常加入酸、碱、盐类物质，用来调整产品的pH值，常用的酸性物质有酒石酸、水杨酸、硼酸；碱性物质有氢氧化钾、氢氧化钠、碳酸氢钠、氨水、乙醇胺等；盐类有硫酸锌、硫酸铝钾（明矾）、氯化锌等。

（2）常见的特殊添加剂

随着经济和文化水平的不断提高，人们对于化妆品的需求早已由过去单纯修饰美化外表，发展到重视营养、改善肤质、延缓衰老，追求回归自然。为了适应这一趋势，在护肤化妆品中使用的各种各样含有营养成分或生物活性物质的特殊添加剂层出不穷，目的在于使化妆品具备某些营养、保健或治疗效果。常见特殊添加剂见表2.6。

表 2.6　常见特殊添加剂

名　称	作　用
水解明胶	保湿作用良好，是抗御皮肤衰老，防止皮肤干裂的安全、优质添加剂
透明质酸	保护皮肤角质层中的水分，使皮肤柔软、光滑，防止粗糙，延缓衰老
超氧化物歧化酶（SOD）	清除细胞内氧自由基的抗氧化酶和表皮细胞内的自由基，保持皮肤正常的新陈代谢，使皮肤细嫩、柔润、光滑
蜂产品	优良的皮肤保湿剂，防治老年斑，减少皱纹和润泽皮肤，有止痒、抗菌、消炎和增进细胞代谢的功效

1）唇膏的基质和添加剂

唇膏（图2.8）的基质成分主要是油脂和蜡，常用的有蓖麻油、椰子油、羊毛脂、可可脂、树蜡、蜂蜡、鲸蜡、地蜡、微晶蜡、固体石蜡、液体石蜡、凡士林、棕榈酸异丙酯、肉豆蔻酸异丙酯等。在唇膏中经常加入一些辅助原料，其中天然珠光原料，如鱼鳞的鸟嘌呤结晶，价格十分昂贵，较少采用。目前多采用合成珠光颜料氧氯化铋。此外，在唇膏中还经常加入一些对嘴唇有保护作用的辅助原料，如乙酰化羊毛醇、泛醇、磷脂、维生素A、维生素D、维生素E等。由于香料可能带来不良反应，所以唇膏中很少加入香料。着色剂是唇膏用量很大的原料。最常用的是溴酸红染料，又称曙红染料，是溴化荧光素类染料的总称，其中有二溴荧光素、四溴荧光素、四溴四氧荧光素等多种。常用于唇膏的颜料有有机颜料、无机颜料、色淀颜料等。

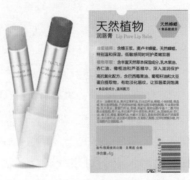

图2.8　唇膏

2）眼部用化妆品基质和添加剂

眼部用化妆品主要有眼影、眼线等，如图2.9所示。其中，眼影用品的组成除液体石蜡、羊毛脂衍生物、凡士林、滑石粉等基质外，多半还加入珍珠粉、微晶蜡、二氧化钛、颜料、香料等。眼线笔是将颜料用油性基剂固化制成铅笔芯状。油性眼线液是将着色剂和蜡溶解在容易挥发的油性溶剂中制成；水性眼线液是把含有着色剂的醋酸乙烯酯、丙烯酸系树脂在水中乳化制成。睫毛膏是在蜡和油脂中加入着色剂，然后用三乙醇胺油酸皂固化而成；油性睫毛油是在具有挥发性的异构石蜡中融进含有着色剂的蜡；乳剂型的睫毛油则是把含炭黑等着色剂的丙烯酸树脂、醋酸乙烯酯乳化制成。眉笔多半是把炭黑和黑色氧化铁固化制成笔芯使用。眼部用化妆品所使用的着色剂主要有无机颜料，如氧化铁黑和氧化铁蓝等，以及有机色淀和珠光颜料。其他原料有滑石粉、云母粉、硬脂酸、甘油单硬脂酸酯、蜂蜡、地蜡、硅酸铝镁、表面活性剂、高分子聚合物等。

图2.9　眼部化妆品

3）指甲用化妆品基质和添加剂

指甲抛光剂的主要成分有氧化锡、滑石粉、硅粉、高岭土等一些脂肪酸酯和香料。为增添色彩，一般还加入一些颜料。产品有粉末、膏状、液体等不同类型。早期脱膜剂的主要成分多是氢氧化钾或氢氧化钠的低浓度溶液，近些年倾向于采用磷酸铵或胺之类的弱碱性物质，有些是由三乙醇胺、甘油和水等配制的。指甲增强剂内含有胶原蛋白和尼龙醋酸盐等水溶性金属盐类收敛剂，也有用二羟基硫脲作增强剂。指甲油的主要成分有硝化纤维素；作为成膜剂，加入树脂类以增加硝化纤维素膜的光亮度和附着力；为使指甲油膜柔韧、持久，常用柠檬酸酯类作增塑剂，使用能够溶解硝化纤维素和树脂等成分，并且加入具有适宜挥发速度的多种混合的有机溶剂。此外，为了使指甲油增加色泽还常添加色素和珠光颜料，如图2.10所示。

图2.10　指甲用化妆品

4）美发用化妆品基质和添加剂

美发用化妆品有护发水、生发剂、杀菌剂、头油等。其中护发水中常用的添加剂有水杨酸和间苯二酚，它的作用是去除头皮屑和止痒。

生发剂中常添加雌激素，它能使头皮血管扩张，促进头发生长。生发剂中具有生发功效的成分还有辣椒酊、生姜酊、何首乌、白藓皮、茜草科生物碱等。杀菌剂以及保湿剂如甘油、丙二醇、山梨醇等也是常用的添加物质。常用的合成型半持久染发剂的染料有芳香胺类、氨基苯酚类、氨基蒽醌类、萘醌类、偶氮染料类。金属盐类染发剂一般仅附着在头发表面，不能进入头发内层。金属盐类染发剂大多是铅盐或银盐，少数用铋盐、铜盐或铁盐，如醋酸铅、硝酸银和柠檬酸铋等。将其水溶液涂染于头发上，在光线和空气的作用下，成为不溶性硫化物或氧化物沉积在头发上。

染发剂所用的原料、成分浓度、作用时间不同，头发产生的色调也不一样。铅盐可使灰白头发产生黄、褐乃至黑色色调；银盐会产生金黄到黑色色调；铋盐产生黄色到棕褐色色调。

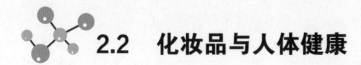

2.2　化妆品与人体健康

化妆是人类的长期行为，抗衰老、美白和增发是化妆品永恒的主题。如果这些化妆品使

用不当，会对人体健康带来很大的危害。化妆品引起的不良反应有的是化妆品本身造成的，有的则和使用化妆品的人自身身体素质关系密切。另外，使用者不按照产品说明书正确地使用也是引起不良反应的重要原因。

2.2.1 重金属的影响

化妆品的增白剂、生发剂、染发剂和化妆品中的颜料，很多都含有重金属成分。这些重金属不少是对人体有害的，比如铅、铝、汞和砷等，如图2.11所示。

图2.11 化妆品里的汞

俗话说"一白遮百丑"，所以一部分人以白为美，具有增白作用的化妆品是爱美人士使用量最大的一类，其中"最有效"的美白成分是"汞"。而以氯化汞、碘化汞等汞的化合物为增白剂的化妆品，虽然在短期内可以使皮肤变得白皙，但代价是造成皮肤不可恢复的色素沉淀，原因是它们干扰了皮肤中氨基酸类黑色素的正常代谢。另外，在其他一些美容产品中也经常用到汞的化合物，如氯化铵汞因有防腐作用而被广泛应用于祛斑霜之类的化妆品生产。因此，在有些国家已经明确规定，化妆品中禁用汞及其化合物。

对于生发剂，古代有砷能生发之说，沿传至今在生发产品界仍有影响，所以某些生发剂中含有砷，在某些化妆品中也可能含有一定量作为防腐剂的砷化物。而对于染发剂，常见的就是金属染发剂（如乌发乳），它们的原料主要是铅盐或银盐，少数是铋盐和铜盐，对健康也是存在危害的。

2.2.2 有机物的影响

在化妆品中还含有一些有机物，对人体健康的影响也是比较大的。如从石油或煤焦油中提炼制得的氢醌是一种强还原剂，它能抑制黑色素的产生，因而许多漂白霜、祛斑霜中就加入了氢醌。氢醌的存在不仅对皮肤有较强的刺激作用，引起皮肤过敏，而且还会引起获得性褐黄病，这种病目前尚没有好的治疗方法。各类化妆品中添加的色素、防腐剂、香料等也大都是有机化合物，这些物质对皮肤或多或少都有刺激作用，易引起皮肤色素沉积，引发接触性皮炎。唇膏中的一般染料也是有机化合物。常见的玫瑰红唇膏是在油脂、蜡质中掺入一种酸性曙红染料，它是一种非食用色素，可通过皮肤进入人体内而引起皮肤过敏。

国外调查也表明，因使用口红而引起口唇过敏已是一个严重的问题，有9%的妇女使用唇膏后出现口唇干裂等症状，并且还发现唇膏具有"光毒性"。

（1）皮炎类反应

皮炎类反应是化妆品不良反应中最为常见的一种，属于敏感体质的人群容易患化妆性皮炎（图2.12），这主要是由于生产化妆品的原料对皮肤产生刺激，使皮肤细胞产生抗体，导致过敏，引发炎症。另外，使用重金属超标的化妆品，以及使用过期变质的化妆品，也会引起炎症。

由于化学物质对皮肤局部产生作用而引起的反应称为原发性刺激；而机体接触某种致敏物质之后经过一定的潜伏期，再遇到该物质时所发生的特异性免疫反应即为致敏性作用。不管是哪一种刺激都会引起不良反应，常见的不良反应有接触性皮炎、光毒性接触性皮炎和依赖性皮炎。

接触性皮炎是在涂搽的局部产生的炎症反应，临床上又分为刺激性接触性皮炎（原发刺激性接触性皮炎）和变态反应性接触性皮炎，即过敏性接触性皮炎。

原发刺激性接触性皮炎是皮肤接触化妆品后，在很短的时间内发病，它是由化妆品含有的某些成分直接刺激造成的。目前，随着化妆品的生产技术不断发展提高，化妆品中的刺激性物质也逐渐减少，这类皮炎已很少见。

过敏性接触性皮炎在化妆品所引起的不良反应中是很常见的，属于迟发型变态反应，它的产生原因除了化妆品中含有某种容易引起过敏反应的物质外，主要与使用人的个体素质有关。激素依赖性皮炎是因长期反复使用，形成了依赖性、成瘾性，不搽便觉得不舒服，皮肤就出现红、肿、痒、痛等症状。近年来，激素依赖性皮炎因发病率呈逐年上升趋势，且又顽固难治愈，已成为医学家们关注的焦点。

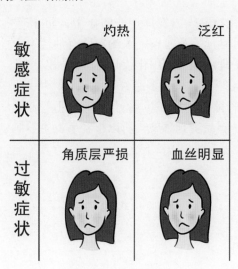

图2.12　皮炎类反应

（2）非皮炎类反应

非皮炎类反应多种多样，其中最常见的是痤疮，它是因长期使用某一种化妆品，特别是使用脂类化妆品后，脸上出现了与毛囊一致的丘疹或脓疱。例如，有些人本身属于油性皮肤，如果再浓妆艳抹，便会堵塞皮肤的皮脂腺和汗腺，积聚皮脂而形成痤疮。

色素沉着也是常见的化妆品不良反应，它是在长期搽用某种化妆品后脸上出现的褐色或灰褐色的色素斑，有的甚至可以发展为黑变病。

相关动物实验已证明，化妆品的某些成分，如某些合成香料、合成色素能够明显地损伤细胞DNA，具有致突变性或致癌性。有些色素虽然本身没有致癌性，但是经过光线照射后，却有可能变为具有致癌性的物质。

（3）微生物引起的感染

如果化妆品受到了微生物的污染，细菌就有可能从与人体接触的皮肤进入人体的各个器官和组织，造成种种伤害，甚至危及生命。当然，化妆品如果保存不当、过期或者变质后被使用，也会引起感染。

由于目前化妆品用牛、羊等的器官或组织成分相当普遍，像胎盘素、动物羊水、胶原蛋白和脑糖等，因此，在购买化妆品时应选择有良好声誉和符合法规的品牌，并关注产品的安全和卫生标准。

2.3　化妆品的正确选用方法

（1）化妆品与皮肤

为了让我们所使用的化妆品得以发挥护肤的作用，防止产生负面影响，在使用化妆品前，要对个人皮肤的类型和性质有所了解。人的皮肤有油性、中性、干性皮肤和混合性皮肤之分，它们各具特点，在护理皮肤和选用化妆品时应该加以注意。

油性皮肤的人皮脂分泌旺盛，皮肤多脂，呈油腻状，特别是在面部和T区常见油光，不施油性化妆品，用纸巾轻轻擦拭前额和鼻翼，纸巾上即可见到大片油迹。这种皮肤比较粗糙，毛孔和皮脂腺孔粗大，容易受到感染，所以很容易发生粉刺、痤疮和毛囊炎。这种皮肤由于附着力差，化妆后也容易脱妆（图2.13）。

图2.13　油性皮肤

中性皮肤平滑细腻且有光泽，毛孔较细，富有弹性，油脂和水分适中，化妆后不容易脱妆（图2.14），这种皮肤多见于少女。皮肤的季节性变化比较大，夏季偏油，冬季偏干，年纪稍大往往容易变成干性皮肤。

图2.14　中性皮肤

干性皮肤上毛孔不明显，皮肤一般比较薄，而且干燥，缺少光泽，皮肤附着力强，化妆后不容易脱妆，但是这种干性皮肤经受不住外界刺激，受刺激后皮肤发红，甚至有痛感，容易产生皱纹和脱屑（图2.15）。

图2.15　干性皮肤

　　混合性皮肤表现为同时具有两种不同性质的皮肤，如有的人前额中央、鼻翼或嘴周围及下颌，也就是颜面的中间区域是油性皮肤，毛孔粗大，皮脂较多，其余部位呈现中性或干性皮肤的特征（图2.16）。

图2.16　混合性皮肤

　　从医学美容的角度来说，皮肤的类型还有敏感性皮肤（图2.17）和问题性皮肤，前者主要指细腻白皙、皮脂分泌少、比较干燥的皮肤。它的特点是接触化妆品后容易引起皮肤过敏，出现红、肿、痒等症状，对花粉、烈日以及蚊虫叮咬等也容易过敏。而有痤疮、酒渣鼻、雀斑、黄褐斑等这类皮肤虽然影响美容，但没有传染性也不危及生命，这种皮肤被称为问题性皮肤。

图2.17　敏感性皮肤

（2）使用化妆品的注意事项

当今，化妆品几乎人人在用，但对于使用化妆品应该注意的问题并不是人人都有所了解。在使用化妆品前，应注意以下几个问题：

①为了防止使用化妆品带来的危害，所用的化妆品应该是符合化妆品卫生标准的合格化妆品。

②要尽可能了解化妆品的性能和适用人群，弄清楚它的基本成分。如果使用后出现了轻微、短暂的反应如局部发痒、刺痛等，应该立刻停止使用该化妆品。在换用另一种化妆品时，应该先进行斑贴试验。

③患有全身性疾病时不要化妆，面部、口唇、眼疾尚未治愈之前，应该停止颜面、口唇和眼部的化妆。怀孕期间应该慎用化妆品。

④使用化妆品时，一定要小心防止某种化妆品进入不耐受该化妆品的器官或组织，如睫毛油不能涂进眼皮内，更不可沾染角膜。晚上必须卸妆，不能带妆入睡，否则不仅会妨碍皮肤的新陈代谢，而且会抑制皮肤的呼吸和排泄，容易导致产生皮肤病。

⑤使用化妆品还应该注意化妆品的保存，要防止它变质、变性，否则，必然会导致皮肤的损害。

⑥学会鉴别化妆品质量的优劣。防止化妆品使用中的二次污染是预防感染的重要一环。

化妆品在生产时已经杀菌或加入了防腐剂，但是对防腐剂产生抗药性的微生物进入化妆品，或是微生物的污染量大，防腐剂的浓度已经起不到抑制其生长的作用，都会使微生物繁殖，所以在使用时必须注意卫生。

有的人打开化妆品的盖子之后，敞口放置，任凭微生物随意进入；未洗净的手伸进膏霜中沾了就用；挖或倒在手掌上多余的膏、霜、乳液用后又返回原瓶；使用不洁的粉扑扑脸；用脏的海绵、毛刷涂抹眼部化妆品等都给微生物或致病菌污染化妆品制造了机会。为防止或减少化妆品二次污染，避免发生化妆品污染所致的皮肤感染，必须改正上述这些不卫生的使用习惯。

⑦对使用者加强化妆品卫生知识的宣传教育很有必要。

让广大消费者懂得化妆品容易滋生微生物的道理，提高使用者的自我保护意识，引导消费者正确、适度使用化妆品。

让人们了解浓妆艳抹极其容易损伤皮肤，会使皮肤的自然防御功能下降。

如果皮肤因使用化妆品已经出现感染，对于初起时浅表的感染，可以自行涂用如1%龙胆紫溶液、3.5%碘酊、金霉素软膏、洗必泰软膏以及连翘膏之类的外用药，如果已经感染化脓就不应再擅自用药处理，而是需要及时请医生诊治。

对于出现化妆性皮炎的人，应注意防晒、防冻，要多吃富含维生素C的食物并保证充足的睡眠，必要时可服用维生素E、维生素B_6、维生素C，帮助修复受损皮肤。如果症状严重，一定要到正规医院皮肤科治疗。

2.4　洗涤剂化学

随着人类文明生活的进步与发展，无论是工作环境还是生活环境，都需要保持良好的卫生状况。那如何能创造一个干净、卫生、舒服的工作、生活环境呢？也就是如何能快捷有效地清除环境中存在的各种污垢呢？想要清除各种污垢，就需要使用不同性能的洗涤用品，也正因为清洁卫生的需要才促进了洗涤用品的快速发展。现如今洗涤用品已经成为人们日常生活中使用量最大的化工产品。那究竟什么是洗涤剂？洗涤剂有哪些种类？人们经常接触的洗涤剂是否对人体有害？使用中如何做好防护呢？

（1）洗涤剂的定义和分类

洗涤剂按照原料来源不同可分为合成洗涤剂和肥皂（图2.18）。合成洗涤剂通常以一种或者数种表面活性剂为主要成分，并配入各种无机、有机助剂等。而肥皂是由天然原料油脂加上碱制成的。

图2.18　洗涤剂

（2）合成洗涤剂的定义和分类

合成洗涤剂是指以去污为目的而设计配成的制品，由必需的活性成分（活性组分）

和辅助成分（辅助组分）构成。而这里作为活性组分的主要是表面活性剂，常作为辅助组分的有助剂、抗沉积剂、酶、填充剂等，加入这些辅助组分的作用是增强和提高洗涤剂的各种效能。

在市场上供应的合成洗涤剂常以粉状、液状、膏状或块状形式出售，其中以颗粒状为最多。

合成洗涤剂克服了肥皂在硬水中洗涤效力差的缺点，它洗涤效力高，省时省力，受到广大消费者的欢迎。如今各种功能、各种品牌的合成洗涤剂已占领了大部分洗涤用品市场，其品种和数量均远远超过了皂类产品。

合成洗涤剂由于用途广泛，品种多样，存在许多分类方式。

①根据物理性状可以分为块状洗涤剂、液体洗涤剂、粉状洗涤剂和膏状洗涤剂。

②根据污垢洗涤难易程度可以分为重垢型洗涤剂和轻垢型洗涤剂。

③根据使用原料可以分为使用天然原料的洗涤剂和使用人造原料的洗涤剂。

④根据使用领域可以分成家庭用洗涤剂和工业用洗涤剂。

⑤根据使用目的可以分为衣用洗涤剂、发用洗涤剂、皮肤洗涤剂和厨房洗涤剂。

常用合成洗涤剂见表2.7。

表 2.7 常用合成洗涤剂

种 类	说 明
衣用洗涤剂	一般包括洗涤剂、干洗剂、去斑剂、织物柔顺剂、各种面料洗涤剂和专用洗涤剂。衣用洗涤剂中洗衣粉属重垢型洗涤剂；丝绸、毛、麻等面料多用轻垢型洗涤剂，以液体为主
发用洗涤剂	属于化妆品类，主要用于洗涤和调理头发，形态分为块状、膏状、透明液体、乳状和浆状。针对不同发质有干性、油性及中性洗发香波，还有不同pH值洗发香波，去头屑止痒香波，添加不同天然物质如何首乌、皂角、人参、水果汁（苹果、菠萝等）的香波和具有特殊功能的香波
皮肤用洗涤剂	包括沐浴液、洗面奶、洗手液、洗脚液以及口腔清洗剂等，其中一部分属于化妆品类。洗手液多数为专用洗手液，如医用消毒洗手液、矿工、染料工、油漆工、印刷工等工种专用洗手剂。洗脚液主要用于治疗脚病，如脚气、脚癣等
厨房洗涤剂	包括餐具、蔬菜、瓜果清洗剂，冰箱、冰柜清洗剂，炉具、灶具清洗剂。此外还有卫生设备清洗剂、厕所清洗剂、玻璃清洗剂、木质家具清洗剂、金属制品清洗剂等硬表面清洗剂，种类繁多，举不胜举

（3）肥皂的定义和分类

肥皂历史悠久，由于它采用天然油脂类为原料，使用安全、毒性极低、刺激性很小、导致过敏现象罕见，而且容易降解，对环境污染小，因此至今仍被广泛使用。随着科学技术的不断进步，加上人们日常生活的需要，皂类越来越多（图2.19）。

图2.19　肥皂样式

肥皂是至少含有8个碳原子的脂肪酸或混合脂肪酸的无机或有机碱性盐类的总称。根据定义，可将肥皂分为碱金属皂、有机碱皂和金属皂。

碱金属皂主要有钠皂、钾皂，常常用作洗衣皂、香皂、药皂、液体皂、皂粉；有机碱皂主要有氨、乙醇胺和乙醇胺制的肥皂，常用作纺织洗涤剂、丝光皂；脂肪酸的金属（除碱金属外）盐通常称金属皂，金属皂不溶于水，不能用于洗涤，主要用于工业。

根据肥皂的硬度分类可以分为硬皂（主要是钠皂）和软皂（主要是钾皂）。

家庭常用肥皂见表2.8。

表 2.8　家庭常用肥皂

肥皂名称	说　明
洗衣皂	通常也称肥皂，主要原料是天然油脂、脂肪酸与碱生成的盐，主要用来洗涤衣物，也适用于洗手、洗脸、洗澡及洗涤其他物品。肥皂在软水中去污能力强，但是在硬水中与水中的镁、钙离子生成不溶于水的镁皂、钙皂，去污能力明显降低，还容易沉积在基质上，难以去除，在冷水中溶解性差
香皂	具有芳香气味的肥皂，质地细腻，主要用于洗手、洗脸、洗发、洗澡等。对人的皮肤无刺激，使用时香气扑鼻，去除臭味并使衣物保持一定时间的香味
透明皂	透明皂感官好，可以当香皂用，也可以当肥皂用。常用牛油、漂白棕榈油、椰子油、松香油等作为原料，用甘油、糖类、醇类作透明剂
药皂	也称抗菌皂或去臭皂，对皮肤有消毒、杀菌、防体臭的作用，多用于洗手、洗澡
复合皂	主要成分为脂肪酸钠、钙皂分散剂和一些表面活性剂，克服了肥皂在硬水中洗涤效果差的缺点，它通过阻止洗涤时形成不溶性钙皂，增加溶解度，提高洗涤效果，具有肥皂和洗涤剂的双重优点
液体皂	分为液体洗衣皂和液体沐浴用香皂，以钾皂为主体，添加钙皂分散剂和表面活性剂，易溶于水，使用方便

续表

肥皂名称	说　明
美容皂	也称营养皂，一般添加高级香精和营养润肤剂，如牛奶、蜂蜜、人参液、硅油、珍珠粉、维生素E、芦荟等，除了具有清洁皮肤的作用外，还可以滋养皮肤，促进皮肤新陈代谢，延缓皮肤衰老
富脂皂	也称过脂皂、润肤皂，在皂中添加过脂剂，洗涤后会在皮肤上保留一层疏水性薄膜，使皮肤柔软

2.5　洗涤剂的主要成分和作用

2.5.1　合成洗涤剂的主要成分和作用

合成洗涤剂主要由表面活性剂和各种辅助剂按一定比例配制而成，其产生的作用如图2.20所示。

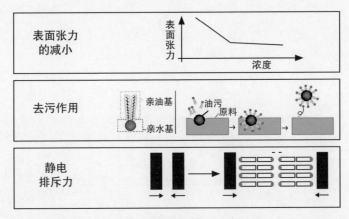

图2.20　合成洗涤剂的主要作用

其中，表面活性剂是洗涤剂的主要成分，它的分子结构中含有亲水基团和亲油基团。加入很少的量就能显著降低溶剂（一般为水）的表面张力，改变体系的界面状态，从而产生润湿或反润湿、乳化或破乳、起泡或消泡、增溶等一系列作用。

表面活性剂的种类非常多，目前已有2 000多种。但作为洗涤用品的原料，必须水溶性好、油溶性也好，也就是亲水基和疏水基要适当平衡；对人体要使用安全、生物降解性高；对鱼类贝类等水生生物无害，对环境无污染等。

一般根据表面活性剂在水溶液中能否分解为离子，可将其分成离子型和非离子型表面活性剂。

　　离子型表面活性剂按离子的性质又可以分成阴离子、阳离子和两性离子表面活性剂三种。

　　合成洗涤剂中所使用的辅助剂是指在去污过程中增加洗涤剂作用的辅助原料。加入的这些辅助原料可以使洗涤性能得到明显改善，或者可以降低表面活性剂的使用量，是洗涤剂的重要成分。辅助剂的种类很多，常用的见表2.9。

表2.9　常用洗涤剂辅助剂

种　类	成　分	作　用
沸石	人造沸石	软化洗涤液，使其呈碱性，可吸附污垢粒子，促进污垢聚集，增强洗涤效果
磷酸盐	磷酸二氢钠（钾）、磷酸钠（钾）、焦磷酸钠（钾）、聚合磷酸盐	软化硬水，防止污垢再沉积，乳化和稳定乳化
荧光增白剂（FWA）	二氨基二苯乙烯类、氨基香豆素衍生物和二苯基吡唑啉衍生物	使织物显得明亮而洁白
漂白剂	过硼酸钠、过碳酸钠和过氧化氢、含氯漂白粉	强力去污、漂白，提高洗涤效果
抗再沉淀剂	羟甲基纤维素、羟丙基甲基纤维素、羟丁基甲基纤维素	增稠、悬浮、黏合、乳化、成膜、分散、防止污垢再沉淀
酶	蛋白酶、脂肪酶、淀粉酶、纤维素酶、果胶酶、左旋糖酐酶	特异性消除不同类型污垢
柔软剂和抗静电剂	二甲基烷基季铵盐、二酰氨基-烷氧基季铵盐、咪唑啉化合物	消除织物上盐类物质，使织物膨胀、柔软、手感好
增泡剂和抑泡剂	脂肪酸、单乙醇酰胺、脂肪酸丙醇酰胺、烷基二甲基氧化胺	增加溶液的黏度，延长泡沫存在的时间，将泡沫控制在一定数量
增溶剂	甲苯（二甲苯）、磺酸、异丙苯磺酸、钠盐、钾盐、氨盐、乙醇、乙二醇、异丙醇	提高各种配伍的溶解性，防止沉淀析出和相分离
增稠剂	羧乙烯聚合体、羟乙基纤维素、甲基羟丙基纤维素、氯化钠、氯化钾、芒硝	提高黏度，增加感观
色素	贝壳粉、云母粉、天然胶原蛋白、二醇硬脂酸、乙二醇硬脂酸	产生光泽，使洗涤剂质感更好
营养素	维生素、氨基酸、抗炎、抗过敏物质、天然植物药材	增加洗涤剂的功能，提高洗涤剂质量

2.5.2 肥皂的主要成分和作用

肥皂是洗涤用品中的主要产品，其种类繁多。制造肥皂的原料主要有油脂、碱和辅助原料等（图2.21）。

图2.21 肥皂的原料

常见肥皂辅助原料见表2.10。

表 2.10 常见肥皂辅助原料

名 称	说 明
泡花碱	又称水玻璃，学名硅酸钠，它可以软化硬水，增加肥皂的去污力，同时使皮肤光滑，减少对皮肤的刺激和对织物的损伤
碳酸钠	皂化剂，也是洗衣粉和肥皂粉的助洗剂，它可以提高肥皂硬度，但加多了也会使肥皂显得粗糙，并会冒白霜
抗氧剂	抗氧剂有硅酸钠、丁基甲酚混合物，可防止肥皂因变质而产生异味，改变外观，影响肥皂的使用
杀菌剂消炎剂	杀菌剂有二苯脲系、水杨酰替苯胺系化合物；消炎剂有感光素、甘氨酸、溶菌酶、尿囊素、硫黄、蓝香油等，能较长时间抑制细菌生长，去除臭味
香料	洗衣皂中常加樟脑油、萘油、茴香油及香料厂副产品，香皂中常加从动物（如雄麝）和芳香植物的根、茎、叶、果中提取的各种香精和人工合成香料，可在洗涤时散发令人愉快的香味，洗涤后使身体和衣物上长时间留有余香
着色剂	常用的着色剂为染料和颜料，染料有酸性红、大红、金黄、嫩黄、湖蓝、深蓝、碱性品红、淡黄、直接耐晒蓝等；颜料有色浆嫩黄、色浆绿橙、明绿、桃红等。可改善肥皂外观，对皮肤使用安全
透明剂	常用醇类物质，如乙醇、甘油、丙二醇等，提高肥皂的透明度，抑制肥皂结晶、干裂，还有保护皮肤的作用
富脂剂	常用的有油脂类和脂肪酸两类，如羊毛脂及其衍生物、矿物油、椰子油、可可脂、水貂油等，以及椰子油酸、硬脂酸、蓖麻酸、高级脂肪醇等。可代替洗去的过量皮脂，覆盖在皮肤表面而保护皮肤
钙皂分散剂	主要是表面活性剂，有阳离子型、非离子型和两性离子型，能克服肥皂在硬水中洗涤时与水中钙、镁离子生成不溶性钙皂、镁皂，降低洗涤效果的缺点

2.5.3 洗涤剂的去污作用

那么洗涤剂是如何去污的呢？要想了解洗涤用品的去污过程，必须先了解污垢的种类、性质和作用特点，以及洗涤剂的去污原理，这样才能在使用洗涤剂时避免可能造成的不良影响。

（1）污垢的种类和性质

在日常生活中需要洗涤的对象（也称基质）可以说是无所不包，手、脸、脚、头发、皮肤、衣服、厨房用品、各种家具、卫生设备等都在其范围内，附着在其上的污垢需要经常擦洗。

污垢因为改变了基质表面和内部的清洁和质感，是不受欢迎的物质。污垢的种类很多，成分也十分复杂，它的主要来源有空气传播，生活和工作环境中接触的各种物质，以及人体分泌物，如汗液、皮脂等。污垢通常吸附在基质表面，也可以深入其内部，如纤维。

（2）洗涤剂的去污过程

洗涤剂的去污过程可以说十分复杂。我们都知道，如果将水滴在石蜡上，石蜡几乎不被湿润；将毛毡放入水中，很难浸透，那你知道为什么会这样吗？这是因为物体间有界面张力存在。

而洗涤剂之所以能既亲水又亲油，就是利用表面活性剂的亲油基和亲水基吸附在油水两相界面上，油和水被亲油基团和亲水基团连接起来，从而降低了界面张力，减弱它们的排斥作用，尽量增大油水接触面积，使油以微小粒子稳定分散在水中（图2.22）。

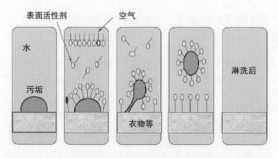

图2.22 表面活性剂的清洁原理

洗涤剂的去污作用是通过洗涤剂对基质和污垢进行润湿和渗透，使污垢（油性和固体）脱落，在溶液中乳化、分散、增溶，防止乳化分散后的污垢再沉积在基质表面，并通过漂洗将污垢排掉来实现的。

在实际生活中，人们为了提高洗涤剂的洗涤效果，在去污过程中常常要施以一定的机械作用力，如搅拌、揉搓、漂洗，从而使污垢与基质更容易分离脱落。

2.6　合成洗涤剂的危害及防护

现如今人们的生活已经离不开洗涤用品，几乎每天人们都要直接或间接使用洗涤用品，经过严格的科学实验，大量数据表明以烷基苯磺酸钠、脂肪醇硫酸钠、醇醚及其醇醚硫酸盐为活性物的合成洗涤剂，对人体是无害的。

一些使用劣质原料制造的洗涤剂，含有的某些有害物质超过了国家规定的标准，比如说洗涤剂中含有过量重金属铅、汞、砷。当然造成重金属含量超标还可能是在生产过程中从管道或储存容器中溶出了铅、砷等。

洗涤剂在生产过程或存储过程中，因存储不当而被污染，或储存时间超过保质期限，可使微生物在洗涤剂中繁殖。一些有害微生物，如粪大肠菌、绿脓杆菌、金黄色葡萄球菌等能通过消化道、皮肤和破损皮肤进入人的机体、危害人体健康或对人体造成潜在的危害。总之，随着人们自我保护意识的提高，洗涤剂的安全性也成为大众关注的问题。这里先从人体和自然生态环境两个方面来了解洗涤剂的安全性。

（1）对人体的危害

合成洗涤剂在正常情况下使用对人体是安全的，那到底它有没有毒性呢？

首先可以肯定的是合成洗涤剂一般毒性很低，属低毒和微毒范围，表面活性剂经口急性毒性大多数都很小。误服了洗涤剂引起的中毒症状主要表现为消化道损伤，如口腔黏膜烧伤、红肿、流涎、恶心、呕吐、胃痛等，迄今为止报道误服洗涤剂的事件以儿童多见，而在动物实验中，即使接触高浓度的合成洗涤剂也未发现有致癌作用。

其次，合成洗涤剂在一般的使用情况下也不会伤害皮肤。但对于选择或使用不当，当与皮肤接触时，特别是用手操作时，溶剂中的各种化学物质可能会对皮肤造成不同程度的损害，如造成皮肤黏膜化学性刺激、光毒刺激、过敏反应、光敏反应，引起皮肤粗糙、皲裂、皮炎、湿疹、色素沉着、化学性烧伤等。

（2）对环境的影响

合成洗涤剂对环境造成的污染主要是通过生活污水排放到环境中。洗涤剂在水中通常会产生大量泡沫，泡沫会妨碍水与空气接触，造成水中溶解氧含量降低，水质变坏，直接或间接对水生生物产生各种有害作用（图2.23）。

图2.23　洗涤剂对环境的影响

洗涤剂和它的表面活性剂还容易被土壤吸附，从而污染地下水。它们还对锌有加合作用，对铜和汞有协同作用，对某些农药有增毒作用，这样就会对环境造成污染。

洗涤后的磷会随生活污水排放，促进了环境水质富营养化，水中生存的单细胞藻类生物遇到适当的温度和营养便会迅速繁殖并集结，水就会形成不同颜色，有桃色、白色、青色，一般为红色，通常称为"赤潮"或"红潮"。虽然洗涤剂对环境的污染远不如工业废水和生活污水的危害大，但为了保证环境水质优良，必须从每个可能对环境造成污染的地方抓起，所以我们要提倡使用绿色洗涤用品，减少对环境的污染，使人类生活在一个安全舒适的环境中。

（3）防护措施

合成洗涤剂通常毒性很低，长期使用也未发现有致癌、致畸和慢性毒性的危害，进入人体内的洗涤剂代谢也很快，未见明显的蓄积作用，一般正确使用不会给机体带来不良反应。但是，由于洗涤剂大多数为碱性物质，脱脂作用强，如果使用方法不当，也会给机体造成损伤，这种损伤主要表现在对皮肤、眼睛及呼吸道的刺激作用。其中的一些添加剂还可能引发过敏性疾病。误服洗涤剂，则以消化道损伤为主。因此在使用洗涤剂时需要认真预防洗涤剂造成的伤害并减少它可能带来的不良影响。

最重要的是正确地选择洗涤剂种类，掌握正确的使用方法。

①在购买洗涤剂时要选用优质产品，注意标签上是否有生产企业、质量检验合格证号、卫生许可证号、生产日期、产品有效日期、使用方法和使用注意事项。不要购买假冒伪劣产品。

②要注意洗涤剂的外观，特别是液体洗涤剂是否均匀，是否有沉淀或悬浮物。不要购买变质的洗涤剂。

③要选择适合自己皮肤的洗涤用品，以减少洗涤剂对皮肤的伤害。对于出现有皮肤刺激反应、过敏反应，包括光毒反应或光敏反应，应该停止使用该洗涤用品，更换对皮肤刺激小的洗涤用品，如香皂、婴儿洗涤剂。

避免皮肤（主要是手部皮肤）直接接触浓的洗涤剂，特别是重垢型洗涤剂。尽量缩短接触高浓度洗涤剂的时间，或者将其稀释后再使用。

使用强碱、强酸性清洗剂的最好方法是戴厚的橡胶手套，戴防护眼镜。倾倒洗涤剂时要小心，不要溅洒，特别是应避免使粉状洗涤剂飞扬，以免对眼睛和呼吸道黏膜产生刺激作用，引起流泪、咳嗽和咽喉疼痛。洗涤后要用水尽量将皮肤上的洗涤剂冲洗干净，以免残留的洗涤剂继续对皮肤产生刺激作用。长时间洗涤后，应该适量涂抹油性较大的护肤霜。出现严重的皮肤反应时应该进行对症治疗。

洗涤剂要放置在儿童不易拿到的地方，防止误服。

2.7 肥皂的危害及防护

（1）肥皂的有害物质

日常生活中我们使用的肥皂品种繁多，成分也很复杂，主要是各种脂肪酸盐，还有一些碱性物质、抗氧剂、杀菌剂、香料、着色剂、钙皂分散剂和富脂剂。

在制造肥皂过程中往往使用大量的氢氧化钠（俗称烧碱），一旦烧碱残留过量，它的强碱性必然会对人体的皮肤造成烧伤等刺激性损伤。而如果乙醇、食盐的过量除影响肥皂质量外，对皮肤也会产生一定的刺激作用。

而肥皂中的其他成分比如香料、着色剂、抗氧剂、富脂剂、钙皂分散剂也可以引起皮肤损害。香料是常见的致敏原，可以引起皮肤瘙痒、丘疹、湿疹、过敏性皮炎等。羊毛脂也可以致敏，苯酚对皮肤刺激性很大，可引起刺激损伤；三溴水杨酸、苯胺被怀疑为光敏性物质，对氯苯酚和六氯酚也是致敏物质，不过这些物质在肥皂中所占比例很小。按照我们通常的洗涤习惯，涂抹肥皂后，经过一定揉洗，通常都会用大量水冲洗，因此这些物质在皮肤上残留的量很少，但也要谨慎使用。

（2）肥皂的危害

由于制造肥皂的原料主要来自天然动植物脂肪，因此使用肥皂、香皂而引起皮肤损伤的人数以及严重程度远不如合成洗涤剂。但如果使用不当，少数人也会发生轻重程度不同的皮肤刺激反应。

皮肤上的皮脂腺经常分泌油性物质，可以保持皮肤滋润，防止干裂。肥皂去除油脂的能力很强，如果过多地使用肥皂就会把皮脂保护膜洗掉。一旦缺少这层保护膜，皮肤就会过于干燥，变得粗糙，出现皲裂、脱屑，就容易遭受外界各种刺激。如果已经患有皮炎、湿疹、瘙痒症一类皮肤病的人，皮肤本身就怕刺激，如果再使用肥皂包括香皂，它们的碱性会使这类皮肤病加重、恶化；还有一些已经治愈的皮肤病人在使用肥皂后皮肤病复发，当出现这些情况时，应该立即停止使用肥皂或香皂。

单纯因使用肥皂引起的过敏极为罕见。有不少人反复使用肥皂后出现皮肤过敏的现象，如皮肤出现瘙痒、红斑、皮疹、丘疹，误认为是肥皂造成的，实际主要是肥皂和香皂内的添加剂造成的，多数是药皂中的杀菌剂造成的。如暗红色药皂中的石炭酸（酚类物质）可以使人过敏，透明剂、抗氧剂、富脂剂等都可能成为诱发皮肤过敏的致敏源。

（3）防护措施

使用肥皂洗涤，首先要认识具有不同功能肥皂的特点，并要对自己皮肤的类型和状况有所了解，这样才能正确选择适合自己的肥皂。

肥皂是碱性物质，其脱脂作用强，不要过于频繁地使用肥皂，以免将皮肤上的皮脂过多地去掉，造成皮肤干裂、粗糙。

根据不同的皮肤类型选择适当的肥皂。干性皮肤一般较薄，皮脂腺分泌油脂少，而且也

慢，因此应该选用富脂皂，冲洗后残留的羊毛脂、甘油类物质有保护皮肤作用。

婴儿皮肤娇嫩，应该选用婴儿用皂和液体皂类。

油性皮肤多脂，呈油腻状，尤其是鼻部和胡须周围毛囊和皮脂腺孔大，易发生感染，适宜用去油力强、有杀菌力的肥皂。

洗涤后应该用水将皮肤上的肥皂冲洗干净，尽可能减少其在皮肤上的残留，这样可以减少肥皂或其中的添加物对人体皮肤造成的刺激或致敏作用。一旦出现皮肤刺激或过敏情况，应该立即更换为其他品牌的肥皂，或改用较温和的肥皂、香皂、婴儿皂，或停止使用。老年人新陈代谢的速度降低，皮脂腺萎缩，皮肤干燥，易引起瘙痒，应使用较温和的肥皂或少用甚至不用肥皂。

洗涤时不可避免地会将皮肤上的皮脂保护层洗脱，皮肤缺少了油脂的滋润，不能保持皮肤水分，因此洗涤后皮肤通常有紧张感，此时应该适当地涂抹一些护肤品。如油性大的皮肤可以涂抹油性小的护肤霜，干性皮肤则可用油性大的膏类。要使用优质肥皂，肥皂变质后不要再使用。

chapter

第3章
化学与服饰

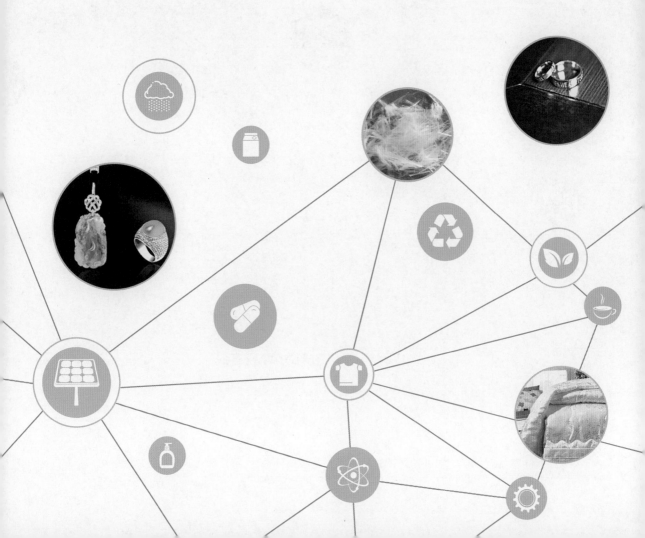

Chemistry in Daily Life

　　随着社会的发展，文明的进步，如今的我们都追求高品质的生活，表现在穿着上是要"穿得漂亮，穿出个性"。那你在选择服饰，追求美观和个性的同时，有没有考虑过它们的材质呢？有没有想过衣料的成分中是否含有对我们身体有害的物质呢？在日常生活中我们又该如何更科学合理地选择和保存服饰呢？让我们带着这些问题一起走进化学与服饰的世界。

3.1　服装的功能与分类

3.1.1　服装的功能

　　在所有的衣着佩饰中服装与人体的接触是最密切的。俗话说得好，"人靠衣装马靠鞍"。衣着不仅起到遮护身体、挡风御寒等最基本的作用，同时还能美化我们的生活，兼而反映出一个人的修养和气质。这就是服装所具有的两个功能：自然功能和社会功能。我们日常穿着的服装也主要是发挥这两种功能。

　　服装有多种分类方法。通常将服装按照不同标准进行大致分类。根据穿着者的年龄，服装可分为童装和成人装；根据穿着者的性别，服装可分为男装和女装；根据用途，服装可分为休闲装、职业装、运动装等；而根据季节，服装又可分为春、夏、秋、冬四季服装；另外还有在特殊场合下穿着的服装（比如婚礼服）、特殊人群穿着的服装（比如少数民族服装）。随着科学技术的不断发展和进步，如今服装又被赋予了新的作用（图3.1）。

图3.1　服装功能分类

3.1.2 服装的分类

(1) 根据大自然的启示而设计的专用保护服装

如根据萤火虫的启示,为保障登山、探险、野外考察人员在夜间或黑暗环境中的安全而研制的发光服;可以对士兵起隐蔽、伪装和保护作用的变色服;此外,还有排除异味的防臭衣、不怕火烧可漂在水中的防水火衣、阻挡紫外线的防紫外线衣服、随温度变化而变换颜色的幻影衣等。从事特殊作业的人员也有自己特殊的保护服装。如潜水员穿的潜水服;消防人员穿的耐高温工作服;飞行员和宇航员穿特制的飞行服和宇航服等,都为从事特殊职业的人员提供了特殊保护。

(2) 根据各项运动不同的特点并选用不同的材料设计的运动服装

如游泳服、登山服、田径运动服、体操服等。它们可以兼具提高运动速度、运动技能、防护性能等功能。

(3) 通过对衣料进行特殊处理后制作的具有特殊功能的服装

如防雨、抗皱、防蛀、保暖、芳香等。

(4) 生态服装和环保服装

如今生态服装日益受到人们的重视。重视的原因是这种生态服装所使用的原材料来自不用农药的棉花(或有色棉花),而且在生产过程中不添加任何化学原料。环保服装则是利用回收的废弃物,经过再加工制成的服装面料以及鞋帽。

(5) 根据服装的基本形态设计的服装

根据服装的基本形态可将服装划分为体形型、样式型和混合型三类。

①体形型是指与人体的形状、结构相符合的服装,起源于寒带地区。通常又分为上装和下装。上装与人体胸围、项颈、手臂的形态相适应;下装则符合于人的腰、臀、腿的形状,以裤形和裙形为主。它是现代西服造型的基础。

②样式型是指宽松、舒展、新颖的服装,它是起源于热带地区的一种服装样式。这种服装不拘泥于人体的形态,较为自由随意,裁剪与缝制工艺以简单的平面效果为主。

③混合型是将体形型和样式型服装的一些特征相结合、取长补短后形成的服装,如中国旗袍、日本和服等。

3.2 饰品的分类与作用

3.2.1 饰品的功能和分类

如今我们走进商场,吸引大家眼球的已不单纯是各式各样的品牌服装,还有夹杂其中的琳琅满目的饰品。如果我们注意观察会发现如今许多造型优美、质料高档的饰物都出现在人们的服装上,而且会随着时装流行趋势的变化而发生变化。

随着社会经济文化的快速发展，人们在满足基本的生活需求之余，开始追求时尚与个性。只要条件允许，大家也都愿意对自身或多或少地加以修饰，并常常是根据自己的年龄、季节、出席的场所决定穿着的服装及佩戴的饰物。

现今饰品的流行也反映出人们的审美心理和要求随着时代的进步而发生了变化。

那究竟什么是饰品呢？简单地说，饰品是用来装饰的物品，一般用途为美化个人仪表、装点居室、美化公共环境、装点汽车等，故饰品可分为居家饰品、服饰饰品、汽车饰品等。

其实，服饰饰品包括的范围也非常广，除了我们都知道的首饰外，所有用于装饰性的物品，比如围巾、领带、手表、眼镜、伞、包等，都属于服饰饰品的范畴。

饰品分类的标准很多，但最主要的不外乎按材料、工艺手段、用途、装饰部位等来划分。

按使用的材料可分为：

①金属类，如贵金属（黄金、铂、银等）、常见金属（铁、镍合金、金属铜及合金、铝镁合金、锡合金等）。

②非金属类，如皮革、绳索、丝绢类；塑料、橡胶类；动物骨骼（象牙、牛角、骨等）、贝壳类；木料类（沉香、紫檀木、枣木、伽楠木等）、植物果核类（山核、桃核、椰子壳等）；玻璃、陶瓷类：如景泰蓝、琉璃等；宝玉石及各种彩石类。

按饰品佩戴部位不同可分为：

①首饰类，包括头饰、胸饰、手饰、脚饰、挂饰。

头饰主要指用在头发四周及耳、鼻等部位的装饰，具体分为：太阳帽、太阳镜、卡通口罩、发饰、耳饰、鼻饰等，其中发饰包括发夹、头花、发梳、发冠、发簪、发罩、发束等；耳饰，包括耳环、耳坠、耳钉、耳罩等；鼻饰，多为鼻环，鼻针等。

胸饰主要是用在颈、胸背、肩等处的装饰，具体分为：颈饰，包括各式各样的项链、项圈、丝巾、围巾、长毛衣链等；胸饰，包括胸针、胸花、胸章等；腰饰，如腰链、腰带、腰巾等；肩饰，多为披肩之类的装饰品。

手饰主要是用在手指、手腕、手臂上的装饰，包括手镯、手链、臂环、戒指、指环等，有时候我们也将手表视为手饰的一种。

脚饰主要是用在脚踝、大腿、小腿的装饰。常见的是脚链、脚镯，广义上还可以包括各种具有装饰性的长筒丝袜、袜子、鞋子。

挂饰主要是用在服装上，或随身携带的装饰。比如纽扣、钥匙扣、手机链、手机挂饰、包饰等。

②其他类，主要有妆饰类（化妆用品类、文身贴、假发等）、玩偶、钱包、用具类（珠宝首饰箱、太阳镜、手表等）、鞋饰、家饰小件等。

按工艺手段可分为镶嵌类和不镶嵌类两大类。

按用途可分为：

①流行饰品类。大众流行，追求饰品的商品性，多为大批量机械化生产，量贩式销售；个性流行：追求饰品的艺术性，个性化，仅少量生产，多为手工制作，限量销售，往往仅生产一件。

②艺术饰品类。收藏，夸张，不宜佩戴，供收藏用。摆件，供摆设陈列之用。佩戴，倾向实用化的艺术造型首饰。

3.2.2　饰品的作用

饰品主要起四个方面的作用，如图3.2所示。

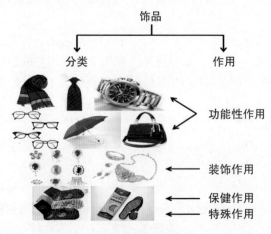

图3.2　饰品的作用

①功能性作用。比如帽子、围巾、手套等可以御寒，眼镜用来矫正视力，手表告诉我们时间等。

②装饰作用。饰品可以遮掩某些缺陷，起到美化的作用，如帽子、假发等。

③保健作用。有的饰品经过处理后，可以发挥保健作用，最常见的有除汗鞋垫等。

④特殊作用。佩戴的一些常用饰品还有哪些特殊作用，佩戴时有什么需要注意的地方吗？

a. 戒指的佩戴可以表达一种沉默的语言，往往暗示佩戴者的婚姻和择偶状况。戒指戴在中指上，表示已有了意中人，正处在恋爱之中；戴在无名指上，表示已订婚或结婚；戴在小手指上，则暗示自己是一位独身者；如果把戒指戴在食指上，表示无偶或求婚。那有的人手上戴了好几个戒指，炫耀财富，这是不可取的。

b. 耳环是女性的主要首饰，其使用率仅次于戒指。佩戴时应根据脸型特点来选配耳环。如圆形脸不宜佩戴圆形耳环，因为耳环的小圆形与脸的大圆形组合在一起，会加强"圆"的信号；方形脸也不宜佩戴圆形和方形耳环，因为圆形和方形并置，在对比之下，方形更方，圆形更圆。

c. 项链也是受女性青睐的主要首饰之一。它的种类很多，大致可分为金属项链和珠宝项链两大系列。佩戴项链应和自己的年龄及体型协调。如脖子细长的女士佩戴仿丝链，更显玲珑娇美；马鞭链粗实成熟，适合年龄较大的妇女选用。佩戴项链也应和服装相呼应。例如，身着柔软、飘逸的丝绸衣衫裙时，宜佩戴精致、细巧的项链，显得妩媚动人；穿单色或素色服装时，宜佩戴色泽鲜明的项链。这样，在首饰的点缀下，服装色彩可显得丰富、活跃。

此外，胸针、手帕也可作为饰品使用，它们与衣服相配既有对比美，又有协调美，使人显得更有风度。

据报道，欧美一些国家在研究有保健作用的饰品方面做了很多工作。如加拿大研制出的体温戒指，既小巧不易打碎，又便于及时测体温；美国研制的磁性耳环，既能避免穿耳孔易引发感染的问题，又对患有一般贫血的妇女有益；英国研制的催眠眼镜，平时护目，睡时挡光，并发出催眠信号，同时还有助于对神经系统疾病的治疗。此外，还有装有个人病例的病例项链等。

3.3　服饰品的原料

我们所穿戴的服饰品都是通过原材料加工制作而成的。那选用何种原材料不仅可以决定服饰品的风格和特性，而且直接左右着服饰品的色彩、造型等所要呈现的效果。由此看来，在加工服饰品前原材料的选择是极其重要的。下面介绍加工制作服饰品常用的原料及其所起的作用。

皮革面料主要是经过脱毛和鞣制等物理、化学加工处理后所得到的已经变形且不易腐烂的动物皮。这种面料一般用来制作冬装。它的优点是轻盈保暖，缺点是价格昂贵且护理方面要求很高。

纤维具有弹性模量大，塑性形变小，强度高等特点，有很高的结晶能力。通常纤维又分为天然纤维、人造纤维和合成纤维三种。

3.3.1　天然纤维

我们赖以生存的大自然就是一个绿色化工厂，可为人类提供了麻、丝、毛、棉等天然纤维，满足了人们穿着的需要。天然纤维又可分植物纤维和动物纤维两类（图3.3）。

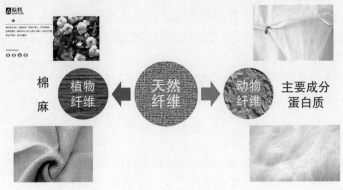

图3.3　天然纤维

（1）植物纤维

我们常用的棉和麻属于植物纤维，主要成分是纤维素，燃烧时会生成二氧化碳和水，没有特殊的异味。其中棉布是各类棉纺织品的总称，一般用于制作休闲装、内衣和时装。它的优点是比较轻盈保暖，柔软贴身，缺点就是容易变皱，或者缩水，外观上也不大气。而麻布是由多种麻类纤维制作而成的一种布料，一般用来制作休闲装和工作装。它的优点是吸湿导热、透气性强，缺点是穿着不舒适，外观粗陋。

（2）动物纤维

动物纤维的主要成分是一种角蛋白，因为角蛋白不被消化酵素作用，所以没有什么营养价值，均呈空心管状结构，常使用的主要有丝和毛两类。其中的丝绸是以蚕丝为原料纺织而成的各种丝织物的统称，最常用来制作女性服装。它的优点是轻薄合身、柔软绚丽，它的缺点则是容易产生静电，褪色较快。呢绒又称毛料，是对用各类羊毛制成的织物的总称，通常用来制作礼服西装等正规高档的衣服。这种面料的优点是高雅富有弹性，而缺点就是洗涤比较困难。

3.3.2 人造纤维

除了这些棉麻丝毛外，自然界中还有许多纤维，比如木材、芦苇、麦秆等，但生活中我们很难将这些纤维物质与纺纱织布联系在一起，它们能用于纺纱织布吗？化学家想方设法使其成了现实。

其实，早在三百年前一位英国青年化学家就开了人造纤维的先河，他在观察了蚕吐丝、蜘蛛结网后试想，能否发明一部机器，像蚕和蜘蛛一样，吃进化学原料而吐丝织布呢？他在实验室经过反复实验，终于得到了世界上第一根人造纤维。简单地说，他就是用硝酸处理棉花得到硝酸纤维，将其用酒精溶解制成黏稠的液体，再通过毛细管（好像蜘蛛的嘴）制成细丝，即硝酸纤维。但得到的这个硝酸纤维质量差、成本高，没有实用价值。

后来，人们按上述模式，将一些不能直接用于纺织的纤维用二硫化碳和氢氧化钠先后处理，就会得到纤维素黄原酸钠，去掉杂质后溶解于稀碱溶液中，再通过喷丝装置将其喷入硫酸及其盐的溶液中，就得到了黏胶纤维。如有黏胶纤维之称的"黏胶布"柔软、轻飘舒适、美观、便宜，缺点是缩水大、弹性差、不耐碱等，为了克服这些缺点，化学家将合成高分子树脂加入黏胶纤维中制成了高强度黏胶纤维，商品名为"富强纤维"。之后，铜氨纤维、醋酸纤维也相继问世。

但这些人造纤维均是将天然纤维溶解后再生的，所以也称"再生纤维"。那能否不用天然纤维，完全用化学原料来制作纤维呢？

3.3.3 合成纤维

为此，化学家就将目光移向石油、煤、天然气、石油废气等真正的化工原料上，合成出的纺织品，通常呈丝状，它们都是高分子聚合物，不含纤维素和蛋白质，有优异的化学性能和机械强度，称为合成纤维（图3.4）。

图3.4 合成纤维

　　人们通常将人造纤维与合成纤维一起称为化学纤维。化学纤维不但在数量上弥补了天然纤维的不足，而且在质量上超过了天然纤维。现在，化学家还在不断开发新的特种化学纤维，涌现出一批高强、耐热、高弹性和具有各种特殊性能的纺织新品种。

　　例如，纺织科研人员开发出了一种九孔纤维，其空腔中含有大量空气，空气的导热系数极小，寒冷地区的双层玻璃窗就是利用空气的这个特点来保持室内温度的，用九孔纤维制作的床上用品，如九孔被（图3.5），保暖性非常好，而且特别轻，能长久保持蓬松和柔软而丰满的手感，九孔纤维的原料是涤纶，具有不霉不蛀的功能，可防止螨虫滋生。

图3.5 九孔被

　　用含碳化锆陶瓷纤维的面料制作的夏季西装具有良好的隔热性能，能遮挡90%的紫外线，经红外体表温度测定阳光下这种服装内测的温度比一般棉布服装低5～8 ℃。

　　现在，合成纤维在数量上已超过天然纤维。在美国，仅涤纶就占衣着纤维的50%以上。随着合成纤维加工技术的发展，各种化纤产品类型层出不穷。超细纤维、网格纤维、受热猛缩的高缩纤维、表芯不一的包芯纤维、不必染色的有色纤维、似棉非棉的吸湿纤维等，为人们提供了具有浮雕波纹、透明花纹、卷曲、蓬松、柔软等各种特殊风格的织物，丰富了服饰的格调，增加了衣着的造型美。

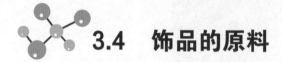

3.4　饰品的原料

如今市场上流通的制作饰品的原材料主要有贵金属、常见金属、非金属类几种。

3.4.1　金属

（1）黄金、铂金

黄金是一种贵重金属，是人类最早发现和开发利用的金属之一。它是制作首饰和钱币的重要原料，又是国家的重要储备物资，它不仅被视为美好和富有的象征，而且还以其特有的价值，造福人类的生活。黄金饰品以含金量的多少可分为：24 K（含金量99%以上）、22 K（含金量91.7%）、18 K（含金量75%）、14 K（含金量58.33%）、12 K（含金量50%）等。铂金（图3.6）根据含铂量多少可分为：PT999、PT990、PT950、PT900、PT850、PT750等。

图3.6　铂金戒指

（2）银、纯银、纹银（925）

银饰品相比于黄金铂金饰品成本要低，普遍受到老百姓的欢迎，那佩戴银饰品有什么好处呢？

人们在打耳洞后最好佩戴银耳钉，它不仅经济实惠，还美观大方。这是因为银离子具有一定的杀菌、抗菌作用，如皮肤溃疡病也可用含银离子的溶液涂溃疡处，能使某些细菌死亡。

那佩戴银饰品有哪些需要注意的地方呢？总结起来主要有以下几点：

①佩戴时避免与酸、碱、汞等化学物质（家中的日化用品）接触，以免造成白银首饰表面失去光泽，甚至出现黑斑。

②每天用清水冲洗以去除汗酸及化妆品残渍，并在干燥环境中保存。

③不佩戴的纯银首饰应首先进行清洗擦干，然后放入干净的保鲜膜或真空袋隔绝空气保存。

④如有污渍用牙膏及软毛刷清洗即可，也可用专用的擦银布进行日常保养。

⑤如有轻微变色可用牙膏或柠檬水清洗，也可到专业清洗处进行清洗。

⑥银的质地比较柔软，佩戴中可能出现变形或断裂的情况，所以避免与硬物刮、碰或大力扭曲，如有轻微的变形属正常情况。

⑦在佩戴中，各种品种的银饰都会不同程度地出现正常磨损，可能损坏或磨损时请摘下首饰。

⑧佩戴时要对镶嵌的宝石进行必要的保护，避免外力撞击以及高温、高频震荡，定期检查镶嵌宝石是否松动，以防止宝石脱落后摔裂或丢失。

（3）常见金属

铁（多为不锈钢），镍合金，常见金属铜及其合金，铝镁合金，锡合金。

3.4.2 非金属

非金属主要包括以下几个部分：

①皮革、绳索、丝绢类。

②塑料、橡胶类。

③非金属、动物骨骼（象牙、牛角、骨等）、贝壳类。

④木料类（沉香、紫檀木、枣木、伽楠木等）、植物果核类（山核、桃核、椰子壳等）。

⑤玻璃、陶瓷类，如景泰蓝、琉璃等。

⑥宝玉石及各种彩石类：

a.高档宝玉石类：如钻石、翡翠（图3.7）、红蓝宝石、祖母绿、猫眼、珍珠等；

图3.7 翡翠饰品

b.中档宝玉石类：海蓝宝石、碧玺、丹泉石、天然锆石、尖晶石等；

c.低档宝玉石类：石榴石、黄玉、水晶、橄榄石、青金石、绿松石等。

其中市面上流通量比较大的翡翠饰品档次和价格是紧密相连的，档次的划分依据主要是种、绿色、稍色、工艺及创新，饰品重量也是一个很重要因素。高档饰品以展示面为特征，在物件上少加雕刻饰纹花样。

翡翠饰品档次可分为五级：

一级：极品，老坑玻璃种，色浓翠鲜艳夺目，色满色正不邪，色阳悦目，色满均匀。硬玉结晶呈显微粒状，质地细腻，无裂绺棉纹。

二级：高档，老坑玻璃种、冰种，色略浓翠鲜艳，俏色罕见，色正不邪，色阳悦目，色均匀和看后赏目。质地细润，无裂绺棉纹或稀少。

三级：中档，颜色浅绿，色正不邪悦目，有的通体色泽一致，呈半透明，质地细润。

四级：低档，颜色浅绿，色不一致，呈微透明或不透明，有裂缪。

五级：一般，颜色灰白，色不一致，呈不透明，有裂缪、棉纹、黑斑。

3.5 服装中的有害物质

我们都清楚，对于正常人来说每天都要穿衣服，但是大家可能不知道，我们每天都要接触的衣服面料中很可能含有对人体有毒有害的物质，而且这些有毒有害物质对人体的伤害不亚于有毒食品，还可能致癌，这不是危言耸听。那怎么办呢？为了穿出健康，避免伤害，我们必须先了解服装中可能含有的有毒有害物质。那么服装中到底能含有哪些有毒有害物质呢？这些物质是如何引入服装中的呢？下面就带着大家了解服装中可能存在的有毒有害物质及其来源。

服装制造厂家为了满足人们喜欢服装挺括，不起皱，或防霉防蛀的需求，通常在纺织品的生产过程中添加各种化学品。在服装的存放、干洗时，也会使用一些化学物质。如果不加注意，这些化学品就可能会对人体产生危害。

（1）纤维整理剂

纤维整理剂（图3.8）通过添加纤维整理剂来提高纺织物的防缩抗皱作用，克服弹性差、易变形、易折皱等缺点，制成的服装挺括、漂亮。然而，由于纤维整理剂多为甲醛的羧甲基化合物，整理过的纺织品在仓库储存、商店陈列，甚至再次加工和穿着过程中受温热作用，会不同程度地释放甲醛。甲醛是一种中等毒性的化学物质，它有强烈的刺激气味，对人眼、皮肤、鼻黏膜有刺激作用，严重者可引起这些部位的炎症，可诱发突变，对生殖也有影响，已被定为可疑致癌物。由于甲醛对人体健康有害，因此许多国家对此非常重视，明确限定了甲醛的使用量。国内外都在致力于研究无甲醛的纤维整理技术。

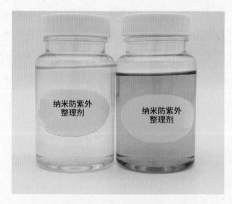

图3.8　纤维整理剂

（2）防火阻燃剂

生产厂家还常将防火阻燃剂（图3.9）用作服装、家纺和装饰用纺织品的阻燃整理。它能使纤维变为阻燃纤维，起到防火的作用。目前，阻燃剂中危害较大的是溴系阻燃剂及部分易挥发的磷系阻燃剂，该类阻燃剂虽阻燃效果优良，但燃烧时会释放大量有毒、有害的气体，严重危害人类健康，其中最突出的就是"二噁英"问题，其掀起了抵制使用溴类阻燃剂的热潮。有害气体吸入人体后，可在体内累积，并通过血液传播。美国、日本等国已在某类产品（婴儿服装及用品）中或全部服装产品中禁止使用以上物质。

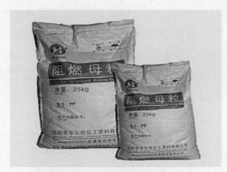

图3.9　防火阻燃剂

（3）防霉防菌剂

在潮湿的季节，如果通风不好的话，衣物很容易发霉，这主要是因为在适宜的基质、水分、温度、湿度、氧气等条件下，微生物能在纺织品上生长和繁殖，天然纤维纺织品比合成纤维纺织品更易受到微生物的侵害。一方面纺织品受到直接侵蚀，强度或弹性下降，严重时会变糟、变脆而失去使用价值；另一方面其活动产物会造成纺织品变色，使其外观变差，同时产生难闻气味，还会刺激皮肤发炎。

因此，为了防止微生物的侵害而造成损失，生产厂家往往需要对纺织品做特殊处理，使之具有防霉防蛀的功能。专用于纺织品除菌、防菌、防感染的物质多数为金属铜、锡、锌、汞、镉等化合物，苯酚类化合物和季铵类化合物等（图3.10）。常用的有含铜化合物，苯基醚系抗酶抗菌剂，有机锡化合物，有机汞化合物等。其中有机锡化合物由于毒性较强，容易被皮肤吸收，产生刺激性，并损害生殖系统，已被有些国家明令禁止或限制使用。有机汞化合物、苯酚类化合物对机体也均有危害。

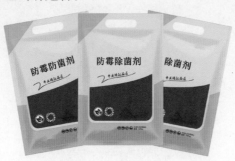

图3.10　防霉除菌剂

羊毛制品如羊毛衫容易发生虫蛀，这主要是因为蛀虫产卵育出的幼虫以蛋白质为食物，而羊毛纤维正是由蛋白质分子组成的。因此，为提高羊毛纤维的防蛀能力，或使羊毛本身的蛋白质发生变性，不易被虫蛀，可以使用防蛀剂抵抗虫蛀。防蛀剂FF、狄氏剂等氯系化合物常用于西服、围巾、毛毯等羊毛制品。狄氏剂由于具有很强的慢性毒性和蓄积性，对肝功能和中枢神经有损害，日本等国家已规定在纺织品中不得使用或限制使用。

（4）杀虫剂

在日常生活中，有些人为了防止衣物蛀虫，常常会在衣箱、衣柜内放置一些杀虫剂（图3.11），直接杀死蛀虫。对萘、樟脑、拟除虫菊酯类、二氯苯等制成的卫生球、熏衣饼等杀虫剂都是利用自己挥发出的气味使蛀虫窒息死亡。然而，这些化学物质或多或少都有毒性，难免会遗留在衣物上。萘的慢性毒性很强，并可能引起癌症，已被禁止使用；樟脑具有突变性；而拟除虫菊酯类化合物的毒性一般均较低，未见致癌、致突变、致畸作用，但可引起神经行为功能的改变，对中枢神经系统有影响，并会导致皮肤异常；对二氯苯蒸气可引起中枢神经系统抑制，黏膜刺激，为动物致癌物。

图3.11　杀虫剂

（5）干洗剂

随着化学工业和服装工业的发展，服装面料在不断更新，有很多面料都需要干洗。干洗一般不会使衣服变形，方便快捷，颇受欢迎，但干洗也存在健康隐患。干洗剂四氯乙烯被广泛用于干洗业（图3.12）。研究报道，四氯乙烯蒸气可导致实验动物肝、肾发生病变，而且可引发动物癌症。人吸入后可引起黏膜、皮肤刺激以及肺水肿。

图3.12　干洗剂

（6）染料

有色的纺织用品大都是印染的，从整体来说，染料（图3.13）的发色官能团主要是偶氮、蒽醌等。偶氮类染料在人体内所产生的致癌芳香胺化合物（如联苯胺等）可引起膀胱癌、输尿管癌、肾盂癌等恶性肿瘤。同时，它的中间产物苯系可引发白血病，萘系有很强的慢性毒性，可能诱发癌症。另外，偶氮类染料往往是皮肤致敏源，可引发过敏。残留在服装上的染料中的重金属离子，也可通过皮肤进入人体，积聚在肝、骨骼、肾、脑等部位，对人体健康产生不良影响。但大家放心，我们在正规渠道购买的服装所使用的大多数染料都是经过处理的，是不会对人体产生危害的。

图3.13 染料

 ## 3.6 服饰品的常见危害及防护措施

前面介绍了服装中可能含有的有害物质，那这些物质对人体会有哪些危害？如何防护才能避免这些有毒物质对人体的侵害呢？下面我们就来了解服饰品中常见的危害及防护措施。

3.6.1 常见的危害

在日常生活中，通过服装对人体造成的危害主要以接触后引发的局部损害为常见，严重者也可有全身症状。局部损害则以接触性皮炎为主。

①刺激性接触性皮炎。刺激性接触性皮炎引发的皮损仅在接触部位可见，如图3.14所示，界限明显。如果是急性皮炎可以看见红斑、水肿、丘疹，或在水肿性红斑基础上密布丘疹、水疱或大疱，并可有糜烂、渗液、结痂，自觉烧灼或瘙痒。而慢性皮炎则有不同程度的浸润、脱屑或皲裂。这种病发病的快慢和反应程度与刺激物的性质、浓度、接触方式及作用时间有密切关系。高浓度强刺激可立即出现反应，低浓度弱刺激则需反复接触后才可能出现皮损。去除病因后容易治愈，但再次接触后可导致复发。

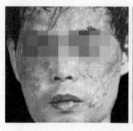
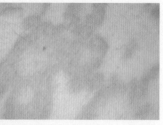

图3.14 刺激性接触性皮炎

②变应性接触性皮炎。变应性接触性皮炎引发的皮损表现与接触性皮炎相似，但以湿疹常见，自觉瘙痒（图3.15）。慢性患者的皮肤有增厚或苔藓样改变。皮损初见接触部位，界限有时不清楚，并可扩散至其他部位，甚至全身。病程较长，短的也要数星期；如果未得到及时治疗，病程可达数月甚至数年。潜伏期5～14天或更长。致敏后再次接触常在24 h内发病，反应强度取决于致敏物的致敏强度和个体素质。高度致敏者一旦发病，闻到气味也可导致发病，且愈发严重，但也有逐渐适应而不发病的。

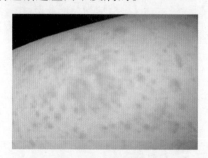

图3.15 变应性接触性皮炎

③变态反应性皮炎。值得大家注意的是，佩戴饰品也可能会引起局部反应。这种情况多发生在女性群体身上。往往是由于佩戴金属制作的首饰，比如耳环、项链、手镯等，使直接接触部位的皮肤发生损害，多为变态反应性皮炎（图3.16）。根据专家分析，这是金属中含有的某些元素（镍、铬）所致，即使镀了金或银也不能阻止镍的释放。也有佩戴真金首饰而发生过敏的，这是因为耳垂穿孔使皮肤损伤，增加了对金的敏感性，直接接触后使得少量金进入组织液中，引起非特异性炎症。

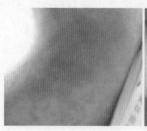
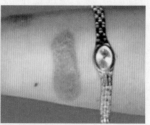

图3.16 变态反应性皮炎

那佩戴表带引发皮炎的原因是什么呢？有关人士认为：如果是皮表带，可能是表带上的染料所致；如为金属表带，考虑与其所含的镍、铬有关。皮炎表现多为变态反应性接触性皮炎。

3.6.2 防护措施

为防止服饰中有毒物质对人体的侵害，我们应该对在日常生活中可能接触到的化学物质有所了解，尽量穿着天然纺织品制作的服装，避免使用或接触有害物质，加强防护意识。有些物品，如经防虫剂处理过的衣服、床上用品等，与人体接触时，防虫剂等化学物质就可能被汗水溶解。所以，在使用服饰用品前要认真阅读使用说明，掌握正确的使用方法，同时不要买不合格产品。如果发生问题不要惊慌，要及时去医院治疗。只要治疗及时，一般不会造成严重危害。

当然，最好是从根本上加以控制。这就必须从法制着手，制定出一系列的法律法规。当前，很多国家已经纷纷制定出法律法规，以加强对家庭用品安全性的管理。美国1972年制定了《消费生活用品安全法》，加拿大1969年制定了《危险物法》，英国的《消费者安全法》，瑞典的《危害人健康和环境的有关制品法》，日本的《含有害物质的家庭用品规制法》等都对在衣料生产、加工过程中一些化学物质的使用及浓度做了明确规定。这些法律和法规对防止中毒事故的发生，保护消费者的安全起到了很大的作用。目前我国也已对日用化学品的危害给予了高度重视，正在制定相应的法律法规，以保护人民群众的身体健康，同时可与国际接轨，提高商品的国际市场占有率。

3.7 服装的清洗和收藏

在购置服装后，大都希望它能多次使用后还历久弥新，那么选择正确的清洗和保养方法对衣服品质的维护就至关重要了。不同面料具有不同的化学结构和化学性质，这就决定了对不同面料服装采用的清洗、保养收藏的方法是不同的。

3.7.1 面料的洗涤方法

（1）棉织物

棉织物因棉织物的耐碱性强，不耐酸，抗高温性好，所以可用各种肥皂或洗涤剂洗涤。在洗涤前，可放在水中浸泡几分钟，但不宜过久，过久颜色就会受到破坏。对于棉质的贴身内衣不能用热水浸泡，以免使汗渍中的蛋白质凝固而黏附在服装上，且会出现黄色汗斑。如果用洗涤剂洗涤，最佳水温为40～50 ℃。漂洗时，可掌握"少量多次"的办法，即每次清水冲洗不一定用许多水，但要多洗几次。每次洗完后拧干，再进行第二次冲洗，以提高洗涤效率。洗完后在晾晒时应该注意选择在通风阴凉处晾晒，以免在日光下暴晒，使有色织物褪色。

（2）麻纤维织物

因为麻纤维刚硬，抱合力差，所以在洗涤的时候要比棉织物轻些，切忌使用硬刷，也要

避免用力揉搓，以免布面起毛。在洗后不可用力拧绞，对于有颜色的织物不要用热水烫泡，不宜在日光下暴晒，以免褪色。

（3）丝绸织物

在洗前，先在水中浸泡10 min左右，浸泡时间不宜过长。不能用碱水洗，可以选用中性肥皂或皂片、中性洗涤剂。洗液最好是在微温或室温下。洗涤完毕后，要轻轻压挤水分，不能拧绞。应在阴凉通风处晒干，不应该在阳光下暴晒，更不宜烘干。

（4）羊毛织物

因为羊毛不耐碱，所以要用中性洗涤剂或皂片进行洗涤。羊毛织物在30 ℃以上的水溶液中会收缩变形，所以洗涤温度不应超过40 ℃。通常用室温（25 ℃）水配制洗涤剂水溶液。洗涤时间也不宜过长，以防止缩绒。洗涤后不要拧绞，要用手挤压部分水分，然后沥干。用洗衣机脱水时以半分钟为宜。洗后应该在阴凉通风处晾晒，不要在强日光下暴晒，以防止织物失去光泽和弹性以及引起强力的下降。

（5）黏胶纤维织物

黏胶纤维缩水率大，湿强度低，水洗时要随洗随浸，不可长时间浸泡。黏胶纤维织物遇水会发硬，洗涤时要轻洗，以免起毛或裂口。洗涤时要选用中性洗涤剂或低碱洗涤剂。洗涤液的温度不能超过45 ℃。洗后，需要把衣服叠起来，大量地挤掉水分，不能拧。洗后忌暴晒，应在阴凉通风处晾。

（6）涤纶织物

清洗时要先用冷水浸泡15 min，然后用一般合成洗涤剂，洗涤温度不宜超过45 ℃。领口、袖口较脏处可用毛刷刷洗。洗后，要漂洗干净，可以轻轻拧绞，放在阴凉通风处晾干，不可暴晒，不可烘干，以免因热生皱。

（7）腈纶织物

洗涤方法基本与涤纶织物洗涤相似。清洗时先在温水中浸泡15 min，然后用低碱洗涤剂洗涤，洗涤过程中要轻揉、轻搓。厚织物用软毛刷洗刷，最后脱水或轻轻拧去水分。腈纶织物可晾晒，但混纺织物应放在阴凉处晾干。

（8）锦纶织物

清洗时先在冷水中浸泡15 min，然后用一般洗涤剂洗涤（含碱大小不论）。洗液温度不宜超过45 ℃。洗后通风阴干，勿晒。

（9）维纶织物

清洗时先在室温下浸泡，然后再洗涤。洗涤剂为一般洗衣粉即可。切忌用热开水，以免使维纶纤维膨胀和变硬，甚至变形。洗后晾干，避免日晒。

3.7.2　不同质地服装的收藏方法

合理选择洗涤和收藏方法，能够做到多次使用后还历久弥新（图3.17）。

①棉布服装。因残留有氯及染料，存放时间过长，会影响牢度，甚至变脆。因此，如购买后暂不用或不穿，都要清洗晾干再收藏。

②呢绒服装。存放时应注意防蛀，可放置包好的防蛀剂。丝绒、立绒、长毛绒等因怕压，最好挂藏。毛料和高档锦缎衣服也应如此收藏。

③丝绸服装。丝绸因用硫酸熏过，可使桑丝绸及白色或浅色衣服发黄，应避免混放，与其他服装混放时，应用白布包好再放。

④合成纤维服装。因耐霉、抗蛀性能较强，不需放置樟脑丸，以免影响牢度。如与棉、羊毛织品混放时可放包好的防蛀剂。

⑤羽绒服。必须洗净晾干后再收藏。

⑥皮革服装。擦去灰尘，置阴凉通风处吹去潮气，防止发霉。宜挂藏，不宜与樟脑类防蛀剂放在一起。

⑦裘皮服装。室外晾晒（避免暴晒）约2 h，轻轻抽打除去灰尘后挂藏，放包好的防蛀剂。

⑧毛衣。洗净晾干，单放，放包好的防蛀剂。

⑨羊毛服装。晾晒冷透，套上塑料袋，放入包好的防蛀剂。新的羊毛服装一定要凉透再收藏，切忌直接放入箱内。

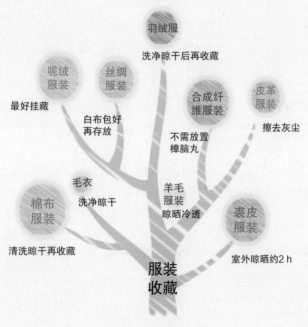

图3.17　服装的收藏

第 4 章

化学与健康

Chemistry in Daily Life

人体是由多种无机元素和有机元素构成的，体内无论是常量元素、微量元素、无机元素还是有机元素都能在化学元素周期表中找到它们固定的位置，所以人体与化学元素是密切相关的。由人体内各种化学元素在体内的性质和作用可知，这些都是维持人的生命和生活必不可少的化学元素，其重要性并不亚于空气和粮食。为了人类的健康与生存，深入研究这些化学元素在人体内的各种性质和作用是一项非常有益的工作。

4.1 人体的常量元素

人体好似一个复杂的化学工厂，时刻都在进行着化学反应，使各种物质在人体内的含量达到平衡，以此来保证人类的正常生命活动。根据元素在体内含量的不同，可将体内元素分为两类（图4.1）：其一为常量元素，占体重的99.9%，包括碳、氢、氧、氮、磷、硫、钙、钾、镁、钠、氯共11种，它们构成机体组织，并在体内起电解质作用；其二为微量元素，占体重的0.05%左右，包括铁、铜、锌、铬、钴、锰、镍、锡、硅、硒、钼、碘、氟、钒共14种，这些微量元素在体内的含量虽然微乎其微，但却能起到重要的生理作用。

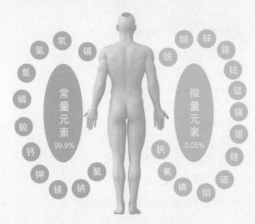

图4.1　人体内的元素

各种元素既互相依存，又相互制约，任何元素的过量和缺乏都会导致机体正常状态的破坏。因此，某种元素在人体内要适量，体内的各种元素之间的比例要适当。

4.1.1 碳、氢、氧、氮、硫和磷

碳、氢、氧、氮、硫、磷这6种元素占据了机体的大部分，但它们在机体内不是独立存在的，而是通过组成各种各样的生命小分子和大分子在起作用。至于获得这几种元素的途径，除了氧可以通过呼吸作用以氧气的形式摄入外，其他5种元素只能通过食物获得。

（1）碳

碳除了组成生物分子外，在体内还以二氧化碳（CO_2）及其溶于体液所形成的酸——碳

酸（H_2CO_3）的形式存在。CO_2是代谢过程中机体氧化营养物质所产生的废物，随着呼吸作用排至体外。但细胞外液的酸碱度主要通过这种"废物"与其电离产物碳酸氢根形成的缓冲体系来维持。

（2）氢、氧

氢和氧除了与其他元素一起参与生命分子的形成外，在生命体内最主要的存在形式是水。水是生命体的重要组成部分，可以稀释血液浓度，保持体液的酸碱度，参与体内各种水解反应，并且是体内新陈代谢、物质交换和生命过程中的必需介质（图4.2）。一个人一天大约要补充1 700 mL水，因此不能渴了才喝，应定时补充水。

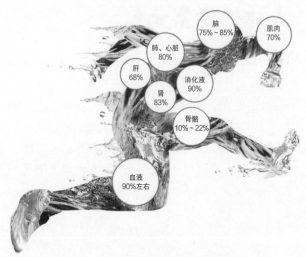

图4.2　人体内的水在各组织器官的比重

（3）硫

①生理功能。硫在自然界广泛存在（图4.3），它也存在于每个细胞中，不仅是人体所需的较大量的元素，也是构成氨基酸的成分之一。硫有助于维护皮肤、头发及指甲的健康、光泽，维持氧平衡，帮助脑功能正常运作。存在人体中的硫元素有85%以甲基磺酰甲烷（MSM）结构形式存在，有别于一般可能引发过敏反应的无机硫化物（如二氧化硫）。MSM是天然有机硫质，存在于自然界的每一种生物之中，是人体不可缺少的营养成分，是人体内含量最多的矿物质之一。

图4.3　硫元素

②含硫较多的食物。干酪、蛋类、鱼、谷类、豆类、肉类、坚果类等。

（4）氮

与硫元素一样，人体内的氮元素的有益存在方式也是结合在机体中，无机氮在体内经代谢产生尿素，但必须将其排至体外，否则会引发尿毒症。

（5）磷

①生理功能。磷存在于人体所有细胞中，是组成骨骼和牙齿的必要元素，几乎参与人体所有生理上的化学反应。磷具有促进成长以及身体组织器官的修复、协助脂肪和淀粉的代谢、供给能量与活力、减少关节炎的痛苦、促进牙齿的健康生长和牙床的健康发育等功效。磷还是使心脏有规律地跳动、维持肾脏正常机能和传达神经刺激的重要物质。

成人每天摄取量为800～1 200 mg，妊娠期和哺乳期的妇女则需要更多。但过多摄取磷，会破坏矿物质的平衡并造成缺钙，如会导致骨质疏松易碎、牙齿蛀蚀、各种钙缺乏症状日益明显等。

②含磷较多的食物。主要有奶制品、汽水、可乐、酵母、动物内脏类、干豆类、全谷类、蛋类、小鱼干等。

4.1.2　钙、钾、钠、氯和镁

（1）钙

①生理功能。钙是人体必需的常量元素，是体内含量最多的无机元素之一，也是骨骼和牙齿的主要组成部分。人体总钙含量达1 300 g，约99.3%分布于骨骼和牙齿组织（图4.4），其余约0.1%分布于细胞外液，约0.6%分布于细胞内液。

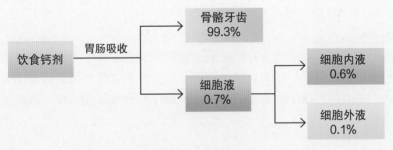

图4.4　钙的生理分布

缺钙的主要症状是过敏、肌肉抽搐、痉挛，易造成骨疼、背疼、骨折等后果，缺钙会引起高血压，造成动脉硬化，甚至会促成肠癌的发生。因此，人体必须每日摄入足量的钙，才能保证正常的生长发育及新陈代谢。

骨质疏松症是一种常见骨病，其特点是骨头逐渐变细和脆弱，到了后期，脊椎变得脆弱，非常容易变形，往往导致脊骨因衰弱而弯曲，随着脆弱程度的加剧，会增加骨折的风险，特别是造成严重损害的髋部骨折。研究发现增加钙的摄入量，对延缓因骨质疏松而引起的骨质减弱和降低骨折发生率能起重要作用。正常人椎体微结构与骨质疏松患者微结构的比较如图4.5所示。

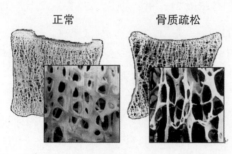

图4.5　正常人椎体微结构与骨质疏松患者微结构的比较

②含钙的食物。如图4.6所示，含钙丰富的食物有薯干、薯粉、香菜、油菜、咸鸭蛋、松花蛋、大豆及大豆制品，海鱼、海带、海参、虾皮以及绿色蔬菜等。奶及奶制品中的钙吸收率高。肉类食品连骨一起煨炖并加一点醋，肉汤中的含钙量亦可明显提高。

图4.6　含钙的食物

要保证钙的吸收，食物中必须有充足的维生素D，因为维生素D能增强身体吸收钙的能力，同时要常晒太阳。

值得注意的是，如果将草酸含量高的蔬菜（如菠菜、香葱等）和钙含量高的食物搭配一起吃，如小葱拌豆腐、菠菜豆腐汤，食物中的钙会因为形成草酸钙沉淀而难以吸收，随粪便排出，阻止了钙的摄入，但由于蔬菜中的草酸以可溶性的钾盐形式存在，因此可通过焯水的方式除去大部分草酸。

（2）钾

①生理功能。钾离子可以调节细胞内适宜的渗透压和体液的酸碱平衡，参与细胞内糖和蛋白质的代谢，有助于维持神经健康、心跳规律正常，可以预防中风，并协助肌肉正常收缩。在摄入高钠而导致高血压时，钾离子具有降血压的作用。

人体缺乏钾离子可引起心跳不规律和加速、心电图异常、肌肉衰弱和烦躁，最后导致心跳停止。一般而言，身体健康的人会自动将多余的钾离子排到体外。但肾病患者要特别留意，避免摄取过量的钾。

②含钾的食物。如图4.7所示，在乳制品、蔬菜、瘦肉、内脏、香蕉、葡萄干、茶叶、小米、马铃薯等食物中都含有丰富的钾。

图4.7 含钾的食物

（3）钠

①生理功能。钠离子在细胞外的浓度要高于细胞内，是血液中的主要平衡阳离子。钠离子还是构成人体体液的重要成分。人的心脏跳动离不开体液，所以成人每天需摄入一定量的钠离子，同时经汗液、尿液又排出部分钠离子，以维持体内钠离子的含量基本不变。这就是人出汗或动手术后需补充一定量食盐水的原因。

食盐过多，钠在体内可以引起体液，特别是血容量的增加，从而导致血压升高、心脏负担加重。肾炎患者体内的钠离子不易排出，如果再过多地摄入钠离子，患者病情就可能加重，因此，肾炎患者应减少食盐摄入量。

②含钠的食物。如图4.8所示，食盐是主要的钠源，海虾米、鱼类等也是含钠食品。

图4.8 含钠的食物

（4）氯

氯一般存在于细胞内外，有合成胃酸、调节渗透压以及维持酸碱平衡的作用。氯元素与钾和钠结合，能保持体液和电解质的平衡，人体中氯元素浓度最高的地方是脑脊髓液和胃中的消化液。若通过饮食摄入的氯元素太少，肾脏能对氯元素进行再吸收，因此氯元素不足的情况较为罕见。但大量出汗、腹泻和呕吐会使人体失去大量氯元素。

（5）镁

①生理功能。镁是一种重要的保护性无机离子，堪称人类心脏的保护伞。缺乏镁元素会导致精神疲惫、面黄肌瘦、皮肤粗糙，甚至情绪不稳定，面部、四肢肌肉颤抖。当血

液中镁的水平呈现不足时，会增加心脏病突发的风险。过量的镁会造成血凝结，损害人体健康。

②含镁的食物。如图4.9所示，无花果、香蕉、杏仁、冬瓜子、玉米、红薯、黄瓜、珍珠粉、蘑菇、黄豆、紫菜、鲑鱼、沙丁鱼、贝类、虾类、糙米、荞麦、大麦等。

图4.9　含镁的食物

 # 4.2　人体的微量元素

微量元素虽然在人体内需要量很少，但都有特殊的功能，在人体的各组织器官中保持着一定的浓度，调节着人体的新陈代谢。必需的微量元素难以用化学药物合成进行补充，只能从每日膳食中得到补充，因此应注重膳食结构，以防必需的微量元素缺乏。

4.2.1　铁、铜、锌、铬、钴、锰

（1）铁

①生理功能。铁是微量元素中含量最高的元素，约占人体体重的0.006%，成人体内含铁4～5 g，其中65%存在于血红蛋白中，6%存在于肌红蛋白中，0.2%以其他化合物形式存在，剩余的铁为储备铁储存于肝脏、肾脏与骨髓中。

人体内的铁都与蛋白质结合，无游离态存在。铁是细胞色素酶、铁硫蛋白、过氧化酶、过氧化氢酶的组成成分，对肌体生存起着至关重要的作用。铁是组成血色素的主要成分，它的功能是向人体组织各部分输送氧气，当血液流到微血管时，就会把氧气释放出来，渗入组织器官之中。如果体内缺乏铁元素，血色素就会减少，携带的氧气也会减少，脑细胞和身体其他组织经常处在缺氧状态，人就会感到疲倦和头晕眼花。铁的缺乏还可引起缺铁性贫血。100 mL血液中有14.5～15 g的血色素为正常的数值，少于12 g就属于贫血了。我国日

供铁量为成年男子12 mg，成年女子12 mg，妊娠期妇女为20~48 mg。

②含铁的食物。如图4.10所示，人体铁的主要来源是食物，特别是在动物性食物中，猪肝含铁量最多，吸收率也最高，肉类、豆类、绿色蔬菜、海带、紫菜、木耳、全谷类等食品中含铁也较多。用铁质炊具烹调食物，也是铁的来源。

图4.10　含铁的食物

（2）锌

①生理功能。锌在人体内的含量仅次于铁，居第二位。对人体健康起着举足轻重的作用，被誉为"生命之花"。锌在人体内可以维持机体的生长发育，维持正常的味觉功能及食欲，维持维生素A正常代谢功能及对黑暗环境的适应能力，以及增强垂体激素的活性。

缺锌会造成生长发育迟缓、贫血、肝脾肿大、厌食、味觉减退、表情淡漠、智力低下、免疫能力降低、生育能力下降。一般成人日需锌量为2.2 mg，按平均吸收率20%，成人日供给量应为11 mg。

②含锌的食物。如图4.11所示，人体所需的锌主要从食物中摄取，如牡蛎、虾、蚝及动物肝、肾、肉、鱼、鸡、鸭、蛋类、大白菜、苹果、梨、牛奶等。

图4.11　含锌的食物

（3）铜

①生理功能。铜在人体中含量居第三位，被人们称为"具有绿色面孔的红色金属"。铜是许多酶的活性成分，也是极好的催化剂。铜在人的血液中是铁的"助手"，它能促进铁组成血红蛋白，有利于骨髓中铁的转化。

人体缺铜时，会导致高血浆胆固醇升高，增加动脉粥样硬化的危险，是引发冠状动脉心脏病的重要因素。营养性贫血、骨质松脆症、胃癌及食道癌等疾病的产生也都与人体缺铜有关。缺铜造成酪氨酸酶活性降低，使头发变白。

②含铜的食物。如图4.12所示，动物肝脏、肾脏、蛋黄、鱼虾、口蘑、茶叶、葵花籽等。通常成人日摄入量为1~3 mg。另外，饭后不要立即服用维生素C，因为维生素C会妨碍铜的吸收。

图4.12　含铜的食物

（4）铬

①生理功能。铬有多种氧化态，人体所需微量元素铬是指Cr^{3+}。Cr^{3+}的主要作用是帮助人体维持正常的葡萄糖含量，启动胰岛素，降低血脂，若Cr^{3+}不足会引起糖尿病。

②含铬的食物。糙米、全麦片、粗制红糖、啤酒、花生、奶酪，还有蛋类、肉类、海产品等。

（5）钴

①生理功能。钴是维生素B_{12}的一种极其重要的组成部分，维生素B_{12}又称钴胺素，是金属钴的配合物，也是唯一含金属元素的维生素，其主要功能是参与制造骨髓红细胞，防止恶性贫血，防止大脑神经受到破坏，并可扩张血管，降低血压。但钴过量可引起红细胞过多症，还可引起胃肠功能紊乱、耳聋、心肌缺血。

②含钴的食物。如图4.13所示，蜂蜜、小虾、扇贝、牡蛎、肉类、粗麦粉及动物肝脏、粗粮、核桃、马铃薯、生姜等。发酵的豆制品含有少量维生素B_{12}，可作为钴的食物来源。

图4.13　含钴的食物

（6）锰

①生理功能。锰在代谢细胞中起重要作用，与人体健康关系十分密切，含锰的氧化物歧

化酶具有抗衰老作用，因此锰被称为"益寿元素"。锰是人体内多种酶的激活剂，参与各种氧化还原过程，使肌肉有力量。锰能影响动脉硬化病人的脂类代谢。人体缺锰可造成骨骼发育障碍、骨质疏松、不孕症、智力减退、儿童多动症，缺锰还可影响体内维生素的合成，降低抗病能力。

②含锰的食物。粗粮、豆类、核桃、花生、芝麻、茶叶等。绿叶蔬菜含锰也较多，但含草酸也较多，影响人体对锰的吸收。

4.2.2 镍、锡、硅、硒、钼、碘、氟、钒

（1）镍

①生理功能。镍是核酸的组成成分之一，也是血纤维蛋白溶酶的组成成分，是许多酶的催化剂。镍在人体中的作用是刺激血液生长，促进红细胞再生。体内缺镍会造成生长停滞，生殖功能障碍，血葡萄糖降低及影响钙、铁锌等元素的代谢。我国居民膳食镍适宜摄入量，成人为 $100 \sim 300 \ \mu g/d$。

②含镍的食物。如图4.14所示，含镍多的食物是植物性食物，如粗粮、干豆、水果、蔬菜等。

图4.14　含镍的食物

（2）锡

①生理功能。锡在体内以骨骼和牙齿含量最高。锡与能量代谢的酶系统有关，能促进组织生长、伤口愈合，缺乏时出现生长停滞，脱毛、乏力等症状。有人提出锡的需求量为 $3.5 \ mg/d$。

②含锡的食物。肉类、粗粮、干豆、蔬菜中均含有较丰富的锡。

（3）硅

①生理功能。硅是人体中含量较多的微量元素，它是形成骨骼、软骨、结缔组织的必需成分，在维护血管弹性、骨骼钙化过程中起重要作用，还可促进胶原蛋白与多糖的合成。

目前尚无人体硅需要量的实验资料，难以提出合适的人体每日硅的需求量，由动物实验推算，摄入 $20 \sim 50 \ mg/d$ 比较适宜。

②含硅的食物。如图4.15所示，高纤维食物、谷类皮中和根茎类蔬菜中含量高，而肉、鱼及乳类含量少。

图4.15　含硅的食物

（4）硒

①生理功能。硒在酶系统和血液正常运转中发挥着重要作用，参与人体组织的代谢过程，可用于防止多种疾病，增强人体免疫力，抑制肝肿瘤以及乳腺肿瘤的发生，并对人体内白细胞的杀菌能力有很大的影响，还可以提高机体内酶的活力，延缓衰老。

缺硒会使人体内白细胞的杀菌能力降低，导致多种疾病。1935年在我国黑龙江省克山县发现，并由此得名的克山病（也称地方性心肌病），发生在低硒地带，患者头发和血液中的硒明显低于非病区居民，且口服亚硒酸钠可以预防克山病的发生，说明硒与克山病的发生有关。

硒过量则引起头发脱落，双目失明甚至死亡。我国规定硒日供量为1岁以内15 μg，1～3岁20 μg，4～6岁40 μg，5岁至成年人为50 μg。

②含硒的食物。如图4.16所示，鱼类、虾类等水产品含量最高，其次为动物的心、肾、肝。蔬菜中含硒量较高的有金花菜、荠菜、大蒜、蘑菇。

图4.16　含硒的食物

（5）钼

①生理功能。钼既是体内一些酶的启动剂，又是某些酶的组成部分，形成钼依赖性酶。氮的代谢中需要钼，它能使嘌呤在最后阶段变成尿酸。

缺钼可使体内的能量代谢发生障碍，致使心肌缺氧而出现坏死，还可引起口腔、齿龈和食道的病变肿瘤。而过量的钼又影响铜的代谢，引起痛风。通过调查我国河南林县发现，食道癌高发区居民的血清、尿与头发中钼含量明显低于低发区，食道癌患者体内钼含量也较低。

我国居民膳食钼适宜摄入量，成人为60 μg/d。

②含钼的食物。人体对钼的需要量很少，一般从膳食中即可满足。如图4.17所示，含钼较丰富的食物有海产品、动物内脏、肉类、全谷类、豆类、叶类蔬菜、酵母等。

图4.17　含钼的食物

（6）碘

①生理功能。碘的唯一功能是用于合成甲状腺分泌的含碘激素——甲状腺激素，碘的生理功能也是通过甲状腺激素表现出来。碘缺乏对人体健康的最大危害是造成脑发育落后。人体缺碘会使甲状腺组织代偿性增生而出现肿大（大脖子病）、头发变脆、肥胖和血胆固醇增高、甲状腺功能减退的情况。食入过多的碘即日摄入量超过2 000 μg，也有产生甲状腺肿大的潜在危险。孕妇缺碘可能使婴儿发生克汀病，表现为身体矮小、智力低下、聋哑、痴呆等。

②含碘的食物。如图4.18所示，海带、大型海藻、海产品和生长在富碘土壤中的蔬菜等。

图4.18　含碘的食物

（7）氟

①生理功能。氟是人体骨骼和牙齿的正常成分。一方面，它可预防龋齿，防止老年人的骨质疏松。人体缺氟会造成龋齿和骨质疏松症；另一方面，氟又是一种累积性毒物，可造成慢性氟中毒，得"牙斑病"，主要因为氟过多将妨碍牙齿的钙化酶活性，牙齿钙化不能正常进行，色素在牙釉质表面沉着。体内氟超过一定程度，还可产生氟骨病，骨骼会失去正常的颜色和光泽，变厚而软，容易折断，引起自发性骨折。

②含氟的食物。饮用水。

（8）钒

①生理功能。钒主要存在于肝脏、肾脏、脾脏、肺脏、骨骼及血液中。钒是氧化还原

反应的催化剂，能促进脂肪代谢，还能降低血液中胆固醇含量并预防龋齿。日本学者研究表明，糖尿病患者与体内钒含量的降低有一定的关系。我国居民膳食钒适宜摄入量，成人为 $10 \sim 100 \ \mu g/d$。

②含矾的食物。海产品、谷物、蔬菜、坚果、植物油等。

4.3 常见的对人体有害的元素

环境科学的发展使人们认识到，由于环境污染，一些有害的微量元素能通过呼吸或饮食侵入人体，对人体产生致畸、致突变、致癌的作用。人体是一个整体，不能缺少某种元素，但也不能过量。由于受环境污染等因素的影响，下列元素在食品和环境中对人类健康存在着威胁。

（1）铝

①毒性。世界卫生组织于1989年正式将铝确定为食品污染物，并要求加以控制，铝是通过铝制器皿和含铝的食品添加剂进入到人体内的。

过量的铝可影响脑细胞功能，从而影响和干扰人的意识和记忆功能，造成老年痴呆症；可引起胆汁郁积性肝病，还可导致骨骼软化，以及引起细胞低色素性贫血、卵巢萎缩等病症。

②食物中铝的来源及预防措施。不用明矾净化的水、尽量避免使用铝制器皿及餐具，尽量少吃油炸等含铝膨松剂（硫酸钾铝）的食品、少用铝制剂胃病药。

（2）铅

①毒性。对人体而言，铅是一种具有神经毒性的重金属元素。铅进入人体后，能阻碍血液的合成，导致贫血，出现头痛、眩晕、神经衰弱等症状，以及食欲不振、肚胀、便秘等消化系统症状；重者出现手足无力麻木、出冷汗、面色苍白、血压升高、腹绞痛等症状。铅在体内代谢情况与钙相似，易积在骨骼之中。

儿童对铅的吸收率比成人高出4倍以上。当儿童血铅浓度达600 mg/L时，就会导致智力发育障碍、注意力不集中、多动、兴奋、行为异常、智力低下、学习成绩差等。妇女受到铅污染时可引起月经不调、流产、早产、死胎等。

②食物中铅的来源和预防措施。据世界卫生组织统计，现代生态环境中铅含量是20世纪的100倍。铅的开采、冶炼和精炼对周围环境、大气和土壤产生影响，从而污染食物；含铅农药、含铅的食品容器、用具等的使用都会对食物造成污染。

据报道，全世界每年从汽车尾气排放的铅已达40多万吨，有50%降落在公路两侧数百米范围内，余下的50%则以极细的颗粒物向远处扩散。这些铅为烷基铅，其毒性比无机铅毒性大100倍。彩色画报每页含铅高达2 000 µg。一些陶瓷彩釉、儿童玩具、马口铁食品罐头用的焊锡、爆米花、化妆品等也含有铅，最近发现某些加钙的食品，特别是掺有动物骨粉的食物，含有过量的铅。人们在使用过程中，它都很容易进入人体内造成慢性中毒。经过水、食物进入消化道的铅有5%～10%被人体吸收，通过呼吸道吸入肺部的铅，其吸收沉淀率为30%～50%。因此，我们要采取一些措施，如餐前洗手，少吃含铅高的松花蛋、爆米花等膨化食品，不要在交通繁忙区和工业生产区玩耍或逗留。提倡用无铅餐具，也可防止铅从口入。

（3）镉

①毒性。镉对生物体的毒性与抑制酶功能有关。人体镉中毒主要是通过消化道与呼吸道摄取被镉污染的水、食物和空气引起的。长期吸烟者的肺、肾、肝等器官中含镉量超出正常值1倍，烟草中的镉来源于含镉的磷肥。

镉在人体内的半衰期长达10～30年，对人体组织和器官的毒害是多方面的，能引起肺气肿、高血压、神经痛、骨质松软、骨折、内分泌失调等病症。

②含镉较多的食物及预防措施。猪肝、软体类、海带、干食用菌等含量较高。如果吃了含镉较多的食物，可以多吃一些富含膳食纤维的食物，包括粗粮、豆类、清淡的蔬菜和水果，纤维有和重金属离子结合的性质，可带着它们穿肠而过，也可增加维生素C、钙和锌，适当补充蛋白质。

（4）汞

①毒性。汞俗名水银，在室温下是一种液态金属，具有挥发性。汞的各种存在价态都会损伤人类的肠、肾、脑。汞蒸气会通过呼吸摄入，通过脑血管进入大脑后被氧化成剧毒离子态，对大脑造成不可修复的脑损伤，导致智力水平下降，甚至发疯或痴呆，严重的导致死亡（图4.19）。

图4.19 水俣病

当汞进入湖泊、池塘等死水体系时，会在水底微生物的作用下形成毒性更大的烷基汞。甲基汞的毒性表现还有其特异之处，进入人体渡过急性期后，可有几周到数月的潜伏期，然后显示脑和神经系统的中毒症状，而且难以痊愈。此外，甲基汞还可通过母体影响到胎儿的神经系统，使出生婴儿患有智能性发育障碍、运动机能受损等脑性小儿麻痹症状。例如，20世纪50年代和60年代在日本水俣市和新潟县分别出现的水俣病即是由甲基汞中毒引起的神经性疾病。这种疾病是由工厂废液中甲基汞排入水系，又通过食物链浓集于鱼体内，最后为人摄取所致。

②食物中汞的来源及预防措施。汞是一种普遍存在于环境中的元素，来自大自然和人类的活动。汞主要以甲基汞这种有机形态积聚于食物链内，尤其是鱼类。金属汞易气化，蒸

气有剧毒，应避免呼吸含有汞蒸气的空气或用皮肤接触液态汞。往土壤里投加石灰、磷灰石等，有助于减轻汞污染。如果汞不慎流失地面，应马上把汞珠收集起来，或洒硫黄粉使汞生成不挥发性的毒性较低的硫化汞。汞蒸气可用碘处理，使之生成碘化汞以清除汞害。蛋白粉和牛奶中的蛋白质可以沉淀胃里的汞，以减少汞的吸收。

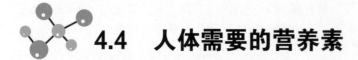

4.4 人体需要的营养素

营养素主要是指食物中含有的可给人体提供能量、构成机体和组织修复以及具有生理调节功能的化学成分。目前，人体必需的营养素有近50种，按传统方法营养素大致可分为水、蛋白质、脂肪、糖类（碳水化合物）、维生素和矿物质六大类。其中糖类（碳水化合物）、脂肪和蛋白质在食品中存在和摄入的量比较大，称为宏量营养素或常量营养素。而维生素和矿物质在平衡膳食中仅需少量，故称为微量营养素。在人的正常生长过程中还有一种多糖的聚合体——纤维素，虽然它既不提供能量，又不像水和无机盐所起的作用让人们不可忽视，但它却是上述六大营养素所不可替代的，被称为"第七营养素"。

这些营养素之间既相互影响又相互依存，共同参加、推动、调节人体的生命活动，同时又具有各自的独特功能。

4.4.1 水

都说水是生命的源泉，在人体中，到处都是水。人体是由细胞组成的，一个人的全身细胞总数有100万亿个。大脑是全身的指挥机关，约有300亿个神经细胞。凡是有细胞的地方就有水。血液、唾液、胃液……各种体液中，几乎都有水。即使是头发、骨头、指甲也都含有水。水的含量因年龄、性别而异，年龄越小机体含水量越多。新生儿含水75%～80%，成年男子约60%，成年女子约50%。

水，除了是肌体的重要组成部分外，也是体内新陈代谢、物质交换、生化过程中必不可少的媒介，还是人体的重要营养物质，水在人的成长、发育和生理功能方面起着极其重要的作用。

（1）水的生理功能

①调节体温。水的比热容较大，1 g水每升高1 ℃需4.18 J的热量，比同量其他液体所需的热量要多，因此，当体内产热量增多或减少时不致引起体温太大波动。水的蒸发热很大，1 g水在37 ℃时完全蒸发需要吸热2.40 kJ，所以蒸发少量的汗就能放出大量的热，这对人体处在较高的气温环境时是很重要的。另外，水的流动性大，能随血液迅速分布全身，人体在代谢过程中产生的热，还可以通过血液送到体表散发到环境中去，使全身各部分保持均衡的温度。因此，水对维持肌体温度的稳定起着很大作用。

②水是体内化学作用的介质。水是一种良好的溶剂，机体所需的多种营养物质和各种代

谢产物都能溶于水中。水的分子极性大，能使溶解于其中的物质解离成离子，这样有利于体内化学反应的进行。即使不溶于水的物质，如脂肪和某种蛋白质，也能在适当的条件下分散于水中成为乳浊液或胶体溶液。只有溶解或分散于水中的物质，才容易起化学反应。所以，水对于体内许多生化反应都有促进作用；同时，水本身也直接参加水解、氧化还原等生化反应，如蛋白质、脂肪、糖类的水解反应，都是在水的参与下进行的。

③水是体内物质运输的载体。由于水溶液的流动性大，水在体内还起运输物质的作用，组织和细胞所需的养分及代谢物在体内的运转都要靠水作为载体来实现。

④水是体内摩擦的润滑剂。水的黏度小，可使摩擦面润滑，因此它在体内还有润滑作用，可减少体内脏器的摩擦，防止损伤，并可使器官运动灵活，体内的关节、韧带、肌肉、膜等处的润滑液体，都是水溶液。

（2）人体水的来源

因为人体在新陈代谢过程中，水会不断地从人体中失去，因此，人体每天必须通过食物和饮水吸收相等数量的水，才能保持体内水分平衡。

如果一个人失水20%左右，又不能及时得到补充，就会有生命危险。人体对水的需要量随个体的年龄、体重、气候及劳动强度等不同而变化，年龄越大，每千克体重需要的水量相对越少，婴儿及青少年的需水量在不同阶段也有不同，成年后则相对稳定。在一般情况下，一个体重60 kg的成人每天与外界交换的水量约2.5 kg，即相当于每千克体重约40 g水，婴儿所需水量是成人的3～4倍。人的一生吃到体内的水可达75 t之多。

虽然水对生命非常重要，但饮水过多也不利于健康。现代医学已证明，饮水过多，增加了胃内容物，使消化液稀释，消化能力减弱，久而久之，会影响胃肠道消化吸收功效。

4.4.2 糖类

任何机器都要有一定的能源作动力才能正常运行，人体这架最精密、最完美的机器，要进行生命活动也同样需要一定的能源，这个能源主要是糖。糖是人体最直接、最经济的"快速能源"，是人生命活动和劳动做功所需能量的主要供给者。在正常情况下40%～80%的能量是靠糖类供应的。

（1）糖类的组成和分类

1）组成

糖类是由碳、氢、氧三种元素组成的一大类化合物。因最早发现的糖类氢与氧的比例和水一样，故曾被称为碳水化合物（后来发现有些糖类物质并不存在这种比例）。

2）分类

糖类（图4.20）按其化学结构可分为单糖、双糖和多糖三类。

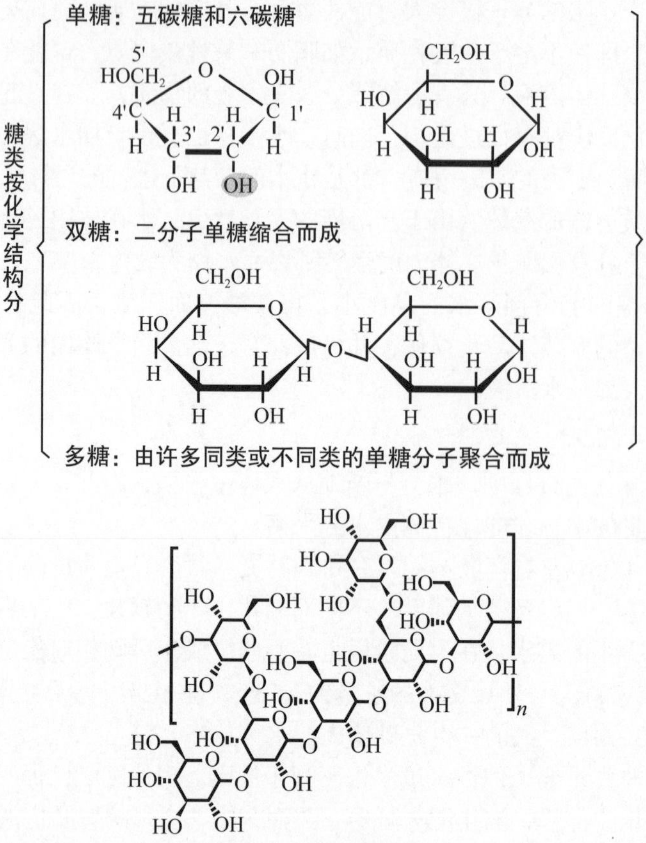

单糖：五碳糖和六碳糖

双糖：二分子单糖缩合而成

多糖：由许多同类或不同类的单糖分子聚合而成

图4.20　糖类的分类

①单糖是最简单的糖类，可直接被机体吸收和利用，如葡萄糖、果糖、半乳糖等。单糖可分为五碳糖、六碳糖等。核糖和脱氧核糖是五碳糖，它们是组成核酸的必需物质；葡萄糖和果糖是六碳糖。葡萄糖的化学式是$C_6H_{12}O_6$，主要存在于植物性食物中，果糖大量存在于水果和蜂蜜中，其甜度为蔗糖的1.75倍。半乳糖是乳糖的水解产物，存在于人的乳汁中。

②双糖由二分子单糖缩合而成。常见的双糖有蔗糖、乳糖和麦芽糖。蔗糖在甘蔗、甜菜中含量很高。我们食用的白糖、红糖和砂糖都是蔗糖。乳糖是葡萄糖和半乳糖的缩合物，是人体细胞中最重要的双糖，存在于人的乳汁中，其甜度大约只有蔗糖的1/6。麦芽糖是由二分子葡萄糖缩合而成。谷类种子萌芽时含量较多，在麦芽中含量最高。

③多糖是由许多同类或不同类的单糖分子聚合而成的，但主要是由葡萄糖分子组成的，无甜味。多糖主要有淀粉、糖原和膳食纤维。淀粉主要存在于谷、薯、豆类和水果中。在人体内，葡萄糖以糖原的形式储存，糖原主要存在于肝脏和肌肉中，所以有肝糖原和肌糖原之分。膳食纤维是不能为人体消化、吸收和利用的多糖，包括纤维素、半纤维素和果胶等。在植物细胞中，最重要的多糖是植物淀粉和纤维素。

（2）糖类的代谢

人在日常生活中摄入的糖类主要是淀粉，淀粉被人食用后，在各段消化管内，经过多种酶的作用，最后分解为单糖，其中主要是葡萄糖。

如图4.21所示，葡萄糖在小肠中被吸收到体内后，发生下列三种变化：一是通过有氧氧化或无氧酵解生成能量；二是在肝脏、骨骼肌等组织合成糖原；三是转变成脂肪。

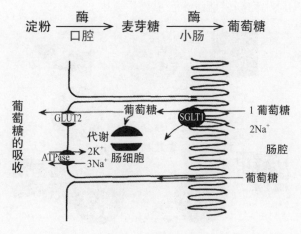

图4.21 糖类的代谢

肝糖原可作为能量的暂时储备。血液中的葡萄糖浓度即血糖浓度是相对稳定的。当血糖的浓度因消耗而逐渐降低时，肝糖原即可转变成葡萄糖，以补充血糖。肌糖原则可为肌肉活动提供能量。

（3）糖类的生理功能

糖类的生理功能（图4.22）主要有下面几种。

①供给热能。它不但是肌肉活动时最有效的燃料，而且是心脏、脑、红细胞和白细胞必不可少的能量来源。

血液中含的糖主要是葡萄糖，一般称为血糖，血糖是糖的运输形式。在神经和内分泌系统的调解下血糖维持一定的动态平衡，因此血糖含量常作为身体健康状况检查的一项指标。

健康成人空腹时血糖水平为3.89～6.11 mmol/L。空腹血糖≥7.0 mmol/L或餐后血糖≥11.1 mmol/L称为高血糖。血糖浓度超过8.89～10 mmol/L时，就会超过肾近端小管的重吸收能力而从尿中排出，出现糖尿。被称为"不死的癌症"的糖尿病是一种内分泌疾病，其主要原因是血中胰岛素绝对或相对不足，导致血糖过高，出现糖尿，进而引起脂肪和蛋白质代谢紊乱。其主要症状是"三多一少"，即多饮、多食、多尿、体重减轻。血糖低于3.33～3.89 mmol/L称为低血糖。血糖过低时，脑细胞的功能就会因为缺乏能量而受到影响，出现头晕、心悸、四肢无力的症状，严重时出现昏迷症状，称为低血糖休克。糖类在体内储备量很少，因此必须每日数次进餐予以补充。

②构成身体组织。糖是构成神经和细胞的重要物质。

③保肝解毒作用。当肝糖原储备较多时，可使肝脏对病原微生物感染引起的毒血症和某些化学毒物如四氯化碳、酒精、砷等有较强的解毒能力，从而起到保护肝脏的作用。

④控制脂肪和蛋白质的代谢。体内脂肪代谢需要有足够的糖类来促进氧化，糖类含量不足时，所需能量将大部分由脂肪提供，而脂肪氧化不完全时，体内脂肪酸则不能完全氧化成二氧化碳和水而产生酮酸，酮酸积聚过多会引起酮血症中毒，所以糖类具有辅助脂肪氧化的

抗生酮作用。

⑤增强肠道功效合成维生素。糖类食物中不被机体消化吸收的纤维素促进肠道蠕动，防治便秘，又能给肠腔内微生物提供能量，合成维生素B。

图4.22　糖类的生理功能

（4）糖类的来源

世界卫生组织规定，每人每日摄糖量以每千克体重为0.5 g左右最佳。若体重为60 kg的成年人，每人每日则为30 g。

糖类的食物来源除了纯糖外，以植物性食品为最多，谷类、豆类、薯类、根茎类（马铃薯、红薯、芋头、藕）等是淀粉的主要来源；红糖含丰富的葡萄糖以及铁、锰、锌等元素，是营养较丰富的食糖之一。中药中的人参、党参、黄芪中富含多糖，具有扶本固正、增强免疫力的作用，有助于延缓衰老。

4.4.3　脂类

（1）脂类组成

脂类是机体内一类不溶于水而溶于有机溶剂的有机大分子物质，它是油脂和类脂的总称，是生命的三大基础物质之一。

油脂是由高级脂肪酸与丙三醇（甘油）脱水形成的化合物，主要包括油和脂肪（图4.23）。油是由不饱和高级脂肪酸与丙三醇（甘油）脱水形成的化合物，通常呈液态，主要存在于植物中，如花生油、豆油、麻油等植物油；脂肪是由饱和高级脂肪酸与丙三醇（甘油）脱水形成的化合物，通常呈固态，主要存在于动物体内，如猪油、牛油等动物油。

类脂质是指类似油脂的一类物质的统称。由于它们在物态及物理性质方面与油脂类似，因此称为类脂化合物。它包括磷脂（卵磷脂、脑磷脂等）、糖脂、脂蛋白（低密度脂蛋白、高密度脂蛋白等）和类固醇（胆固醇、维生素D、孕激素等）等。

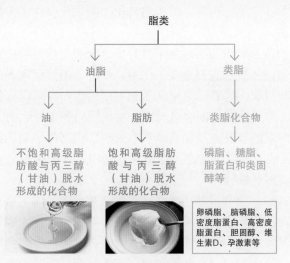

图4.23　脂类的组成

（2）脂类的生理功能

脂类的存在是人体必需的，具有非常重要的生理功能（图4.24），主要体现在以下几个方面。

图4.24　脂类的生理功能

①构成人体组织。脂肪是构成人体细胞的主要成分，类脂中磷脂、糖脂和胆固醇是组成人体细胞膜的类脂层的基本原料，脂类中的胆固醇、磷脂与蛋白质结合，构成细胞的各种膜，脂类为神经和大脑的重要组成部分，胆固醇还是合成激素的原料。这些类脂在维持细胞生理功能和神经传导中起着重要作用。

②供给和贮存热能。脂肪是体内贮存能量的仓库，是发热量最高的一种热源。每克脂肪在体内氧化可供给约38 kJ热量，比等量的蛋白质或糖类的供热量大一倍多，所以脂肪在供能方面比蛋白质和糖类要优越，贮存脂肪是贮存能量的一种方式。

当体内营养过多时，过剩的糖、蛋白质等可转变成脂肪的形式贮存起来，一般可达几公

斤或十几公斤，一旦营养缺乏，则又可把脂肪转化为碳水化合物供人体之需，因此，胖人比瘦人耐饥饿、耐消耗。

③维持体温，保护器官。脂肪是热的不良导体，分布在皮下的脂肪可减少体内热量的过度散失，对维持人的体温和御寒起着重要的作用，如胖人怕热耐寒。而分布在器官、关节和神经组织等周围的脂肪组织，起着隔离层和填充衬垫的作用，可以保护和固定器官，如发生于瘦人身上的肾下垂、胃下垂都是因为肾周围、胃周围脂肪少导致的。

④促进脂溶性纤维素的吸收，增加食欲和饱腹感。脂肪能协助脂溶性纤维素的吸收，如维生素A、D、E、K及胡萝卜素等，必须溶解在脂肪中，才能被输送和吸收，离开脂肪，这些维生素的吸收利用就无法进行。

⑤供给必需的脂肪酸，调节生理功能。必需脂肪酸是指人体不可缺少又不能自身合成，必须由食物供给的多种不饱和脂肪酸，包括亚油酸、亚麻酸、花生四烯酸。必需脂肪酸是组织细胞的组成成分，尤其是线粒体和细胞膜，它又是合成人体内前列腺素的原料。必需脂肪酸能促进胆固醇代谢，防止胆固醇在肝脏和血管壁上沉积，对预防脂肪肝及心血管疾病有着重要作用；能防止放射线辐射所引起的皮肤损害，对皮肤有保护作用。

总之，脂肪对人的生命活动有着非常重要的作用，是人体不可缺少的营养素。害怕发胖而拒食含脂肪较多的食物的做法是不对的；同时，贪图口服，嗜食膏粱厚味的做法也是不可取的。

（3）脂类的来源

人类膳食脂肪主要来源于动物的脂肪组织、肉类和植物种子（图4.25）。

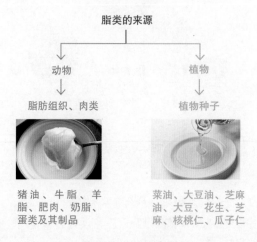

图4.25　脂类的来源

动物脂肪含饱和脂肪酸和单不饱和脂肪酸相对较多。动物油的脂溶性维生素含量较高，且色香味优于植物油，但消化率低于植物油，牛油和羊脂的消化率更差。常食用的动物油有猪油、牛脂、羊脂、肥肉、奶脂、蛋类及其制品。

植物油的熔点和凝固点较动物油低，不饱和脂肪酸和必需脂肪酸的含量较高，容易被人体消化吸收。植物性食用油主要有菜油、大豆油、芝麻油、大豆、花生、芝麻、核桃仁、瓜子仁等。

奶油是从全脂鲜牛乳中分离的，脂肪含量为20%左右。黄油是将奶油进一步离心搅拌制得的，脂肪含量约为85%，易被人体吸收利用。奶油和黄油中，胆固醇和饱和脂肪酸的含量也较高。

含磷脂丰富的食品有蛋黄、肝脏、大豆、麦胚和花生等，含胆固醇丰富的食物有动物脑、肝及肾等内脏和蛋类，肉类和奶类也含有一定量的胆固醇。

目前，随着人们生活水平日益提高，脂肪摄入量有升高的趋势。当摄取热能超过消耗的需要，可引起超重或肥胖甚至高血压、高血脂、动脉粥样硬化、冠心病、糖尿病、胆结石、乳腺癌等疾病。因此，脂肪摄入量不宜过高。

4.4.4 蛋白质

蛋白质是建造人体的重要原料，一切重要的生命现象和生理机制都与蛋白质相关，人体的神经、肌肉骨骼、甚至毛发没有一处不含蛋白质，体内各种组织成分的自我更新都离不开蛋白质，所以没有蛋白质就没有生命。

蛋白质是一种化学结构非常复杂的含氮的有机高分子化合物。人体中的蛋白质分子多达10万种，元素分析结果显示，蛋白质一般含碳、氢、氧、氮和少量硫。有些蛋白质还含有一些钙、磷、铁、锌、铜、锰、铬、镁等其他元素。不同的蛋白质分子结构和分子量差别很大，但各种蛋白质中氮的含量较恒定，平均为16%，这也是蛋白质元素组成的一个特点，也是凯氏定氮法测定蛋白质含量的计算基础。通过测定氮元素的含量就可以分析蛋白质的大致含量（即粗蛋白% = N% × 6.25）。

牛奶中含有丰富的蛋白质，其含量在3.4%左右，蛋白质含量是衡量乳制品的重要指标之一。2008年中国毒奶粉事故是一起震惊中外的食品安全事故，事故起因是很多食用三鹿集团生产的奶粉的婴儿被发现患有肾结石，随后在其奶粉中发现化工原料三聚氰胺，为此这起事故也称"三聚氰胺事件"。三聚氰胺俗称密胺，蛋白精，IUPAC命名为1，3，5-三嗪-2，4，6-三胺，是一种三嗪类含氮杂环有机化合物，其含氮量达到66.7%。"三聚氰胺事件"就是不法分子在奶制品中非法添加了三聚氰胺，人为地提高了奶粉的含氮量，造成蛋白质含量的虚假提高，对婴儿造成伤害。

（1）蛋白质的生理功能

蛋白质与生命健康的关系表现如下（图4.26）。

①构成体内生命活性物质。构成人体新陈代谢的千千万万个化学反应绝大多数都是在酶的催化下进行的，每一种酶均有自己的独特功能，如唾液淀粉酶将淀粉转化为麦芽糖；胃蛋白酶消化食物中的蛋白质等。蛋白质也是激素的主要成分，激素是在机体特殊部位加工合成的高效能物质，如胰岛素调节血糖；生长素由脑垂体分泌，7种生长因子负责生长发育；还有催乳素；等等。

②参与生理活动。心脏跳动、呼吸运动、胃肠蠕动以及日常各种劳动做功等，都离不开肌肉的收缩，而肌肉的收缩又离不开具有肌肉收缩功能的肌纤维蛋白质。有一种叫"重症肌无力"的病，是由于神经肌肉接头处的功能障碍而使肌肉失去了正常收缩功能，而发生进行性萎缩，影响走路，严重时还不能自动翻身，甚至使呼吸肌无力收缩而死亡。

图4.26　蛋白质的生理功能

③参与氧和二氧化碳的运输。在生命活动中，血红蛋白是将氧气供给全身组织，同时将新陈代谢所产生的二氧化碳排出体内的运输工具。蛋白质与铁是血红蛋白的主要成分，而血红蛋白又是红细胞的主要成分，也是红细胞行使特异功能的物质基础。血红蛋白和氧气不足，可导致身体缺氧，进而免疫功能下降，产生疾病。

④参与维持人体的渗透压。血浆中有多种蛋白质，对维持血液的渗透压、维持细胞内外的压力平衡起着重要作用。血浆蛋白质不足便会使水分从毛细血管跑到细胞组织中，出现水肿。肾病患者往往出现水肿，就是因为大量的蛋白质随尿液流失，使血浆中蛋白减少。

⑤构成抗体的原料，具有防御功能。血浆中含有多种抗体，如丙种球蛋白，这是一种具有防御功能的蛋白质。如果人体缺少它，就会影响免疫功能，受到细菌或病毒侵袭而生病。

⑥构成体内的支架作用。人体骨骼肌肉、皮肤等各个部位都存在胶原蛋白，骨骼中的胶原蛋白可使骨骼既坚硬又有弹性。

（2）蛋白质互补作用

经研究发现，当人体从食物中摄入蛋白质，经消化吸收后，其氨基酸的含量组成越接近人体合成蛋白质的需要时，它们在人体内的利用率就越高。单一食物蛋白的氨基酸组成不可能完全符合人体需要的模式比例，可能有某一种或几种必需氨基酸含量缺乏或相对不足，造成其氨基酸比例不当，影响机体对该蛋白质食物的吸收利用。

但将多种食物蛋白混合食用，它们之间就可以相互补充各自必需氨基酸的不足，以提高整个膳食蛋白质的营养价值，这种作用称为蛋白质的互补作用。日常生活中，玉米、小麦、大豆混合制成的窝窝头、杂合面，五谷杂粮煮成的腊八粥，用面筋、香干、木耳、香菇、卷心菜煮成的素什锦、菜包子，婴儿食品中加鱼粉和肉食品等，都是蛋白质互补的例子。另外，动、植物性食物蛋白混合食用比单纯植物蛋白混合食用更好。

为了使蛋白质的互补作用得以充分发挥，应注意食物品种多样化，要荤素膳配，如米、豆与畜、禽、鱼、蛋、奶等互相搭配吃。因合成组织蛋白质所需的氨基酸必须同时到位，才能充分发挥氨基酸的互补作用。

（3）蛋白质的来源

食物中的蛋白质来源于植物和动物（图4.27）。植物蛋白质以大豆含量为最高，其次是小麦、小米、高粱、玉米、大米等。肉类则以鸡肉含动物蛋白量为最高。干贝是水生动物中含蛋白质最高的食品，其次为鲤鱼。动物性食品蛋白质的生理价值一般都比植物性食品的生理价值高，其中，以鸡蛋最高，牛乳次之，植物性食品蛋白质的生理价值以大米、白菜较高。一个人如果每天吃500 g主食，再吃点豆类或肉、蛋、奶、鸡、鱼等副食品，这些东西所含的蛋白质是比较容易达到需要量的。蛋白质的生物价值也可受到其他因素的影响，如加工方法、个体的消化吸收差异等，例如，臭豆腐是经过发酵与高温使蛋白质充分分解为氨基酸，从而使机体容易消化吸收。

图4.27　蛋白质的来源

4.4.5　维生素

维生素也称维他命，是指生物的生长和代谢所必需的一类微量小分子有机化合物，也是人体生长和健康所必不可少的营养素。维生素是由波兰的科学家丰克命名的，丰克称它为"维持生命的营养素"。

维生素的种类很多，化学结构的差异也很大，一般按其溶解性可分为脂溶性维生素和水溶性维生素两大类。脂溶性维生素是指溶于脂肪及有机溶剂的维生素，常见的有维生素A、维生素D、维生素E、维生素K等。水溶性维生素是指能在水中溶解的维生素，常见的有维生素C、维生素B_1、维生素B_2、维生素PP、维生素B_6、泛酸、生物素、叶酸、维生素B_{12}和硫辛酸等。脂溶性维生素都不溶于水，可随脂肪为人体吸收并在体内储积，排泄率也不高。而水溶性维生素不溶于脂肪或脂溶剂，吸收后体内储存很少，过量的多随尿液排出。各种维生素的化学结构以及性质虽然不同，但却有着以下共同的特点，如图4.28所示。

一是维生素在人体内虽然不能提供能量，也不参与人体细胞、组织的构成，但却参与调

节人体的新陈代谢，促进生长发育，预防某些疾病，并能提高人体抵抗疾病的能力。

二是大多数的维生素，机体不能合成或合成量不足，必须经常通过食物获得以满足机体的需要。

三是人体对维生素的需要量很小，日需要量常以mg或μg计算，但一旦缺乏就会引发相应的维生素缺乏症，对人体健康造成损害。

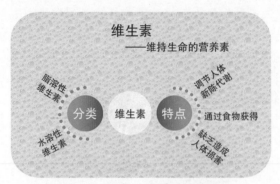

图4.28　维生素的分类及特点

（1）维生素A

早在1 400多年前，唐朝孙思邈在《千金方》中记载动物肝可以治疗夜盲症。1913年，美国化学家台维斯从鳕鱼肝脏中提取到鱼肝油，并发现鱼肝油可以治愈干眼病。1920年英国科学家曼俄特将其正式命名为维生素A，又名视黄醇或抗干眼醇，它是一种在结构上与胡萝卜素相关的脂溶性维生素，主要有维生素A_1及维生素A_2两种。

维生素A能够保护视力，维持上皮细胞的正常结构，促进骨骼的生长发育，并增强机体免疫力。缺乏维生素A可造成夜盲症和干眼病，容易造成皮损伤，皮肤和头发也会变干燥，出现头皮屑，影响生殖功能，降低机体免疫机能，并影响骨骼和牙齿健康，癌症发病率增加，影响铁的吸收，与缺铁性贫血关系密切。维生素A摄取过量会造成急慢性中毒，如极度过敏、骨脱钙、脑压增高、视线模糊、肝脾肿大等症状，所以维生素A的摄取要适量。

含维生素A丰富的食物主要有动物的肝脏、牛奶、黄油、蛋黄以及鱼肝油（图4.29）。植物中的胡萝卜素在人体内也可以转变为维生素A。多食用一些黄色或红色的蔬菜水果，如胡萝卜、西红柿、南瓜、芒果、柑橘等有利于补充维生素A。因为维生素A和胡萝卜素都不溶于水，而溶于脂肪，所以将含维生素A和胡萝卜素的食物同脂肪一起摄入，有利于促进它们的吸收。

图4.29　含维生素A的食物

（2）维生素 B_1

维生素 B_1 也称硫胺素、抗神经炎素或噻嘧胺。它是最早被人们提纯的维生素，1896年，由荷兰科学家伊克曼首先发现，1910年由波兰化学家丰克从米糠中提取和提纯。它是白色粉末，有特殊香味，味微苦，易溶于水，在酸性溶液中稳定，遇碱易分解。

在人体内，维生素 B_1 主要以辅酶形式参与糖的分解代谢，有保护神经系统、防止神经组织萎缩和退化、预防和治疗脚气病、促进肠胃蠕动、增加食欲的作用。缺乏维生素 B_1 时，患者的神经末梢有发炎和退化现象，并伴有四肢麻木、肌肉萎缩、心力衰竭、下肢水肿等症状。

由于维生素 B_1 是水溶性维生素，多余的维生素 B_1 不会储藏于体内，而会完全排出体外。所以，必须每天补充。在生病、生活紧张、接受手术时，更要增加用量。如图4.30所示，维生素 B_1 主要存在于种子的外皮和胚芽中，如米糠和麸皮中含量很丰富，瘦肉、白菜和芹菜中含量也较丰富。

图4.30 含维生素 B_1 的食物

（3）维生素 B_2

1879年，英国著名化学家布鲁斯发现牛奶的上层乳清中存在一种黄绿色的荧光色素，但都无法识别。1933年，美国科学家哥尔倍格等从1 000多公斤牛奶中得到18 mg这种物质，后来人们因为分子式上有一个核糖醇，把它命名为核黄素，即维生素 B_2。维生素 B_2 又称"维生素G"。它是一种橘黄色针状晶体，味道苦，微溶于水，极易溶于碱性溶液中，且遇碱容易分解，对光不稳定，是体内许多重要辅酶类的组成成分。

维生素 B_2 的主要生理功能是参与糖类、蛋白质、核酸和脂肪的代谢，可提高肌体对蛋白质的利用率，促进生长发育，是肌体组织代谢和修复的必需营养素。另外，它可以强化肝功能、调节肾上腺素的分泌；保护皮肤毛囊黏膜及皮脂腺；预防口角炎、舌炎；促进皮肤、指甲、毛发的生长；增强视力、减轻眼睛的疲劳；防治缺铁性贫血。轻微缺乏维生素 B_2 不会引起人体任何严重疾病。但是严重缺乏时，体内的物质代谢会发生紊乱，出现口角炎、皮炎、舌炎、脂溢性皮炎、结膜炎和角膜炎等。

如图4.31所示，维生素 B_2 的食物来源主要有动物内脏（肝、肾、心等）、瘦肉、酵母、乳及蛋类食物，豆类、糙米、硬果类和叶菜类也含有较多的维生素 B_2。

建议成人每日摄取量是1.7 mg，但常处于紧张状态的人及妊娠中、哺乳期的妇女需要适

当增加维生素B_2的摄取量。

图4.31　含维生素B_2的食物

（4）维生素 B_6

1926年科学家发现当某一种维生素在饲料中缺乏时，会使小老鼠诱发糙皮病，后来此物质在1934年被定名为维生素B_6，但到1938—1939年才被分离出来。维生素B_6是所有呈现吡哆醛生物活性的3-羟基-2-甲基吡啶衍生物的总称，主要是吡哆醛、吡哆胺和吡哆醇。它是无色晶体，易溶于水及乙醇，在酸液中稳定，在碱液中易被破坏。吡哆醇耐热，吡哆醛和吡哆胺不耐高温，在自然界分布广泛。

维生素B_6是肌体内许多重要酶系统的辅酶，其主要生理功能是帮助脂肪代谢，并协助氨基酸及碳水化合物代谢，促进汗腺、精神组织、骨髓、男性性腺、皮肤及毛发的正常运作和生长，维持皮肤正常功能，减轻湿疹、皮肤发炎症状，缓和肌肉疼痛。缺乏维生素B_6时会引起食欲不振、失重、呕吐、下痢等症状，严重缺乏时会导致粉刺、贫血、关节炎、忧郁、头痛、掉发等病症。如果孕妇缺乏维生素B_6，常造成婴儿体重不足，容易发生痉挛、贫血、生长和智力发育缓慢等现象，所以孕妇在怀孕期间应适当补充维生素B_6，以供给胎儿发育的需要，同时也可以治疗妊娠期的恶心和呕吐，维生素B_6也可用于缓解受放射性照射而引起的呕吐及乘车船引起的呕吐，还可用作癫皮病及其他营养不良症的辅助治疗。

经研究，米糠含有较丰富的维生素B_6，用酒精溶液浸取米糠，再经过分离、提纯，可以得到较纯的维生素B_6。如图4.32所示，各种动物肝脏、谷类、豆类、蛋类、酵母、干果都含有维生素B_6。

图4.32　含维生素B_6的食物

（5）维生素B$_{12}$

1948年美国的化学家雷克斯和英国的化学家史密斯，几乎同时从肝脏中提取并精制成一种红色结晶物，此结晶物被证明是一种人体营养必需的物质，被命名为维生素B$_{12}$，又称钴胺素。维生素B$_{12}$是唯一含有金属的维生素，属于水溶性维生素，为深红色结晶，有吸湿性，遇氧化还原性物质失效，对酸、碱及光照都不稳定。

维生素B$_{12}$是抗恶性贫血维生素，它抗脂肪肝，促进维生素A在肝中的储存，促进细胞发育成熟和机体代谢。缺乏维生素B$_{12}$的主要表现是巨幼红细胞贫血和高同型半胱氨酸血症，如恶性贫血（红血球不足）等，也可以引起恶心，食欲不振，体重减轻，唇、舌及牙龈发白，牙龈出血，头痛，记忆力减退，痴呆等症状。

维生素B$_{12}$与其他B族维生素不同，一般植物中含量极少，仅由某些细菌及土壤中的细菌生成。膳食中的维生素B$_{12}$通常来源于动物性食品（图4.33）。它在动物的肝脏中含量最多，其次为心脏、肾脏、肉、奶、蛋。因此不吃肉类可造成维生素B$_{12}$缺乏。老年人和胃切除患者胃酸过少也可引起维生素B$_{12}$的吸收不良。

人体对维生素B$_{12}$的需要量极少，每天约需12 μg。

图4.33　含维生素B$_{12}$的食物

（6）维生素C

13世纪至20世纪初，人们发现航海员很容易得坏血病死去，但如果饮食中增加水果和蔬菜，这种病就会慢慢好转，起初人们并不知道这是为什么。直到1912年波兰裔美国科学家卡西米尔·冯克提出了维生素的理论，并认定自然食物中含有的维生素C可以防治坏血病，其实这种维生素C于1907年已经由挪威化学家霍尔斯特在柠檬中发现，并于1934年获得纯品。

维生素C又称抗坏血酸，为无色晶体，味酸，易溶于水和乙醇，属于水溶性维生素，其水溶液呈酸性。性质不稳定，不耐热，易被空气氧化，对光稳定性差。在酸性溶液中稳定，在中性或碱性溶液中易被氧化分解。铁、铜等金属离子能够加速其氧化速度。因此，维生素C在储存、腌渍和烹调中都易被破坏。

维生素C能参加体内氧化还原过程，维持结缔组织的正常代谢，促进人体各种支持组织的生长发育，增强人体对疾病的抵抗能力；能增强细胞间质的黏度，促进细胞间质中胶原（即细胞间黏合物）的形成，有助于防御癌细胞侵袭与扩散；能维持牙齿、骨骼、血管和肌肉的正常功能；能将难以吸收利用的三价铁还原成二价铁，促进肠道对铁的吸收，提高肝脏对铁的利用率，因而对缺铁性贫血的治疗有一定的作用；能在体内维持肝脏微粒体酶的活力，保护酶系统免受毒物破坏，从而起到解毒作用，又被誉为"解毒剂"；能促进肝脏内胆固醇转变为能溶于水的胆酸盐而增加排出量，从而降低胆固醇的含量，预防动脉硬化；能够阻断亚硝酸盐和仲胺形成强致癌物亚硝胺，具有防治肿瘤的功能。如图4.34所示。

参加体内氧化还原过程　增强细胞间质的黏度　维持牙齿、骨骼、血管和肌肉正常功能　治疗贫血　参与解毒功能　预防动脉硬化　防癌

图4.34　维生素C的生理功能

当人体中缺少维生素C时会发生坏血病，出现牙龈、毛囊及周围出血，严重者皮下、肌肉及关节出血；容易感染疾病，创伤不易愈合；骨骼畸形，关节增大，心肌衰退；对葡萄糖的忍耐性下降；腿脚不灵、性格沉闷、抑郁或歇斯底里等问题。

但长期过量摄入维生素C可诱发肾结石、生殖衰竭，诱发依赖维生素C综合征。

维生素C主要来自新鲜蔬菜和水果，其中辣椒、猕猴桃、橘子、柠檬、番茄中含量最为丰富。美国专家认为，每人每天维生素C的最佳用量应为200～300 mg，最低不少于60 mg，半杯新鲜橙汁便可满足这个最低量。只要每天多吃蔬菜，就能满足人体的需要。

但需注意新鲜蔬菜不要长时间在水中浸泡，以免维生素C受损失。在加工过程中应尽量避免使蔬菜跟铜器接触。植物体内的维生素C易与空气中的氧气发生氧化作用，当温度较高时，这种作用越发强烈。因此，在炒青菜时最好用急火快炒，有利于保护维生素C不受破坏。

（7）维生素D

早在1824年，就有人发现鱼肝油在治疗佝偻病中有重要作用。1918年，英国的梅兰比爵士证实佝偻病是一种营养缺乏症，但他误认为是缺乏维生素A所致。直到1926年，化学家卡尔从鱼肝油中提取得到维生素D。维生素D的发现其实就是人们与佝偻症抗争的结果。

维生素D又称"抗软骨病维生素"，是类固醇化合物。已经确知的有维生素D_2、维生素D_3、维生素D_4、维生素D_5。这四种维生素的分子具有共同的核心结构，仅支链不同。其中维生素D_2和维生素D_3的生理活性较高。人体内维生素D主要是由7-脱氢胆固醇经紫外线照射而转变，称为维生素D_3或胆钙化醇。植物中的麦角固醇经紫外线照射后可产生另一种维生素D，称为维生素D_2或钙化醇。维生素D为无色晶体，不溶于水而溶于油脂及脂溶剂，性质稳定，不易被酸、碱或氧化剂所破坏。

维生素D能够促进肠内钙和磷的吸收，调节代谢，维持血钙水平和磷酸盐水平，从而促进骨骼、牙齿的钙化和正常发育。同时维持血液中柠檬酸盐的正常水平，防止氨基酸通过肾脏损失。

如果体内缺少维生素D，即使饮食里含有足够的钙和磷也不能正常地被吸收，骨骼也不能正常地钙化，就会导致骨骼软弱、易变形，在机体的压力下造成"O"形腿、鸡胸，导致幼儿患上佝偻病；成人患上软骨病。

但如果摄入维生素D过量，可导致钙在肠内的吸收过多，从而在心脏、肾小管等软组织内不规则地沉积而钙化，引起过度口渴、厌食、恶心、体弱、便秘、关节疼痛、肌肉乏力、血钙过多等综合征。钙沉积在关键器官可能会引起功能失常，对健康和生命带来严重后果。因此，对于健康人群，只要坚持户外活动或者经常进行日光浴并适当食用含维生素D的食物，不必另外补充维生素D。

维生素D在牛奶、肝、肾、脑、皮肤组织中都含有，但鱼肝油和蛋黄中含量最丰富，而植物体内不含维生素D。成年人每日摄取维生素D的量是5 μg，但妊娠期和哺乳期女性应当增加1倍左右的摄入量。

（8）维生素E

1922年，人们发现一种脂溶性膳食因子对大白鼠的正常繁育必不可少。1924年这种因子被命名为维生素E（图4.35），直到1936年，维生素E才被分离出结晶体，在1938年正式被人工合成。

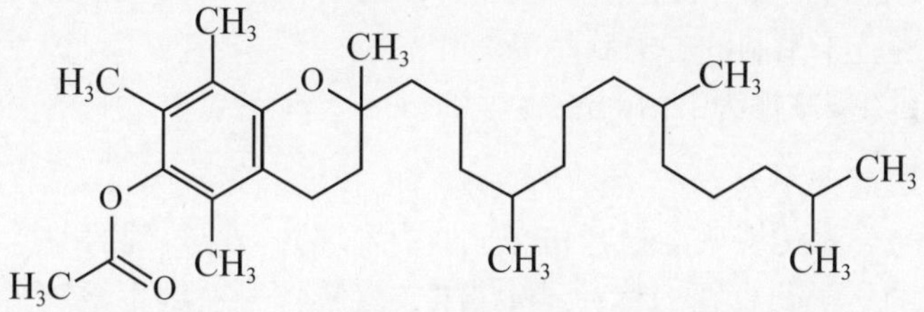

图4.35 维生素E

由于维生素E能促进人体内黄体激素的分泌，具有抗不育活性，所以又称为"抗不育维生素"或"生育酚"。它是不溶于水的脂溶性维生素，对酸、碱、热都比较稳定，即使在高温下加热也不易被破坏，但可以被紫外线破坏。

维生素E能促进性激素分泌，使男子精子活力和数量增加，女子雌性激素浓度增高，提高生育能力，预防流产，防治男性不育症；提高免疫力，保护神经系统、骨骼肌、视网膜以及机体细胞免受自由基的毒害；抗氧化作用，预防过早衰老；稳定细胞膜和细胞内脂类部分，减低红细胞脆性，保持红细胞的抗溶血能力，防止溶血；改善脂质代谢，抑制细胞膜脂质的过氧化反应，抑制血小板在血管表面凝集和保护血管内皮的作用，促进毛细血管及小血管的增生，改善周围循环，防止形成动脉粥样硬化；还可抑制眼睛晶状体内的过氧化脂反应，使末梢血管扩张、改善血液循环，预防近视的发生和发展（图4.36）。

图4.36　维生素E的生理功能

当人体中缺少维生素E时会造成贫血；引起流产或早产；造成肌肉萎缩；导致动脉硬化和关节炎等疾病；使癌症发病率增加；造成机体的衰老。摄入过量维生素E可能会抑制生长，损害凝血功能和甲状腺功能，过量的维生素E还可使主动脉胆固醇沉积增加，肝脏的脂肪蓄积，耐受酒精能力下降。

富含维生素E的食物主要有植物油料、豆类、鸡蛋、牛肝、坚果类、丝瓜、南瓜、添加营养素的面粉、全麦、未精制的谷类制品等。

成人每日摄取维生素E量为8～10 mg。

（9）维生素K

1929年，丹麦化学家达姆从动物肝和麻子油中发现并提取得到的一类含有萘醌类结构并具有一定生物活性的一类化合物，称为维生素K，又称"凝血维生素"。维生素K为黄色晶体，熔点52～54 ℃，呈油状液体或固体，不溶于水，能溶于油脂及醚等有机溶剂。维生素K的化学性质稳定，能耐热、耐酸，但易被碱和紫外线分解。维生素K分为两大类：一类是脂溶性维生素，即从绿色植物中提取的维生素K_1和维生素K_2；另一类是水溶性的维生素，由人工合成即维生素K_3和维生素K_4。最重要的是维生素K_1和维生素K_2。

维生素K主要参与并促使体内凝血酶原等凝血因子的生成，是四种凝血因子在肝内合成必不可少的物质。维生素K能促进血液凝固，缺乏者凝血时间延长；可增加肠道蠕动和分泌功能。维生素K_2可治疗和预防骨质疏松，预防肝硬化进展为肝癌，具有利尿、强化肝脏的解毒功能，并能降低血压。

缺乏维生素K时，平滑肌张力及收缩减弱，影响一些激素的代谢。在临床上维生素K缺乏常见于胆道梗阻、脂肪痢、新生儿出血等病症。

人体需要的维生素K的来源主要有两方面：一是由肠道细菌合成（维生素K_2），占50%～60%；二是从食物中获得（维生素K_1），占40%～50%，绿叶蔬菜含量高，其次是奶及肉类，水果及谷类含量低，牛肝、鱼肝油、蛋黄、乳酪、海藻、紫花苜蓿、绿叶蔬菜、大豆油等均含有。

成年人每日摄取维生素K的量是70～140 mg。

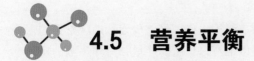

4.5　营养平衡

4.5.1　营养与人体健康

"营养"一词对于人们来说并不陌生，营养比较专业的解释是人体摄取、消化、吸收和利用食物中的营养物质以满足自身生理需要的生物学过程。营养也是人类赖以生存并达到健康目的的前提条件和唯一手段。营养与人体健康之间有着密切的联系。

（1）合理营养

传统观念对健康的理解是"没有疾病就是健康"，随着社会的发展、科技的进步和人类对自身认识的加深，人们对健康的认识更为全面和深刻。与此同时，世界卫生组织（WHO）也对健康进行了诠释："健康不仅指没有疾病，而且包括躯体健康、心理健康、社会适应良好和道德健康。"

一个人的健康状况是受很多因素影响的，如生物遗传因素、生活方式、环境因素、饮食营养、嗜好习惯、体育锻炼、精神状态等，在这些因素中饮食营养是最基本、最经常起作用的因素之一。

合理的营养可以促进机体发达。随着经济的快速发展，我国人民的生活逐步得到了改善，青少年的身体素质也有了明显的提高。据2009年在北京召开的全国学生常见病调查总结表彰大会披露的数据，从20世纪80年代以来，中国7～17岁青少年的平均身高男女分别增长6.9 cm和5.5 cm；体重分别增长了6.6 kg和4.5 kg。由此可见，营养的摄入及配比的科学性对人的身高是极其重要的因素。

合理的营养可以促进智力发育。人的中枢神经系统、大脑的发育与营养密切相关，营养能为神经细胞和脑细胞合成各种重要成分提供所需的物质，促进智力发育，特别是对婴儿大脑发育尤其重要。这是因为人类大脑发育最快的时期是妊娠第3个月至出生后6个月，1岁左右胎儿脑细胞数目已达140亿个左右，大脑质量约为400 g，此后脑细胞数目不再增加，只是脑细胞的体积和重量继续快速增长，到4岁后大脑的重量已增至1 200g（成年人的大脑为1 300～1 500 g），其大脑质量已达成年的80%。10岁儿童的大脑质量已达到成年人的95%。由于幼儿大脑的发育速度比身体的其他任何组织都要快，因此要使幼儿的脑组织正常地发育，需要有足够的营养，如果幼儿时期营养不良，将会影响脑细胞的分裂和生长，使脑细胞数目减少、体积缩小，严重阻碍大脑的发育。幼儿时期大脑发育的障碍在成年之后是无法弥补的，可见合理营养对大脑发育是很重要的。

合理的营养还可减少疾病，因为营养不足或缺乏可直接或间接引起某些疾病。例如，维生素D和钙缺乏引起佝偻病，机体缺铁导致贫血，缺碘引起甲状腺肿等。营养不良使机体免疫力下降、抵抗力降低、传染病的发病率增多、病程延长，影响健康，甚至还可影响内分泌功能，容易引起孕妇流产、出现先天性畸形或死胎等。

总之，营养不良将直接影响个体发育，降低健康水平，所以，营养问题是人类生存中至关重要的问题之一。

（2）营养不良

营养不良包括两个方面，即营养素摄入不足和营养结构失衡。经济欠发达地区常见的营养不良多因长期食物中的能量不足，靠消耗体内的脂肪以维持每日所需能量，身体逐渐消瘦，皮下脂肪减少甚至消失。成人体重下降、肌肉萎缩；小儿体重增长缓慢或不增长，甚至下降。

蛋白质缺乏常与热能不足同时存在，严重者可有营养不良性水肿。在经济欠发达地区除以上宏量营养素缺乏外，还常同时伴有多种微量营养素的缺乏，故可同时有各种相应的缺乏症状。各种营养素缺乏使患者免疫功能降低，易患各种感染性疾病，死亡率增高，为发展中国家尤其是亚非拉贫穷国家的多发病。

在经济发达地区，常见的营养不良表现为营养结构失衡。这种失衡是指蛋白质、脂肪等热量食物摄入过多和某些微量营养素摄入不足，使一些"富贵病"，如肥胖症、糖尿病、高血压、心血管疾病发病率迅速升高，并有年轻化的趋势。营养不良的具体表现主要有消瘦，皮下脂肪减少甚至消失，并伴有不同程度的肌肉萎缩，皮肤弹性降低，体重下降。正在成长中的小儿及少年，开始时体重停止增长，继之体重下降；体力下降、易疲倦、乏力、精神差、记忆力减退。严重的小儿患者，智力发育会出现滞后；发生水肿，蛋白质缺乏，轻者无水肿，严重者可有水肿，但程度不一，下肢及面部较明显，甚者会有全身水肿；免疫功能降低，营养不良严重者易患各种感染性疾病，与营养状况良好者相比较，其感染的严重度较大、死亡率也较高；合并其他营养素缺乏。营养不良者常合并程度不等的贫血、维生素A缺乏及锌缺乏等症状。

4.5.2 营养平衡的方法

人体对营养的最基本要求是：供给热量和能量，使其能维持体温，满足生理活动和从事劳动的需要；构成身体组织，供给生长、发育及组织自我更新所需要的材料；保护器官机能，调节代谢反应，使身体各部分工作正常进行。

获取营养的最直接途径是饮食，食物的营养功用是通过蛋白质、脂类、糖类、维生素、矿物质以及水和食物纤维所含有的营养成分来实现的。目前已知人体必需的物质有50种左右，而现实中没有一种食品能按照人体所需的数量和所希望的适宜配比来提供营养素。

因此，为了满足人体对营养的需要，我们必须摄取多种多样的食品，做到饮食品种多样化，找出最有益并且可口的食品配比。如果膳食所提供的营养（热能和营养素）能和人体所需的营养恰好一致，即人体消耗的营养与从食物获得的营养达到平衡，这就称为营养平衡。

在"吃"上应该如何掌握好平衡呢？中国营养学会专家提出膳食宝塔的结构（图4.37），即每人每天应吃的主要食物种类。人们发现膳食宝塔各层位置和面积不同反映出的是各类食物在膳食中的地位和应占的比重。居底层应吃的为谷类200～300 g，薯类50～100 g；

居第二层应吃的为蔬菜300～500 g和水果200～350 g；居第三层应吃的为鱼、禽、肉、蛋等动物性食物120～200 g（每周至少2次水产品，每天1个鸡蛋）；居第四层应吃的为奶类和豆类食物，相当于300～500 g鲜奶的奶类及奶制品和25～35 g大豆及豆制品；第五层塔顶是烹调油不超过25～30 g和食盐不超过5 g。概括地说就是：要吃得杂、吃得广、吃得匀，不要偏食、挑食。具体还应注意以下几个方面的搭配平衡。

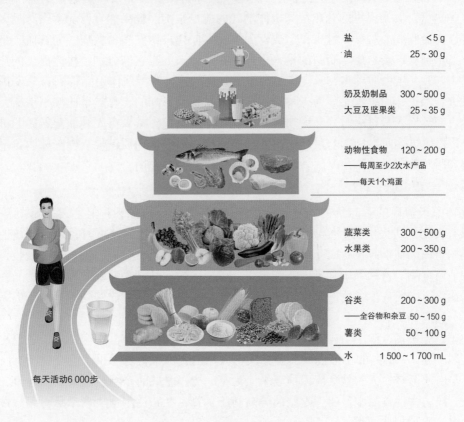

图4.37　中国居民平衡膳食宝塔

（1）主副平衡

谷物类主食，含有丰富的淀粉，这是一种复杂糖类，在人体内经过新陈代谢可以释放出能量，维持肌体的体力活动和脑力活动。随着人们生活水平的提高，餐桌上副食的比例大大增加，人们的饭量却越来越少，如果主食不主，常会引起能量代谢失衡。因为淀粉提供的能量占人体总能量的2/3，所以人一天至少应食200 g谷物。同时人体需要的营养是多方面的，目前市场上粮食以精米、精面为主，人们要有意识地吃些杂粮、粗粮，还要多吃低脂肪、高蛋白、多维生素的食物，这样才能保持营养的平衡。

（2）荤素平衡

荤素平衡合理的膳食结构应该是以素食为主的荤素组合，纯素食当然很难满足人体对营养的全面需要，但过多食用动物性食物则是引发"文明病"的主要原因。荤素食物，前者含有后者较少甚至缺乏的营养成分，如维生素B_{12}等，常吃素者易患贫血、结核病。素食，含纤维素多，抑制锌、铁、铜等重要微量元素的吸收，含脂肪过少。为此长期吃素，危害儿童发育（特别是脑发育），导致少女月经初潮延迟或闭经，也会祸及老人，导致胆固醇水平过低而遭受感染与癌症的侵袭。

（3）热量平衡

糖类、蛋白质、脂肪均能为机体提供能量，称为热量营养素。热量平衡有两方面的含义，一是热量营养素提供的总热量与机体消耗的能量平衡。如果热量营养素供给过多，将引起肥胖、高血脂和心脏病，过少，造成营养不良，同样可诱发多种疾病，如贫血、结核、癌症等。二是糖类、蛋白质、脂肪的摄入量的比例平衡。如当它们分别给机体提供的热量为：糖类约占70%、蛋白质约占15%、脂肪约占25%时，各自的特殊作用能得到充分发挥并互相起到促进和保护作用。这是因为三种热量营养素是相互影响的，总热量比例不平衡，也会影响健康。糖类摄入量过多时，会增加消化系统和肾脏负担，减少摄入其他营养素的机会。蛋白质热量提供过多时，则影响蛋白质正常功能发挥，造成蛋白质消耗，影响体内氨平衡。而当糖类和脂肪热量供给不足时，就会削弱对蛋白质的保护作用。

（4）氨基酸平衡

食物中蛋白质的营养价值，基本上取决于食物中所含有的8种必需氨基酸的数量和比例。只有食物中所提供的8种氨基酸的比例与人体所需要的比例接近时，才能有效地合成人体的组织蛋白。比例越接近，生理价值越高，生理价值接近100时，即100%被吸收，被称为氨基酸平衡食品。自然界中除了人奶和鸡蛋之外，多数食品都是氨基酸不平衡食品。所以，在日常饮食当中要提倡食物的合理搭配，以此来纠正氨基酸构成比例的不平衡，提高蛋白质的利用率和营养价值。

关于营养平衡，除了主副平衡、荤素平衡、热量平衡、氨基酸平衡之外，还要注意季节平衡（图4.38）。不同的季节气候差别较大，人们的食欲也会随着季节的变化而有所变化，如：春季由寒渐暖，人的饮食应以清温平淡为宜，要多吃些时令绿色蔬菜，如春笋、菠菜、芹菜等；在动物性食品中，要少吃肥肉等高脂肪食物；在味道上应少食辛辣等刺激性食品，尤其少喝或不喝烈性酒类。

夏季气温升高，天气炎热，人的食欲会降低，胃酸分泌减少，消化能力也因此减弱，一般人都厌食肥腻和油腻的食物。所以，在膳食的调配上，要尽量增加食欲，不偏食，使身体能够得到足够全面的营养。这就要精心制作和加工食品，注意食品的色、香、味。另外，夏季应少吃些肉制食品，多吃一些凉拌菜及咸鸡蛋、咸鸭蛋、豆制品、芝麻酱、绿豆、西瓜、各种水果、清凉饮料等。在调味方面，可适量食用一些蒜、芥末等，这样既可增进食欲，又可起到杀菌、清瘟的作用。

图4.38 营养季节平衡

秋季空气比较干燥，气温渐爽，人们从暑热中走出，食欲逐步提高。秋季又俗称收获的季节，食品种类丰富，不仅瓜果、蔬菜类很多，鱼、肉、蛋类也不少。因此，在膳食调配上，只要注意平衡就可以了。主食注意粗细粮搭配、干稀搭配；副食则同样要注意生熟搭配、荤素搭配。只有变换食用，才能保持人体的酸碱平衡，保证人体摄取必需的微量元素。另外，秋季在调味品上可适当用些辛辣品，如辣椒、胡椒、少量酒类等，以去除春夏以来的暑湿。

冬季由于气温下降，严寒的天气会使人们代谢率升高，皮肤血管收缩，散热也较少。为防御风寒，在膳食调配上也可多增加厚味，如炖肉、烧鱼、火锅等。在调味品上，可多用些辛辣食物，如辣椒、胡椒、葱、姜、蒜等，并尽量多吃一些绿色蔬菜。

为了保证营养平衡，还应注意到年龄、性别的差异。如老年人应该少食多餐，美国老年病学专家提出，老年人每天少量进餐5顿，比大量进餐3顿要好得多。特别应注意晚餐不宜吃油脂多的食物，应该以清淡为主。这样对动脉硬化的病人尤为有利，因为这样可以使晚上睡眠期间粥样斑块的形成减少，从而避免脑血栓和心肌梗死的发生。

过去人们曾认为，动脉硬化和冠心病患者不适合吃蛋类，因为蛋黄中胆固醇含量较高。其实，蛋黄中还富含卵磷脂和蛋氨酸。卵磷脂可降低血中胆固醇含量；蛋氨酸则可增高血中磷脂浓度，从而阻止胆固醇在血管壁沉着。因此，动脉粥样硬化病人大可不必限制蛋类的摄入。

青春期少女处于生长发育的旺盛时期，身体需要大量的营养物质，特别是优质蛋白，素食中除豆类含有较多的蛋白质外，其他食物中含量较少，且植物蛋白的质量不如动物蛋白好，容易被人体消化吸收和利用。同时，植物蛋白质的氨基酸成分与人体必需氨基酸的需要相差较多。因此，长期吃素的少女必然会因蛋白质摄入不足而影响生长发育（包括体质和智力），出现抵抗力下降、反应迟钝等情况。同时还会因蛋白质质量和数量的减少而导致荷尔蒙（激素）分泌失常，影响少女的生殖能力。如果缺乏维生素B_{12}会出现月经期病症，而且还会影响骨髓的造血机能。儿童由于生长发育迅速，代谢旺盛，所需的能量和各种营养素相对比成年人高。因此，注意各种营养素的合理配比，提高膳食的营养质量，适当补充他们容易不足或缺乏的营养素，才能全面促进儿童的生长发育。

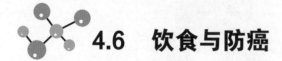

4.6　饮食与防癌

现如今人们"谈癌色变"，癌症已经成为人类健康的一大杀手。然而近代医学上的大量免疫理论证明：如果做到科学合理地饮食可以使大多数人免于癌症，即使得了癌症，也可以延长生存时间。可见调节饮食结构是抗癌的重要手段之一，合理安排日常的膳食，对预防、控制癌症有较大的意义。现将日常食物中具有抗癌功能的几种食物做一介绍。

胡萝卜含有丰富的维生素A，具有稳定上皮细胞、阻止细胞过度增殖的作用，可以提高人体免疫能力。

苹果中不但含有维生素C和钾，还含有理想的纤维素。国外学者研究发现，非洲人因食用的纤维素多，其肠癌的发病率远比缺乏纤维素的西方人要低。人们摄取大量含纤维素的食物后，粪便在大肠里停留的时间会缩短，这样致癌物质浓度较低，减少人们患肠癌的机会。此外，苹果还含有大量的果胶，它与海藻中的藻朊酸钠一样，有助于将锶从体内排出。

蘑菇中含有大量的B族维生素，特别是泛酸，还含有铁、镁、铝、钾和磷等微量元素。美国科学工作者在动物实验中发现一种叫"牛肝菌"的蘑菇对小鼠肿瘤有很强的抑制作用。

芦笋是一种促进人体健康的植物，也是民间流传较广且令人十分感兴趣的抗癌营养物，它富含组蛋白、叶酸和大量的核酸。组蛋白与细胞的功能有关，而叶酸与细胞内的遗传物质DNA的分裂与修补有关。

番茄含有丰富的维生素C，维生素C是一种抗氧化剂，有助于保护细胞免受自由基的损伤；芹菜、韭菜含有木质素，可提高人体内巨噬细胞的活力；大白菜、南瓜含有微量元素钼，能阻断亚硝胺的合成。

许多海洋生物体内富含核酸物质，这种物质可能具有抗肿瘤的作用。海藻中的藻朊酸钠可帮助身体把锶在未被吸收前从体内排出。海藻中的碘在抗癌食谱中也占有一定的位置，因为缺乏碘可能是导致乳腺癌的一种因素，还有用磷虾制成的酱是一种富含蛋白质的食品，它不仅含有各种人类必需的、比例非常适合的氨基酸，还含有各种维生素和微量元素。大鼠实验结果也表明：磷虾酱对二甲氨基偶氮苯诱发的肿瘤有一定的抑制作用。海带也具有防癌和预防高血压的作用。

许多研究已证明，引起癌症的原因与化学、物理、生物等多种因素有关，但人们的饮食不当也是致癌的主要原因之一。因此，人们应从以下几个方面注意饮食卫生，防止"病从口入"。

①食物的选择不仅要符合营养、卫生的要求，更应做到不吃发霉、发馊的食物，如发霉、发馊的大米、玉米、黄豆等。因这些食物发霉时可产生黄曲霉毒素，已证实肝癌的发生与黄曲霉素有关。

②不要长期进食腌制食品，在我国，胃癌、食道癌、鼻咽癌的发病率比较高，这与人们日常喜食酸菜、咸菜、咸鱼、干萝卜菜腌制品等有关。对腌菜的成分分析表明，在腌制过程中，腌的菜极易发生霉变产生二甲基、亚硝胺等强烈致癌物。人们长时期吃这些食物，就会

增加致癌的概率。

③少吃烟熏、烧焦的食物。烟熏、烧焦的食物内含苯并芘，是一种强烈的致癌物质。通过对流行病学调查，熏制食物与胃癌有关。据调查，冰岛癌症发病率高，是因为该岛居民经常吃熏制食品，后来减少了熏制食品进食，胃癌发病率明显降低。

④少吃高脂肪饮食。高脂肪饮食可以促进结肠癌及乳腺癌的发生。据统计，结肠癌在西欧、北美发病率较高。这些发病率的差别与动物脂肪摄取量关系密切一些，而与植物油摄取量无明显关系。

⑤不暴饮暴食。过度饮食和体重过重的人易患癌症，特别在中年以后死于癌症的人数中体重过重者为多。动物实验证明，限制小鼠食量，可降低癌症的发病率。但缺乏营养，特别是蛋白质及B族维生素不足时，癌症发病率同样增高。

4.7 诊断疾病的化学技术

人生命的历程就是不断与疾病抗争的过程。身体要保持健康，就必须战胜病魔，而有效治疗疾病的第一步，就是正确诊断疾病。化学在诊断疾病方面就起着核心的作用。化学检验为疾病的诊断、病情监测、药物疗效、预后判断和疾病预防等各个方面提供理论和实验依据，同时也促进了医疗水平的提高和医学的发展，不但提高了疾病诊断准确率，而且还研制出更多新药和新的治疗方法（图4.39），为人类在对抗疾病的战争中提供了强大的动力。

图4.39 化学医疗技术

（1）化验提高了疾病诊断的准确率

在医学上的化验是通过加入某种或某些化学试剂的方法对病人的血液和尿液等体液进行检验，得到某些数据指标，医生通过将这些数据与正常数据进行对比，对病人病情进行诊断及确定，而不再只依靠传统的方法及经验对疾病作出诊断。化验的出现极大地提高了医生对疾病诊断的准确率，进而能对症下药减轻病人的病痛。

（2）多学科交叉融合，诊断疾病的方法不断被改进

随着科学技术的快速发展，疾病的诊断也逐渐使用各种新型的分析仪器，其中X射线诊断肺结核和骨骼疾病已为大家所熟知。磁共振成像技术（MRI）的发明是核磁共振光谱应用

于化学研究的结果（图4.40），在临床医学领域，利用该方法可得到人体断层成像，它可以帮助医生找到病变部位，指导医生的手术工作。

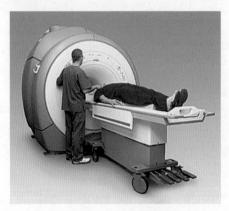

图4.40　核磁共振检查

　　诊断疾病的方法也不断被改进。通过培养病菌使其达到能够用显微镜或化学检验来鉴定的方法是有效的，但用于培养菌株的时间可能会延误有效的治疗。化学家现已提供很多更灵敏的方法，使得鉴定可以在几小时或更短的时间内完成，因而可以立即对症下药。

　　检查胃疾的传统方法是做钡餐和胃镜。钡餐法是受检人先服下大量难吃的硫酸钡，然后做X光拍片；胃镜是要把窥视镜通过食道插入胃部，受检者感到很痛苦。现在有一种四环素荧光法，让受检人空腹服下几片四环素，过一会儿在受检者耳朵或其他部位抽一滴血，用荧光计检查这一滴血，就可判断胃的情况了。这种方法原理是：四环素是一种能发射荧光的有机物，虽然血液中四环素含量极微，但经紫外线照射，荧光计上也会显示暗线，据其强弱可知四环素含量，四环素分子结构内有四个环，能与铜离子形成络合物。这种络合物不能被人体吸收，不能进入血液，患萎缩性胃炎，尤其是患胃癌的人，胃液中铜离子含量比正常人多得多，故血液中四环素含量明显低于正常人。这就是荧光法检查胃病，尤其是胃癌的原理。

　　近年来开发的光纤化学传感器，体积小、生物兼容性好、化学和热稳定性好、无毒、绝缘及低光功率，加之良好的柔韧性和不带电的安全性，使之尤其适用于临床医学上的实时、在线、活体检测。光纤化学传感器常用来测量人体和生物体内部有关医疗诊断等医学参量，在医学领域中将取代许多传统的检测方法，为医疗诊断技术提供一个全新的角度。

　　现代医学诊断疾病、治疗疾病处处离不开化学知识，因此作为一个医术精湛的现代医生，必须具有深厚的化学功底。

第5章

化学与环境

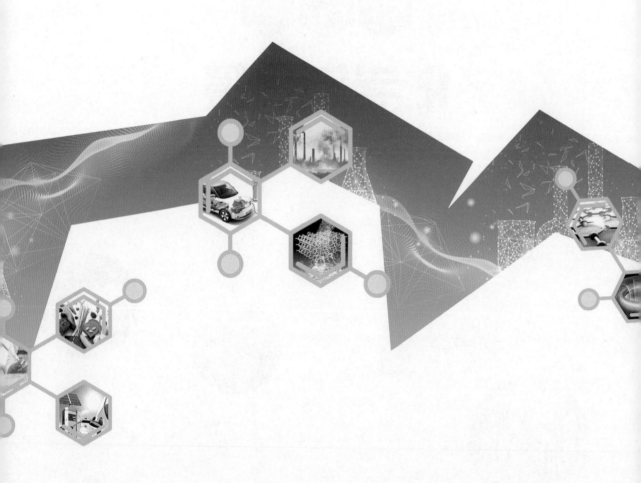

Chemistry in Daily Life

20世纪化学学科的发展使人们逐渐掌握了物质变化的规律和各类化学反应的机理，也使得人们在掌握化学反应规律的基础上认识了化学过程，揭示了化学变化的本质。在过去的近100年中，人们化学合成和分离了2 285万种化合物（如新药物、新材料），极大地满足了人类生活和高新技术发展的需要，为人类创造了大量的物质财富。然而，科学技术是一把双刃剑，人类在利用化学知识开发自然并取得巨大物质财富的同时，在生产和生活中产生的大量化学有害物质排入自然界，破坏了自然界的结构和状态，使环境不断恶化，干扰了人类的正常生活，对人类健康产生了直接或间接甚至是潜在的不利影响。人类对自然界掠夺式的开发不可避免地遭到自然界的无情报复，进入21世纪，人类在享受丰富物质文明的同时发现自身已经深深陷入环境危机之中。

环境污染并非是个别学科、技术领域或某类企业造成的，而是早期社会生产盲目发展的必然结果。化学学科能够帮助人们认识到环境的危机并指导人们找到保护环境的方法。目前，科学家积极开展污染治理的同时，也致力于处理和利用废弃物，实现变废为宝；致力于建立高灵敏度、高选择性、快速、自动化程度高的监测、分析方法和方法标准化的研究；致力于开发新材料、新能源，利用洁净工艺代替经典工艺，并已提出绿色化学的奋斗目标。可见，化学不仅是人们认识世界、改造世界的手段，还是保护世界的工具，化学是环境的朋友、环境决策的参谋和污染治理的主力军。本章通过介绍大气污染、水污染、酸雨、温室效应、室内空气污染、生活垃圾等内容，分析了化学与环境的密切关系，以及如何利用化学方法解决相应的环保问题。

5.1 大气污染

大气污染是指由于人类活动或自然过程引起某些物质进入大气中，呈现出足够的浓度，达到足够的时间，并因此危害了人体的舒适、健康、福利或危害了环境的现象。

大气污染物由人为源或者天然源进入大气（输入），参与大气的循环过程，经过一定的滞留时间之后，又通过大气中的化学反应、生物活动和物理沉降从大气中去除（输出）。如果输出的速率小于输入的速率，就会在大气中相对集聚，造成大气中某种物质的浓度升高。当浓度升高到一定程度时，就会直接或间接地对人、生物或材料等造成急性、慢性危害，大气就被污染了。一次污染物是由污染源直接排入环境的污染物，又称为"原生污染物"。大气一次污染物主要有颗粒物、二氧化硫、一氧化碳、氮氧化物等。各种一次污染物在大气中互相作用或与大气中的其他物质发生化学反应，以及在太阳能参与下所引起的光化学反应而生成的新的有害物质称为二次污染物。下面将对大气中主要的一次污染物的来源及其毒性进行介绍。

5.1.1　大气污染的来源及其毒性

（1）颗粒物

颗粒污染物是目前大气污染中的主要污染物之一。来自欧洲的一项研究称，长期接触空气中的污染颗粒会增加患肺癌的风险，即使颗粒浓度低于法律上限也是如此。另一项报告称，这些颗粒或其他空气污染物浓度短期内还会上升，增加患心脏病的风险。欧洲流行病学家发现，肺癌与局部地区的空气污染颗粒有明显的关联。颗粒物中1 μm以下的微粒沉降速度慢，在大气中存留时间久，在大气动力作用下能够吹送到很远的地方。如图5.1所示，工厂排放的颗粒物污染往往波及很大区域。大气质量评价中常用到一个重要的污染指标称为总悬浮颗粒物，简称TSP，是指分散在大气中的各种粒径不同的固体、液体和气溶胶体的总称，数值上等于飘尘与降尘之和。粒径大于10 μm的固体颗粒称为降尘，由于重力作用，能在较短时间内沉降到地面。粒径小于10 μm的固体颗粒能长期地飘浮在大气中，称为可吸入颗粒物或飘尘，简称PM10。目前，PM10是中国空气质量的常规监测项目，因此我们常常能在天气预报里见到"首要污染物为可吸入颗粒物"的说法。

图5.1　工厂排放的颗粒物污染

大气颗粒物削弱了日光的照射和能见度，使空中多云、多雾、浑浊。一般来说，颗粒物越渺小就越可怕。越是细小的颗粒，越容易深入人体内部，对人体产生的危害也越加复杂。相比于覆盖更广的TSP来说，PM10因体重轻，体积小，更易在空气中持续和传播；同时，它还可以不受鼻腔和咽喉的捕集作用，轻易地进入肺泡内部，因此对人体的健康造成了不可忽视的威胁。长期生活在飘尘浓度高的环境中，呼吸系统发病率增高，特别是慢性阻塞性呼吸道疾病如气管炎、支气管炎、支气管哮喘、肺气肿、肺心病等发病率显著增高，并且促进这些病人病情恶化。在颗粒物表面还能浓缩和富集某些化学物质如多环芳烃类化合物等，这些物质随呼吸进入人体成为肺癌的致病因子。许多种金属如铁、铍、铝、锰、铅、镉等的化合物附着在颗粒表面上，也能对人体造成危害。在作业环境中长期吸入含有二氧化硅的粉尘，可以使人得硅肺病。这类疾病往往发生于翻砂、水泥、煤矿开凿等工作中。另外石棉矿开采及其加工中石棉尘被人吸入也能成为致癌因子。总之，颗粒物特别是10 μm以下的飘尘是影响人体健康的主要污染物之一。

（2）含硫化合物

硫常以二氧化硫（SO_2）和硫化氢（H_2S）的形式进入大气，也有一部分以亚硫酸及硫酸盐微粒形式进入大气。人类活动排放硫的主要形式是SO_2，来源于含硫煤燃烧、石油燃烧、石油炼制、有色金属冶炼和硫酸制造工业等（图5.2）。天然源排入大气的硫化氢，也很快氧化为SO_2，成为大气中SO_2的另一个来源。

图5.2 装有危险品的铁桶

SO_2是一种无色具有刺激性气味的不可燃气体，它可刺激眼睛、损伤器官、引发呼吸道疾病，甚至威胁生命，是一种分布广、危害大的大气污染物。SO_2和飘尘具有协同效应，两者结合起来对人体的危害作用将增加3～4倍。

SO_2在大气中不稳定，在相对温度较高且有催化剂存在时，发生催化氧化反应，进而生成毒性比SO_2大10倍的硫酸或硫酸盐。故SO_2是形成酸雨的主要因素之一。

（3）碳氧化合物

碳氧化合物主要是CO和CO_2。其中，CO的主要来源是含碳物质的不完全燃烧。例如汽车尾气（图5.3）和焦化厂煤气，其危害是引起煤气中毒。CO是无色、无味的有毒气体，主要来源于燃料的不完全燃烧和汽车尾气。CO化学性质稳定，可以在大气中停留较长时间。一般城市空气中的CO水平对植物和微生物影响不大，但对人类都是有害物质。CO与血红蛋白的结合能力比氧与血红蛋白的结合能力大200～300倍。当CO进入血液后，其与血红蛋白作用生成的羧基血红素使血液携氧能力降低而引起缺氧，使人窒息。

图5.3 汽车尾气

CO_2主要来源于生物呼吸和矿物燃料燃烧、冶金、火力发电、焦化和汽车尾气等，对人体无毒。在大气污染问题中，CO_2之所以引起人们普遍关注，原因在于空气中CO_2成分含量太多时，将会造成温室效应加剧，使全球气温逐渐升高、气候发生变化。

（4）氮氧化物

氮的氧化物种类很多，在大气中有危害作用的主要是NO和NO_2，习惯上将这两种化合物称为氮氧化物。

　　氮氧化物主要是由化石燃料的燃烧过程产生的，如飞机、汽车、内燃机以及硝酸工业、氮肥厂、有色及黑色金属冶炼厂等（图5.4）。

图5.4　来自化工厂排放的氮氧化物

　　氮氧化物中的一氧化氮（NO）毒性与一氧化碳类似，其与血液中血红蛋白的亲和力比一氧化碳还强。NO通过呼吸道及肺进入血液，使血液失去输氧能力，产生与CO相同的严重后果。NO进入大气后被氧化成NO_2。NO_2比NO的毒性高4倍，侵入肺脏深处的肺毛细血管，可引起肺损害，甚至造成肺水肿。慢性中毒可导致气管、肺病变。NO_2既是形成酸雨的主要物质，又是光化学烟雾的引发剂和消耗臭氧的重要因子。其危害主要表现在它和空气能在阳光作用下发生化学作用，形成光化学烟雾污染。

5.1.2　大气污染的综合防治

　　所谓大气污染的综合防治，就是从区域环境的整体出发，充分考虑该地区的环境特征，对所有能够影响大气质量的各项因素作全面、系统的分析，充分利用环境的自净能力，综合运用各种防治大气污染的技术措施，并在这些措施的基础上制订最佳的废气处理措施，以达到控制区域性大气环境质量、消除或减轻大气污染的目的。

　　大气的污染物，无论是颗粒状污染物还是气体状污染物，都有能够在大气中扩散、污染面广的特点，这就是说，大气污染带有区域性和整体性的特征。正因为如此，大气污染的程度受到该地区的自然条件、能源构成、工业结构和布局、交通状况以及人口密度等多种因素的影响。以后所论述的各种治理技术只是对点污染源排放的污染物进行治理，不能解决区域性的大气污染问题。对于区域性废气处理，必须通过采取综合防治的措施加以解决。

　　大气污染综合防治涉及面比较广，影响因素比较复杂，一般来说，可以通过以下四个方面来进行废气处理：

（1）区域集中供暖

　　分散于千家万户的燃煤炉灶、市内密集的矮小烟囱是烟尘的主要污染源。发展区域性集中供暖供热，设立规模较大的热电厂和供热站，用以代替千家万户的炉灶，是消除烟尘的有效措施。这样还具有以下各项效益：采用高烟囱排放、减少燃料的运输量、提高热能利用率、便于采用高效率的除尘器。

（2）植树造林、绿化环境

绿化造林是废气处理的一种经济有效的措施。植物有吸收各种有毒有害气体和净化空气的功能。植物是空气的天然过滤器，树叶表面粗糙不平，多绒毛，某些树种的树叶还分泌黏液，能吸附大量飘尘。蒙尘的树叶经雨水淋洗后，又能够恢复吸附、阻拦尘埃的作用，使空气得到净化。茂密的丛林能够降低风速，使气流挟带的大颗粒灰尘下降。

（3）改善能源结构，提高能源有效利用率

中国以煤炭为主的能源结构在短时间内不会有根本性改变。对此，当前应首先推广型煤及洗选煤的生产和使用，以降低烟尘和二氧化硫的排放量。当前的能源结构中以煤炭为主，在煤炭燃烧过程中放出大量的二氧化硫（SO_2）、氮氧化物（NO_x）、一氧化碳（CO）以及悬浮颗粒等污染物。因此，如从根本上解决大气污染问题，首先必须从改善能源结构入手，例如使用天然气及二次能源，如煤气、液化石油气、电等，还应重视太阳能、风能、地热等清洁能源的利用。

（4）全面规划，合理布局

废气处理必须从协调地区经济发展和保护环境之间的关系出发，对该地区各污染源所排放各类污染物质的种类、数量、时空分布做全面的调查研究，并在此基础上，制订控制污染的最佳方案。

总而言之，人类社会对大气污染的危害性与危害程度已经有了充分认识，发展了较为成熟的治理体系，化学技术是一种可从源头上治理生态环境污染的重要技术，其与人们的生活与生产均联系密切，大力发展并应用化学技术，可实现对环境的保护，对生态资源的合理利用。

5.2　酸雨

5.2.1　酸雨的形成

酸雨是指pH值小于5.6的雨雪或其他形式的降水。图5.5为酸雨的形成过程示意图，在雨、雪等在形成和降落过程中，吸收并溶解了空气中的二氧化硫、氮氧化合物等物质，形成了pH值低于5.6的酸性降水。酸雨主要是人为地向大气中排放大量酸性物质造成的。我国的酸雨主要因大量燃烧含硫量高的煤而形成的，多为硫酸雨，少为硝酸雨，此外，各种机动车排放的尾气也是形成酸雨的重要原因。1952年英国伦敦烟雾事件被称为"杀人烟雾"，烟雾散开后，酸雨酸雾开始横行，雨水的pH值低到1.4～1.9，比柠檬汁还酸。大量的环境监测资料表明，由于大气层中的酸性物质增加，地球大部分地区上空的云水正在变酸，我国一些地区已经成为酸雨多发区，酸雨污染的范围和程度已经引起人们的密切关注。

图5.5　酸雨的形成过程

形成酸雨的主要物质是SO_x和NO_x，工业上无节制地燃烧化石燃料，如煤、石油、天热气等，排放出大量的二氧化硫和氮氧化物等，这些气体和水分子经过复杂的化学反应分别形成硫酸和硝酸，再随着水分子聚集而降到地面形成酸雨。

煤、石油燃烧及金属冶炼等释放到大气中的SO_2，通过气相或液相氧化反应而生成硫酸（H_2SO_4），其化学过程可表示为：

气相反应

$$2SO_2+O_2 \xrightarrow{\text{催化剂}} 2SO_3$$

$$SO_3+H_2O == H_2SO_4$$

液相反应

$$SO_2+H_2O == H_2SO_3$$

$$2H_2SO_3+O_2 \xrightarrow{\text{催化剂}} 2H_2SO_4$$

大气中的烟尘、臭氧（O_3）等都是反应的催化剂，O_3还是氧化剂。原来人们普遍认为，进入大气中的硫氧化物要跟至少200个水分子反应才能形成酸雨。近年来，英国曼彻斯特大学的科学家证明，其仅跟12个水分子反应即可形成酸雨。这说明如果不减少硫的污染，在干燥的大气中同样会形成酸雨。

高温燃烧生成一氧化氮（NO），排入大气后大部分转化成二氧化氮（NO_2），遇水生成硝酸（HNO_3）和亚硝酸（HNO_2）。其化学过程可表示为：

$$2NO+O_2 == 2NO_2$$

$$2NO_2+H_2O == HNO_3+HNO_2$$

美国测定的酸雨成分中，以硫酸为最多，一般占60%～65%，硝酸次之，约占30%，盐酸约占5%，此外还有有机酸约占2%。氯化氢的人工源除了使用氯化氢的工厂，焚烧垃圾和矿物燃料燃烧时也都会释放这种气体，所以，酸雨主要是人类生产活动和生活造成的。

5.2.2　酸性物质的来源

就人类活动而言，酸性物质的排放主要有以下三个方面。

（1）煤、石油和天然气等化石燃料燃烧

无论是煤、石油和天然气都是在地下埋藏多少亿年，由古代的动植物化石转化而来，故

称作化石燃料。煤中含有硫，燃烧过程中生成大量二氧化硫，此外煤燃烧过程中的高温使空气中的氮气和氧气化合为一氧化氮，继而转化为二氧化氮，造成酸雨。

（2）工业过程，如金属冶炼

某些有色金属的矿石是硫化物，将铜、铅、锌硫化物矿石还原为金属过程中将逸出大量二氧化硫气体，部分回收为硫酸，部分进入大气。再如化工生产，特别是硫酸生产和硝酸生产可分别产生大量的二氧化硫和二氧化氮，再如石油炼制等，也能产生一定量的二氧化硫和二氧化氮，它们集中在某些工业城市中，比较容易得到控制。

（3）交通运输，如汽车尾气

在汽车发动机内，活塞频繁打出火花，像天空中闪电，氮气变成二氧化氮。不同的车型，尾气中氮氧化物的浓度有多有少，机械性能较差的或使用寿命已较长的发动机尾气中的氮氧化物浓度较高。汽车停在十字路口，不熄火等待通过时，要比正常行车尾气中的氮氧化物浓度要高。随着我国各种汽车数量猛增，它们的尾气对酸雨的"贡献"正在逐年上升，我们不能掉以轻心。

5.2.3 酸雨的危害

酸雨在国外被称为"空中死神"，其潜在的危害主要表现在以下三方面。

（1）对水生生态系统的危害

酸雨使鱼类和其他生物群落消失，改变营养物和有毒物的循环，使有毒金属溶解到水中，并进入食物链，使物种减少和生产力下降（图5.6）。当湖泊、河水的pH值降到5以下时，鱼、虾类的生长繁殖便受到严重影响，加之湖泊河水底泥中有毒金属遇酸溶解，更加速了这些水生生物群的死亡。20世纪50年代初，北欧国家瑞典和挪威渔业减产，原因不明；1959年挪威科学家才揭示元凶是酸雨。欧洲大陆工业排放大量酸性气体，随高空气流飘到北欧，被雨雪冲刷，所形成酸雨使湖泊酸化，导致渔业减产。国内报道重庆南山等地水体酸化，pH值小于4.7，鱼类不能生存，农户多次养鱼，均无收获。

图5.6 经历过酸雨的企鹅群

（2）对陆地生态系统的危害

酸雨使土壤酸化，土质中的钙、镁等养分被酸溶解，导致土壤养分流失。酸化的土壤抑制了土壤微生物的活性，破坏了土壤微生物的正常生态群落，使有机物的分解减缓，土壤贫瘠，病虫害猖獗。植物对酸雨反应最敏感的器官是叶片，叶片受损后会出现坏死斑、萎蔫、

叶绿素含量降低、叶色发黄、褪绿、光合作用降低的情况，使农作物减产，林木生长缓慢或死亡，导致森林生态系统的退化（图5.7）。据报道，欧洲每年有6 500万公顷森林受害，在意大利有9 000公顷森林因酸雨而死亡。

图5.7　酸雨过后的森林

（3）对人体的影响

酸雨通过食物链使汞、铅等重金属进入人体，诱发癌症和老年痴呆；酸雾侵入肺部，诱发肺水肿或导致死亡；雨雾的酸性对眼、咽喉和皮肤的刺激，会引起结膜炎、咽喉炎、皮炎等病症。

5.2.4　酸雨的防治对策

要对酸雨污染进行控制，首先要做的就是完善一些大气污染物排放方面的政策法规，强化环境管理手段，例如环境监管等，做到环保执法，走可持续发展的道路。对于酸雨污染而言，应严格控制酸性气体的排放，制订严格的大气污染物排放标准，同时，对于企业可以施行排污许可证政策，严格控制二氧化硫及氮氧化物的排放总量。

酸雨的危害日趋严重，如果任其发展将会使人类的生存环境进一步恶化，甚至带来无法弥补的灾难。目前着手控制酸雨的措施包括：限制高硫煤的开采与使用；重点治理火电厂二氧化硫污染；防治化工、冶金、有色金属冶炼和建材等行业生产过程中二氧化硫污染。通过净化装置，减少煤、石油等燃料燃烧时污染物的排放，对煤燃烧后形成的烟气在排放到大气中之前进行烟气脱硫。目前主要用石灰法，可以除去烟气中85%～90%的二氧化硫气体，不过，脱硫效果虽好但十分费钱。例如，在火力发电厂安装烟气脱硫装置的费用，要达电厂总投资的25%之多，这也是治理酸雨的主要困难之一。

控制酸雨的根本途径是减少酸性物质向大气的排放，有效手段是改进能源的利用技术，发展洁净新能源，以减少硫氧化物、氮氧化物等酸性气体的排放，从而控制酸雨的形成，确保我们有一个健康、和谐的生存空间。因此，开发新能源，如氢能、太阳能、水能、潮汐能、地热能等是能够有效降低酸雨排放的一种方法，生活中也可以选择使用天然气等较清洁能源、少用煤。工业生产排放气体处理后再排放，改进燃煤技术，减少燃煤过程中二氧化硫和氮氧化物的排放量。例如，液态化燃煤技术是受到各国欢迎的新技术之一，它主要是利用石灰石和白云石与二氧化硫发生反应，生成硫酸钙随灰渣排出。

在日常生活中，要减少污染物对大气的排放，例如对排出的硫氧化物进行回收利用，使用低硫燃料等。注意食品和饮用水的卫生，注意饮食的品种和营养结构。一些绿色食品，如绿豆、海带、鲜果等，能加速体内有害物质的排除，多吃这类食品，能有效降低酸雨对人的危害。

在酸雨污染问题中，由于形成酸雨的前体物具有远距离输送的性质，因此酸雨的污染问题是一个全球性的问题。二氧化硫排放量的多少与各地煤炭含硫量、二氧化硫排放源的空间布局、烟气脱硫技术及环境管理的力度有关，二氧化硫和酸雨污染可以通过一定的政策、经济和技术手段进行控制。

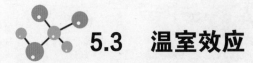

5.3 温室效应

温室效应是指透射阳光的密闭空间由于与外界缺乏热交换而形成的保温效应，即太阳短波辐射可以透过大气射入地面，而地面增暖后放出的长波辐射却被大气中的二氧化碳等物质所吸收，从而产生大气变暖的效应（图5.8）。大气中的二氧化碳就像一层厚厚的玻璃，使地球变成了一个大暖房。如果没有大气，地表平均温度就会下降到 -23 ℃，而实际地表平均温度为15 ℃，这就是说温室效应使地表温度提高了38 ℃。大气中的二氧化碳浓度增加，阻止地球热量的散失，使地球发生可感觉到的气温升高。地球大气的这种保温作用类似于种植花卉的暖房顶上的玻璃，因此温室效应也称暖房效应或花房效应，因为玻璃也具有透过太阳短波辐射和吸收地面长波辐射的保温功能。

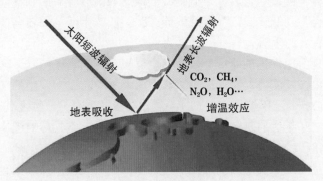

图5.8 温室效应

人类诞生几百万年以来，一直和自然界相安无事。因为人类的活动能力，也就是破坏自然的能力很弱，最多只能引起局地小气候的改变。但是工业革命以来情况就不一样了，人类大量燃烧化石燃料、毁灭森林，全球大气中二氧化碳（CO_2）含量在百年内增加了25%。二氧化碳等吸热性强的温室气体逐年增加，大气的温室效应也随之增强，已引起全球气候变暖。有报道说，1981—1990年全球平均气温比100年前上升了0.48 ℃。

如果按目前CO_2浓度的增加速度，到2100年大气中CO_2含量将比工业革命前增加一倍。科学家们预测，那时全球平均气温将会上升1.0～3.5 ℃，将引起极冰融化（图5.9）、海平面上升15～95 cm，一些岛屿国家和沿海城市将淹没于水中，其中包括几个著名的国际大城

市：纽约、上海、东京和悉尼。就世界范围看，影响区域可达500万平方千米，占全球土地面积的3%，有人估计这可使10亿人处于危险之中。温室效应还会引起地球上的病虫害增加；气候反常、海洋风暴增多；土地干旱，沙漠化面积增大等严重恶果。

图5.9 温室效应使冰川融化

5.3.1 温室气体的组成

为了阻止全球变暖趋势，1997年12月，150多个联合国气候变化签字国在日本京都召开了气候会议，最后签署了《京都议定书》，对工业化国家的温室气体排放规定了削减指标，规定了发达国家应减少6种温室气体排放。2009年12月在丹麦首都哥本哈根召开了《京都议定书》第5次缔约方会议，来自192个国家的谈判代表召开峰会，商讨2012—2020年的全球减排协议。

在哥本哈根世界气候大会之后，"低碳"的概念如雨后春笋般兴盛起来。一时间，"低碳经济""低碳社会""低碳城市""低碳地产""低碳生活"等新名词，以崭新的姿态高调亮相，融入了所有人的生活。

温室效应主要是由现代化工业社会过多燃烧煤炭、石油和天然气，产生和大量排放汽车尾气中含有的二氧化碳气体进入大气造成的。地球大气中起温室作用的气体称为温室气体，主要有二氧化碳（CO_2）、甲烷（CH_4）、一氧化二氮（N_2O）、氯氟碳化物（CFCs）及臭氧（O_3）等。20世纪80年代的研究表明，人为排放的各种温室气体对温室效应所起作用的比例不同，其中二氧化碳占55%，氯氟碳化物占20%，甲烷占20%。

二氧化碳的大量增加是温室效应加剧的主要原因，自工业革命以来，由于人类活动排放了大量的二氧化碳等温室气体，大气中温室气体的浓度急剧升高，结果造成温室效应日益增强。据统计，工业化以前全球年均大气CO_2浓度为278 mg/L，而2012年全球年均大气二氧化碳浓度为393.1 mg/L，到2014年4月，北半球大气中月均CO_2浓度首次超过400 mg/L。研究表明，空气中CO_2浓度低于2%时，对人没有明显的危害，超过这个浓度则可引起人体呼吸器官损坏，即一般情况下CO_2并不是有毒物质，但当空气中CO_2浓度超过一定限度时则会使肌体产生中毒现象，高浓度的CO_2则会让人窒息。

甲烷是重要的温室气体之一，其吸收红外线的能力是CO_2的26倍左右，其温室效应要比CO_2高出22倍，占整个温室气体贡献量的15%，其中空气中的含量约为2 mg/L。就单位分子数而言，CH_4的温室效应是CO_2的25倍，这是因为大气中已经具有相当多的CO_2，以至于许多波段的辐射早已被吸收殆尽了，所以大部分新增的CO_2只能在原有吸收波段的边缘发挥其吸收效应。相反地，一些数量较少的温室气体（包括CH_4在内），吸收的是那些尚未被有效拦截的波段，所以每多一个分子都会提供新的吸收能力。

氯氟碳化物对温室效应的贡献率达20%。氯氟碳化物是人造化学物质，原本大气中不存在，只是在近几十年来，人工合成的卤素碳化物不断排入大气中，才使得其浓度飞速上升。氯氟碳化物的代表物质是氟里昂（$CFCl_3$），由于它在室温下就可以气化，同时具有无毒和不可燃的特性，所以被用于制冷设备和气溶胶喷雾罐，主要用作烟雾剂、流体制冷剂、泡沫发生剂、有机溶剂、灭火剂等。

臭氧也是重要的温室气体之一。它不是直接的排放物，而是在大气中由自然过程或人类活动产生的前体物通过光化学反应而形成的。

5.3.2　温室效应的防治措施

（1）全面禁用氯氟碳化物

氯氟碳化物是臭氧层的杀手。在人类大量使用氯氟碳化物之后，高空中的氯原子会增加并与臭氧作用。本来，臭氧是存在臭氧层中，而臭氧层是一层包围在地球外围的保护气体，可过滤太阳光中有害的紫外线，保护地球上的生物不会被灼伤和维持适当的温度，有利于生态系统的平衡。而氟氯碳化物会破坏地球的臭氧层，加剧地球的温室效应，加剧全球变暖，因此必须予以禁止。

（2）鼓励使用天然瓦斯作为当前的主要能源

因为天然瓦斯较少排放二氧化碳。最近日本都市也都普遍改用天然瓦斯取代液化瓦斯，并希望进一步推广。燃烧生物能源也会产生二氧化碳，这点固然是和化石燃料相同，不过生物能源系从大自然中不断吸取二氧化碳作为原料，故可成为循环利用的再生能源，达到抑制二氧化碳浓度增长的效果。

（3）明确对甲烷的监管职责，建立跨部门之间的合作

明确生态环境部门对于甲烷排放监管的主体责任。针对农业和能源行业的排放问题，与农业农村以及能源部门建立跨部门的协调机制，开展关于甲烷减排的跨领域的综合性研究，对甲烷减排技术、减排措施等做出系统分析。将甲烷排放纳入大气排污许可证制度和环境影响评价制度，建立一套综合排放监管体系，对甲烷及其他空气污染物实施协同控制。特别关注天然气开发和运输等全生命周期的监管。

（4）发展可再生能源，优化能源结构

在当前科学技术高度发达的情况下，人们不能只是停留在对煤炭和石油的广泛利用上，而是要逐步调整能源结构，开发利用无污染的能源。如加快风电发展速度，充分利用风能；以生物质发电、沼气、生物质固体成型燃料和液体燃料为重点，大力推进生物质能源的开发和利用；积极发展太阳能发电和太阳能热利用，加强新能源和替代能源的研发与应用；不断加强对煤层气和矿井瓦斯的利用，发展以煤层气为燃料的小型分散电源；进一步推进煤炭清洁利用，研究CO_2捕获与封存技术。

温室效应作为一个全球性的环境问题，对全世界的人民都有着难以估量的危害，各方力量都应该团结起来共同对抗温室效应。作为《联合国气候变化框架公约》及《京都议定书》的缔约方，中国一向致力于推动公约和议定书的实施，认真履行相关义务。然而气候变暖是今后一个大的趋势，所造成的温室效应并不会因为在碳排放量上的控制取得立竿见影的效果，目前的研究还远远不够。因此，缓解温室效应的方法需要落实到每个人身上，从身边做起，控制碳排放量，共同建造美好的地球家园。

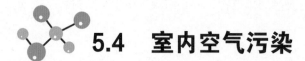 5.4 室内空气污染

继"煤烟型""光化学烟雾型"污染后，最近一项专家研究报告发现，现代人正进入以"室内空气污染"为标志的第三污染时期，包括大型百货商店、学校教室、办公室、民房、现代住宅等在内的室内空气质量近日成为环境专家们研讨的焦点。

现在许多室内装潢材料是塑胶、化纤制品，如塑胶地板、塑胶家具、塑胶喷涂、塑胶贴墙纸、塑胶百叶窗、化纤地毯等。在这些制品中，含有甲醛、氯乙烯、苯乙烯、丙烯腈等有毒原料，它们都会从成品中慢慢挥发出来，更何况塑胶、化纤中还有许多挥发性的增塑剂、防老化剂等添加剂。调查结果表明，空调系统、建筑及装饰材料、办公设备和家用电器等是室内空气质量最主要的"隐性杀手"。

5.4.1 室内空气污染的危害

据报道，国家卫生、建设和环保部门曾经进行过一次室内装饰材料抽查，结果发现具有毒气污染的材料占68%，这些装饰材料会散发300多种挥发性的有机化合物，如甲醛、三氯乙烯、苯、二甲苯等，一旦进入人体，将会引发各种疾病，其中包括呼吸道、消化道、神经内科、视力、视觉、高血压等三十几种疾病。由此可见，家庭环保不可忽视，如果使用了塑胶制品、涂料、油漆，应敞开门窗让其挥发，过一段时间再住人。人住进后，也应该经常通风，以降低这些挥发性物质的浓度。当然，最好的室内装潢，应采用天然材料，禁用易燃材料和有毒材料。

甲醛是室内常见的挥发性有机物，有刺激性，易溶于水，可与氨基酸、蛋白质、DNA反应，从而破坏细胞。低浓度的甲醛即可对人体产生急性不良影响，如头痛、流泪、咳嗽等症状，高浓度的甲醛可引起过敏性哮喘。长期吸入一定浓度的甲醛还有致癌作用，如家具厂工人的呼吸道、肺、肝等的癌症发病率高于其他工种的工人。现在，国际癌症研究协会建议将甲醛作为可疑致癌物对待。甲醛超标六大表现如图5.10所示。

图5.10 室内潜在空气污染危害

用胶合板制作的家具,其黏合剂中的甲醛会挥发污染空气。人造革沙发会释放出致敏物质。这些挥发性物质造成室内空气污染对身体的健康十分有害。当人们搬进新装饰的居室或办公室后不久,有的可能感到皮肤瘙痒、气喘、胸闷,严重的甚至发烧,这是因为室内装饰材料含有有毒气体、有毒物质所引起的皮肤过敏、呼吸道感染。

许多涂料除颜料外,其实就是将高分子化合物溶解在溶剂中做成的黏液,溶剂挥发干燥后能结成坚韧美观的保护膜。作为涂料和油漆的溶剂一般是二甲苯、乙苯或三甲苯、四甲苯等的混合物。它们的单体和溶剂都会挥发出来,大多是有毒物质,油漆中的颜料含铅和镉,铅对儿童的威胁特别大,原因是儿童常常把摸过墙和窗户的手塞进嘴里,同时儿童对铅的吸收能力比成人高出4倍,所以儿童吸入的铅比成人多,有小孩的家庭应该选用不含铅的油漆。

5.4.2 室内污染的主要污染物

人们对室内空气中传染病的病原体认识较早,而对其他有害因子则认识较迟。其实,早在人类住进洞穴并在其内点火烤食取暖的时期,就有烟气污染。但当时这类影响的范围极小,持续时间极短,人的室外活动也极频繁,因此,室内空气污染无明显危害。随着人类文明的高度发展,尤其进入20世纪中期以来,由于民用燃料的消耗量增加、进入室内的化工产品和电器设备种类和数量增多,加之为了节约能源寒冷地区的房屋建造得更加密闭,室内污染因子日渐增多而通风换气能力反而减弱,这使得室内有些污染物的浓度较室外高达数十倍以上。

室内空气污染物的种类已高达900多种，主要分为以下三类。

①气体污染物。挥发性有机物是最主要的成分，除此之外还有O_3、CO、CO_2、NO_x和放射性元素氡（Rn）等。特别是室内通风条件不良时，这些气体污染物就会在室内积聚，浓度升高，有的浓度可超过卫生标准数十倍，造成室内空气严重污染。

②微生物污染物。空气微生物是指包括细菌、真菌、病毒等在内的生命活体，是衡量室内空气卫生质量的重要参数之一。空气中的细菌种类繁多，容易引起呼吸道传染病，尤其是秋季，气温变化大，气候干燥，更是呼吸道传染病的高发期。空气中的真菌以孢子形态存在，是诱发支气管炎、过敏性鼻炎、皮肤病的重要致敏因素。

③可吸入颗粒物（PM10和PM2.5）。大气颗粒物中通常附着各类重金属组分，而且多数重金属具有高毒性、生物富集性和不可降解性的特点，可以通过呼吸吸入和消化道摄入等途径随颗粒物进入人体，从而对人体健康造成严重的危害。大气环境中75%～90%的重金属分布在PM10中。此外，大量研究表明，PM10与人体呼吸系统疾病、心血管疾病和癌症等存在一定的相关性。

5.4.3 室内污染物的主要危害人群

室内污染物的主要危害人群有以下三大类。

（1）妇女，特别是孕妇群体

室内空气污染特别是装修有害气体污染对女性身体的影响相对更大。

由于女性脂肪多，苯吸收后易在脂肪内储存，因此女性更应注意苯的危害。女性在怀孕前和怀孕期间应避免接触装修污染。国内外众多案例表明，苯对胚胎及胎儿发育有不良影响，严重时可造成胎儿畸形及死胎。

调查发现，装饰材料和家具中使用的各种人造板、胶合剂等，其游离甲醛是可疑致癌物。长期接触低浓度的甲醛可以引起慢性呼吸道疾病、女性月经紊乱、妊娠综合征，引起新生儿体质降低；高浓度的甲醛对神经系统、免疫系统、肝脏等都有毒害，还可诱发胎儿畸形、婴幼儿白血病。当室内空气中甲醛浓度在0.24～0.55 mg/m^3时，有40%的适龄女性月经周期出现不规律。

（2）儿童

儿童的身体正在发育中，免疫系统比较脆弱，室内空气环境污染对儿童的危害不容忽视。医学研究证明，环境污染已经成为儿童白血病高发的主要原因。根据流行病学的统计，中国每年新增约4万名白血病患者，其中2万多名是儿童，而且以2～7岁的儿童居多。北京市儿童医院统计，该医院90%的白血病小患者的家庭在半年内装修过。

（3）老年人

人进入老年期，各项身体机能下降，比较容易受到环境因素的影响而诱发各种疾病。空气污染不仅是引起老年人气管炎、咽喉炎、肺炎等呼吸道疾病的重要原因，还会诱发高血压、心血管、脑出血等病症，对于体弱者还可能危及生命。现代生活中，老人大部分时间都生活在室内，更易吸入有害物质，当室内污染物超过一定标准时，老人易患各类疾病。

我国《室内空气质量标准》（GB/T 18883—2022）明确提出"室内空气应无毒、无害、无异味"的要求。该标准中室内环境污染的控制项目包括化学性、物理性、生物性和放射性污染四大类，其中化学性污染物质有人们熟悉的甲醛、苯、氨、氡、氧、可吸入颗粒物、二氧化碳、二氧化硫等13项。

5.4.4 室内污染物的治理

室内污染物的治理方法主要分为以下五种。

（1）保持通风

异味较轻、通风条件好的装修后居室需长时间通风放置处理，时间最好在六个月以上。不过这对于污染程度较重、通风条件不好的居室来说难以达到去除异味的效果。

（2）摆放绿色植物

某些植物有吸收有害气体的作用，所以也可以在居室中摆放绿色植物（如吊兰、芦荟等）。不仅有一定的吸收作用，而且还有美化居室的效果，但起效时间可能会比较长。

（3）负离子空气净化器

负离子空气净化器采用经常性动态治理和专门静态治理相结合的方法全面治理装修污染。所谓动态治理是指空气负离子释放系统，它可以实现经常性动态治理（人在时），能有效降解各类室内空气污染物并为人们提供空气维生素——空气负离子。所谓静态治理是指活氧释放系统，它可以满足人们刚装修完和阶段性专门静态治理（人回避）。活氧（臭氧）是一种高效的灭菌解毒氧化剂，能够高效分解各类装修污染物，且30 min后自动还原为氧气，是一种没有任何化学残留的绿色氧化分解剂。通过这两种治理方式，空气负离子和臭氧充分"合作"，将装修过程中产生的甲醛等有害物质分解得彻彻底底。

（4）化学方法

利用化学分解反应原理，使用市面上的甲醛捕捉剂一类的产品去除异味。此法适用于装修过程中对板材等材料进行处理从而达到防止装修污染的目的。需要注意的是，若在装修过程中使用，能从根本上解决甲醛持续释放的问题，但装修后使用易对人体和物体表面产生损害。

化学方法分为化学品分解法和促使自身分解法。化学品分解法即用另外的化学品与有机物进行化学反应，产生新的物质，其中部分为无害的水和二氧化碳等，部分为不挥发的低毒的有害物质；促使自身分解法因为其主要成分只是作为催化剂，所以不会产生化学变化，且量不会变多或变少，所以较长时间有效。

（5）物理方法

利用活性炭吸附净化原理（如空气净化系统）来吸附空气中的大分子气体悬浮颗粒，通过强制空气循环达到过滤净化空气的目的。不过这种方法作用时间长且有能量损耗，且只有与其接触后才起到一定的效果。

装修污染清除具有一定技术性和复杂性，为了彻底清除危害，保护家人的健康，建议找有资质的专业公司治理，并找第三方权威机构即有CMA资质的检测机构检测，然后使用活

性炭加上植物方法作为辅助手段。

随着生活的进步，人们对生活的质量越来越关注，对室内环境污染治理也越来越重视。采用多种技术相结合对室内污染进行有效的控制与治理，消除室内的空气污染，提升室内的空气质量，保障人们的身体健康，是十分迫切且必要的。

 5.5　水污染

5.5.1　水污染的主要污染物

（1）悬浮固体

悬浮固体（图5.11）会降低水质，增加净化水的难度和成本，颗粒物含量高时会使水中植物因见不到阳光而难以生长或死亡；大量的悬浮固体也会淤塞水体的排水道；现代生活垃圾中的难降解固体成分比如塑胶包装等，进入水体后，会使水生动物误食后死亡。

图5.11　河流表面漂浮的固体垃圾

（2）微生物污染

微生物污染主要来自城市生活污水、医院污水、垃圾及地面径流等方面。病原微生物有以下特点：①数量大；②分布广；③存活时间较长；④繁殖速度快；⑤易产生抗性，很难消灭。传统的二级生化污水处理及加氯消毒后，某些病原微生物、病毒仍能大量存活，此类污染物通过多种途径进入人体，并在体内生存，引起人体疾病。

（3）需氧有机物污染

生活污水、食品加工和造纸等工业废水中，含有大量的有机物，如碳水化合物、蛋白质、油脂、木质素、纤维素等。这些物质直接进入水体后，通过微生物的生物化学作用而分解为简单的无机物质、二氧化碳和水，在分解过程中需要消耗水中的溶解氧，在缺氧条件下污染物就发生腐败分解、恶化水质（图5.12），同时水中缺氧导致需氧微生物死亡，造成水体发黑、变臭，毒素积累，伤害人畜等后果。

图5.12 微生物、需氧有机物污染水质

（4）有毒物质污染

有毒物质污染是水污染中特别重要的一大类，种类繁多，主要分为无机有毒物和有机有毒物，但共同的特点是对生物有机体的毒性危害大，各类有毒物质进入水体后，在高浓度时，会杀死水中生物；在低浓度时，可在生物体内富集，并通过食物链逐级浓缩，最后影响人类。

（5）恶臭

恶臭是一种普遍的污染危害，它发生于污染水体中。人能嗅到的恶臭多达4 000多种，危害大的有几十种。恶臭的危害表现为：①妨碍正常呼吸功能，使消化功能减退；使判断力、记忆力降低；造成嗅觉障碍，损伤中枢神经、大脑皮层的兴奋和调节功能。②某些水产品染上了恶臭无法食用、出售。③恶臭水体不能作游泳、养鱼、饮用，而破坏了水的用途和价值。④产生硫化氢、甲醛等有毒气体。

（6）酸、碱、盐污染

酸主要来自矿坑废水、工厂酸洗水、硫酸厂、黏胶纤维、酸法造纸等（图5.13），酸雨也是某些地区水体酸化的主要来源。碱主要来自造纸、化纤、炼油等工业。酸、碱污染使水体pH值发生变化，破坏其缓冲作用，消灭或抑制微生物的生长，妨碍水体自净，还可腐蚀桥梁、船舶、渔具。酸与碱往往同时进入同一水体，中和之后可产生某些盐类，从pH值角度看，酸、碱污染因中和作用而自净，但产生的各种盐类又成了水体的新污染物。因为无机盐的增加能提高水的渗透压，对淡水生物、植物生长有不良影响，在盐碱化地区，地面水、地下水中的盐将进一步危害土壤质量。

图5.13 化工厂排出的污水

（7）植物营养物

植物营养物主要指氮、磷化合物。主要来源是化肥、农业废弃物、生活污水和造纸、制革、印染、食品、洗毛等工业废水，植物营养物污染主要表现为水体富营养化。

（8）油类物质

在开发、炼制、储运和使用中，原油或石油因泄漏、渗透而进入水体。它的危害在于原油或其他油类在水面形成油膜，隔绝氧气与水体的气体交换。在漫长的氧化分解过程中会消耗大量的水中溶解氧，堵塞鱼类等动物的呼吸器官，黏附在水生植物或浮游生物上导致大量水鸟和水生生物的死亡，甚至引发水面火灾等。

5.5.2　水资源的循环利用及污染防治措施

为保护地球紧缺的淡水资源，我们应从三方面做起："节约用水、一水多用""少用化学合成剂""收集利用雨水"。

家庭使用最多的化学品主要用于厕所的消毒和厨房的清洁，这些化学品往往对微生物有很强的杀伤作用。它们从下水道流入河水或湖泊之中，会杀死水中的生物，使水体的自净能力丧失，就会积累水中的毒素。为了保护水体的自净功能，防止化学制剂的毒素在淡水中积累，威胁饮用水的安全，人们在洗涤用品市场上，应选用具有环保标识的清洗剂。

"收集利用雨水"是主动增加淡水资源的做法。雨水主要用于浇灌花园、擦洗车辆、打扫房间和冲厕所等，这样大大减少了家庭对可饮用水的浪费。

事实上，水在自然界中是唯一不可替代的，也是唯一可以再生的资源。人类使用过的水，污染杂质只占0.1%左右，比海水的3.5%少得多，其余绝大部分是可再利用的清水。污水经过适当再生处理，可以重复利用，实现水在自然界中的良性大循环，作为城市第二水源要比海水、雨水来得实际。开辟这种非传统水源，实现污水资源化，对保障城市供水安全具有重要的战略意义。

水体污染防治的主要措施也同样是以利用废水循环为主。首先，可采用改革工艺，减少甚至不排废水，或者降低有毒废水的毒性。其次，可重复利用废水，尽量采用重复用水及循环用水系统，使废水排放减至最少或将生产废水经适当处理后循环利用，如电镀废水闭路循环，高炉煤气洗涤废水经沉淀、冷却后再用于洗涤。最后，可控制废水中污染物浓度，回收有用产品，尽量使流失在废水中的原料和产品与水分离，就地回收，这样既可减少生产成本，又可降低废水浓度。

同时，全面规划，合理布局，进行区域性综合治理也是水体污染防治的一项重要举措。第一，在制订区域规划、城市建设规划、工业区规划时都要考虑水体污染问题，对可能出现的水体污染，要采取预防措施。第二，对水体污染源进行全面规划和综合治理。第三，杜绝工业废水和城市污水任意排放，规定标准。第四，同行业废水应集中处理，以减少污染源的数目，便于管理。最后，有计划地治理已被污染的水体。

加强监测管理，制定法律和控制标准也是防治过程中不可缺少的工作。一方面，设立国家级、地方级的环境保护管理机构，执行有关环保法律和控制标准，协调、监督各部门和工厂保护环境、保护水源。另一方面，需要颁布有关法规、制定保护水体、控制和管理水体污染的具体条例。现阶段的大环境已经无法承载人们的过度使用，所以今后社会经济发展的重要方向就是加强环境保护，将环保节能作为经济发展的主要推动力量，积极响应国家号召，加强对环保节能技术的学习以及推广，开发新的清洁能源，选用新型的节水节能设备，最大程度度抑制环境污染及水资源浪费，为中国的节水工程做出更大的贡献。

5.6 生活垃圾

5.6.1 生活垃圾的分类

垃圾回收作为一种产业得到了迅速发展，在许多发达国家，回收产业正在国家产业结构中占有越来越重要的位置。垃圾分类就是在源头将垃圾分类投放，并通过分类的清运和回收使之重新变成资源。

从国内外各城市对生活垃圾分类的方法来看，大致是根据垃圾的成分构成、产生量，结合本地垃圾的资源利用和处理方式来进行分类，常见的生活垃圾如图5.14所示。在我国，生活垃圾一般可分为四大类：可回收垃圾、厨余垃圾、有害垃圾和其他垃圾（图5.15）。

橡胶手套	残枝落叶	旧电视机	旧电脑	旧图书报纸
坚果壳	洗净后的牛奶盒等利乐包装	金属厨具	大骨棒	嚼过的口香糖
卫生纸纸巾	塑料袋	快餐盒	泡沫塑料	烂衣服
喝过茶的纸杯	过期药品	废水银温度计	废电池	蛋壳
破碗、碟	玻璃瓶	塑料饮料瓶	剩菜剩饭	废日光灯管
纸尿片、卫生巾	废油漆桶	菜梗菜叶	烟头	陶瓷瓶罐
动物内脏和鱼骨	茶叶渣	瓜果皮核	食品袋（盒）	保鲜膜（袋）

图5.14　常见的生活垃圾

①可回收垃圾主要包括废纸、塑料、玻璃、金属和布料五大类。

②厨余垃圾包括剩菜剩饭、骨头、菜根菜叶等食品类废物，经生物技术就地处理堆肥，1 t可生产0.3 t有机肥料。

③有害垃圾包括废电池、废日光灯管、废水银温度计、过期药品等，这些垃圾需要特殊

安全处理。

④其他垃圾包括砖瓦、陶瓷、渣土、卫生间废纸等难以回收的废弃物，采取卫生填埋的方式可有效减少对地下水、地表水、土壤及空气的污染。

勤俭节约，废物利用，这是中华民族的传统美德。我们每个人既是垃圾的制造者，又是垃圾的受害者，但我们更应是垃圾公害的治理者，可以通过垃圾分类来战胜垃圾公害。垃圾，只有混在一起的时候才是垃圾，一旦分类回收就都是宝贝。垃圾分类创造的是一个资源循环利用的社会。

 厨房产生的食物类垃圾及果皮等；
用可降解的绿色垃圾袋收集；
投入绿色垃圾桶；
生态填埋处理，用于沼气发电。

 除去可回收物、有害垃圾、厨房垃圾之外的所有垃圾的总称；
投入灰色垃圾桶；
用于焚烧发电。

 再生利用价值较高，能投入废品回收渠道的垃圾；
投入蓝色垃圾桶；
鼓励出售。

 含有毒有害化学物质的垃圾；
投入红色垃圾桶；
分选后回收利用或安全填埋。

图5.15　生活垃圾的回收与利用

5.6.2　生活垃圾的利用

垃圾是固体废物中的一种，是生产和生活中丢弃的固体和泥状物质。"废物"具有相对性，一种过程的废物，往往可以成为另一种过程的原料，所以垃圾也有"放错地点的原料"之称。

城市生活垃圾一般分为居民生活垃圾和建筑垃圾两类，居民生活垃圾中有灰土、砖瓦、草木、织物、食品、纸类、塑料、玻璃、金属、废电池等。其中，灰土、草木、食品可堆肥；其他除砖瓦外，均可回收再利用。

我国现有耕地20亿亩，人均1.68亩，不到世界人均数的1/2，我国人均粮食370 kg，远低于国际上公认的粮食过关线500 kg。在这种严峻的形势下，我们再不能掉以轻心。

现在对生活垃圾的处理方法主要是卫生填埋、堆肥、焚烧三种方式。填埋、堆肥占用大量土地，焚烧容易对大气造成污染。中国的垃圾处理技术落后发达国家几十年，再加上生活垃圾混合收集，导致垃圾中有机物含量高、水分高、热值低、成分复杂，出现了焚烧处理热值低、堆肥处理产品质量差、填埋处理污染大的问题。垃圾在堆放时，由于温度、湿度

等原因，会腐烂、发酵，产生NH_3、SO_2、沼气等有毒有害气体，发出恶臭，污染大气；污染地表水、土壤和地下水；滋生有害病菌及生物；破坏景观环境，严重影响环境卫生及人体健康。

塑料制品在土壤中200年都不会降解，一次性塑料饭盒是环境恶化的元凶之一，是危害人身体健康的隐患。目前使用的一次性塑料饭盒，在焚烧过程中能产生"二噁英"。减少塑料制品污染的方法有：①禁止生产、销售塑料制品。②禁止、限制使用塑料制品。③推广应用替代产品。④培育优化新业态新模式。⑤加强塑料废弃物回收和清运。⑥开展塑料垃圾专项清理。废旧电池中含有重金属Pb、Hg、Cd等有毒有害物质，若将废旧电池混入生活垃圾一起填埋，渗出的重金属就会渗透土壤，污染地下水，从而进入鱼类、农作物中，破坏人类的生存环境，间接威胁人类健康，可采用人工分选、干法、湿法和干湿法等方式处理。

生活垃圾中的纸、玻璃、织物、金属、动物骨头等是重要的再生资源，厨余垃圾经过生化处理后可制成有机肥。

垃圾的合理利用就在于垃圾的资源化、减量化、无害化，而垃圾的分类收集，是实现垃圾资源化的前提。在目前情况下，可将垃圾进行两次分类，流程为：

①食物性垃圾。在城市生活垃圾中约占40%，将其收集到厨余垃圾处理器中，在微生物耗氧菌的作用下，食物性垃圾就会被分解，生成水、二氧化碳和少量氨气。剩余的物质可作为有机肥料。

②非食物性垃圾。送到专业的城市垃圾资源化工厂，用人工或机械进行再分类，将金属、纸张、玻璃、塑料、橡胶分类后再利用。其中1 t废塑料可以炼出$600 \sim 700$ kg柴油；1 t废纸可以制造850 kg再生纸，可节省木材3 m^3，少伐树3棵。碎玻璃、橡胶等都可以再生作为工业原料。

总体来说，化学在现代环境问题中扮演着不可替代的角色，它能带领我们从根本上更全面、更理性地了解环境问题。同时，环境污染防治是一个非常复杂的全球问题，需要环境科学、地球科学、材料科学、农业科学、生物化学、分析测试等诸多行业、学科的协同发展与努力，共同致力于大自然与人类的和谐发展。

第6章

化学与新能源

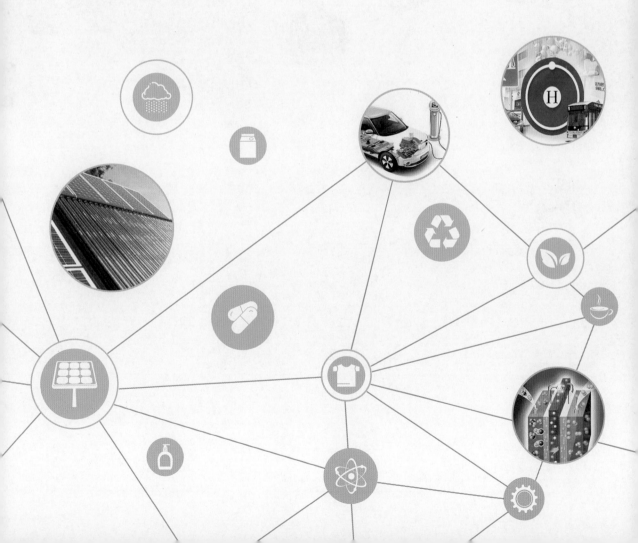

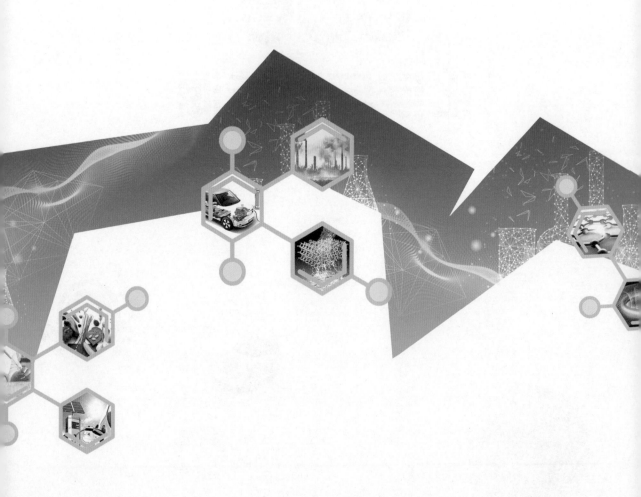

Chemistry in Daily Life

随着常规能源资源的日益枯竭、使用化石能源引发环境问题的增加，人类必须寻找新的可持续能源，因此开发利用新能源迫在眉睫（图6.1）。本章介绍太阳能、风能、核能、氢能、地热能、化学电源和超级电容器等新能源，并对新能源的工作原理、技术开发以及经济优势等方面进行深入阐述。

新能源的
开发与利用

图6.1 新能源的开发与利用

6.1 太阳能

太阳能是指太阳光的辐射能量，目前一般用于发电，是新兴的可再生能源。太阳能的利用有被动式利用（光热转换）和光电转换两种方式。在众多太阳光电池中较普遍且较实用的有单晶硅太阳光电池、多晶硅太阳光电池（图6.2）及非晶硅太阳光电池三种太阳光电池，主要功能是将光能转换成电能，这个现象被称为光伏效应。光伏效应在19世纪即被发现，早期用来制造硒光电池，直到晶体管被发明后，半导体特性及相关技术才逐渐成熟，使太阳光电池的制造变为可能。

太阳能的利用
——太阳能电池

图6.2 多晶硅太阳光电池

很多人至今都以为爱因斯坦获得诺贝尔物理学奖，成为世界上伟大的科学家，是因为他的相对论，可实际上并非如此。爱因斯坦获得诺贝尔奖的真正原因，是他用量子理论解释了光电效应。

首先了解一下光伏效应的具体应用——太阳能电池。太阳能电池是利用光伏效应将太阳能直接转换为电能的器件，也称光伏电池。常见的"光伏电池"是由很多单体光伏电池构成的。单体光伏电池是指具有正、负电极，并能把光能转换为电能的最小光伏电池单元。

如图6.3所示，太阳能电池是通过光电效应或者光化学效应直接把光能转化成电能的装置。以光电效应工作的薄膜式太阳能电池为主流，而以光化学效应原理工作的太阳能电池则还处于萌芽阶段。太阳光照在半导体P-N结上，形成新的空穴-电子对。在P-N结电场的作用下，空穴由N区流向P区，电子由P区流向N区，接通电路后就形成电流。

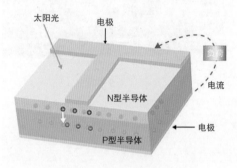

图6.3　太阳电池构造与发电原理

6.1.1　太阳能光伏发电的优点

从太阳能资源的角度来看，太阳能是地球上最丰富、最广泛的可再生能源。不仅总量巨大，"取之不尽、用之不竭"，而且分布广泛，获取容易，不需要开采和运输。

从光伏发电系统的角度来看，其很多优点是其他能源无法比拟的，这主要是因为太阳能光伏发电系统主要由电子元器件构成，不涉及机械部件。太阳能光伏发电的优点如下。

①运输、安装容易。光伏组件结构简单、体积小、质量轻，因此运输方便、安装容易、建设周期很短。由于运输和安装都比较容易，只要是太阳能资源较好的地方就可以建设使用光伏发电，例如沙漠地区。开发利用太阳能不会污染环境，它是最清洁能源之一，在环境污染越来越严重的今天，这一点是极其宝贵的（图6.4）。

图6.4　利用太阳能为汽车充能

②运行、维护简单。太阳能电池没有移动部件，容易启动，可随时使用；在光电转换过程中，光伏材料也不发生任何化学变化，因而没有机械磨损和消耗，故障率低，运行和维护都比较简单，可以实现无人值守。

③安全、可靠、寿命长。太阳能电池没有移动部件，也不发生任何化学变化，因而运行安全，可靠性高，没有物质损耗，使用寿命长。

④清洁，环境污染少。太阳能电池不会产生噪声，而且无气味，对环境的直接污染很少。在所有可再生和不可再生能源发电系统中，光伏电池对环境的负面影响可能是最小的。

但是，需要特别指出的是，晶体硅太阳能电池生产前期的晶体硅片制造过程为高耗能、高污染过程。在某些薄膜太阳电池模块中，包含微量的有毒物质，例如制造碲化镉的金属镉就有毒，因此一旦发生火灾有可能释放出这些有毒化学物质。

如果不考虑制造过程和成本，只考虑能源的使用方便，光伏发电无疑是最理想的新能源利用技术。

6.1.2　太阳能光伏发电的不足

太阳能光伏发电未能迅速地大面积推广应用，这说明它也存在一些不足。这些不足主要是由太阳能资源本身的弱点造成的。

①能量分散。太阳能的能量密度很低，到达地球表面的太阳辐射的总量尽管很大，但是能流密度很低。

②能量不稳定。阳光的辐射角度随着时间不断发生变化，再加上气候、季节等因素的影响，到达地面某处的太阳直接辐射能是不稳定的，具有明显的波动性甚至随机性。

③能量不连续。由于受到昼夜、季节、地理纬度和海拔高度等自然条件的限制以及晴、阴、云、雨等随机因素的影响，到达地面的太阳直接辐射能具有不连续性。这给太阳能的大规模应用增加了难度。

④效率低和成本高。太阳能利用的发展水平，有些方面在理论上是可行的，技术上也是成熟的。但有的太阳能利用装置，因为效率偏低，成本较高，目前的实验室利用效率也不超过30%，总的来说，经济性还不能与常规能源相竞争。

就如何充分利用太阳输送给地球的能量这一点，1968年美国麻省里特咨询公司的工程师彼特·格拉斯提出建造空间太阳能电站的想法，设想了地球外层空间的一个面积达50 m^2 的太阳能电池板阵列，其中每块电池板都能产生数千瓦的功率，发出的电力借助一个长达1 km的天线以微波方式传回地球，再将微波转换成电能供人类使用。1979年，美国宇航局发表了关于宇宙太阳能发电系统的构想，内容是向距地球3.6万km的宇宙空间发射装有长10 km、宽5 km的巨大太阳能电池，通过电子线路把电能转换为电磁波，传输到地球上来。2000年5月，日本设立宇宙太阳能发电系统实用化研究委员会，研究利用宇宙中的太阳能电池发电并将电能传送到地球上来的可行性。

6.2 风能及其利用

风力发电

风能被喻为"蓝天白煤"，是一种可再生的绿色新能源。风能利用历史悠久，古代主要是利用风力航行和将其作为各种机械的动力，当今风能的主要利用方式是风力发电。

风不仅能量是很大的，在自然界中所起的作用也是很大的。风可以使山岩发生侵蚀，形成沙漠，进而形成风海流，也可以输送水分，水汽主要是由强大的空气流输送的，从气象学上讲影响了气候变化，造成雨季和旱季。合理利用风能，既可减少环境污染，又可减轻越来越大的能源短缺的压力。全世界每年燃烧煤炭得到的能量，还不到风力在同一时间内所提供给我们的能量的1%。由此可见，风能是地球上重要的能源之一。

现在，风能利用正日益受到世界各国的普遍重视，几乎所有的发达国家均已将风能的开发利用列为最重要的任务之一。我国拥有丰富的风能资源，因地制宜积极开发利用，将对我国能源的持续发展，特别是对广大农村地区脱贫致富，促使农村经济和生态环境的协调发展起到重要的作用。

在过去几十年间，风能在全球范围内得到了快速发展，风电装机总量迅速增长，风力发电已成为全球能源发电的重要来源。2018年，全球发电量达到600 GW以上，我国装机总量221 GW，拥有世界三分之一以上的风电装机容量，中国甘肃拥有世界上最大的陆上风电厂，装机容量达到8 965 MW，是世界上第二大陆上风电场装机容量的5倍。

6.2.1 风能的特点

风能是天然能源，与其他能源相比，具有如下特点：

①蕴藏量丰富。全球风能储量约为2.7×10^9 MW，其中蕴藏的可被开发利用的风能储量约有2×10^7 MW，这比地球上可利用的水能总量约大10倍。我国已探明的风能储量达32.26亿kW，可开发利用的风能储量约10亿kW，主要集中的西北、华北、东北地区，海上风能资源主要集中在东南沿海地区及附近岛屿。

②可以再生，永不枯竭。风能是太阳能的"变异"，只要太阳和地球存在，就有风能，是可再生的能源，是一种取之不尽、用之不竭的能源。

③清洁无污染，随处都可开发利用。煤、石油、天然气的使用会给人类生活环境造成极大污染和破坏，危害人类健康。风能开发利用越多，空气中的飘尘和降尘会越少。风能也不存在开采和运输问题，无论何地都可建立风电站，就地开发，就地利用。

④随机统计性。风能从微观上来看是随机的，具有不可控特性。从宏观上来看，风能还是具有一定的统计规律特性的，在一定程度上又是可以预测和利用的。

6.2.2 风能的利用

①风力提水。风力提水自古至今一直得到较普遍的应用。至20世纪下半叶时，为了解决农村、牧场的生活、灌溉和牲畜用水问题以及节约能源，风力提水机有了很大的发展。现代风力提水机主要有高扬程小流量及低扬程大流量两种，前者主要用于草原、牧区，为人畜提供饮水；后者主要用于农田灌溉、水产养殖或海水制盐。

②风力发电。利用风力发电已越来越成为风能利用的主要形式，受到世界各国的高度重视，而且发展速度最快。其独立运行方式是指一台小型风力发电机向一户或几户提供电力，用蓄电池畜能，以保证无风时的用电。

③风帆助航。在机动船舶发展的今天，为节约燃油和提高航速，古老的风帆助航也得到了发展。通过电脑控制的风帆助航，节油率可达15%。

④风力致热。随着人民生活水平的提高，热能的需求量越来越大，特别是在高纬度的欧洲、北美等国家，是耗能大户。为解决家庭及生产工业热能的需要，风力致热有了较大的发展。

6.2.3 风力发电的原理

风能是一种清洁无公害的可再生能源，很早就被人们所利用，主要是通过风车来抽水、磨面等，而现在，人们感兴趣的是如何利用风来发电。对于缺水、缺燃料和交通不便的沿海岛屿、草原牧区、山区和高原地带，因地制宜地利用风力发电，非常适合，大有可为。海上风电是可再生能源发展的重要领域，是推动风电技术进步和产业升级的重要力量，是促进能源结构调整的重要措施。利用风力发电非常环保，且风能蕴量巨大，因此日益受到世界各国的重视。

把风的动能转变成机械动能，再把机械能转化为电力动能，这就是风力发电。风力发电的原理，是利用风力带动风车叶片旋转，再透过增速机将旋转的速度提升，来促使发电机发电。依据目前的风车技术，大约是3 m/s的微风速度（微风的程度），便可以开始发电。风力发电正在世界上形成一股热潮，因为风力发电不需要使用燃料，也不会产生辐射或空气污染。

如图6.5所示，风力发电所需要的装置称作风力发电机组。这种风力发电机组，大体上可分风轮（包括尾舵）、发电机和铁塔三部分。大型风力发电站基本上没有尾舵，一般只有小型（包括家用型）才会拥有尾舵。

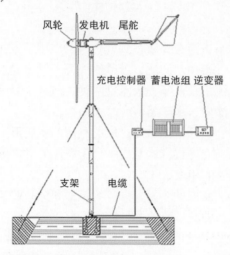

图6.5　风力发电装置图

风轮是把风的动能转变为机械能的重要部件，它由若干只叶片组成。当风吹向桨叶时，桨叶上产生气动力驱动风轮转动。桨叶的材料要求强度高、重量轻，目前多用玻璃钢或其他复合材料（如碳纤维）来制造。现在还有一些垂直风轮、S形旋转叶片等，其作用也与常规螺旋桨型叶片相同。

由于风轮的转速比较低，而且风力的大小和方向经常变化又使其转速不稳定，所以，在带动发电机之前，还必须附加一个把转速提高到发电机额定转速的齿轮变速箱，再加一个调速机构使转速保持稳定，然后再连接到发电机上。为保持风轮始终对准风向以获得最大的功率，还需在风轮的后面装一个类似风向标的尾舵。

铁塔是支承风轮、尾舵和发电机的构架。它一般修建得比较高，为的是获得较大和较均匀的风力，又要有足够的强度。铁塔高度视地面障碍物对风速影响的情况，以及风轮的直径大小而定，一般在6～20 m。

发电机的作用，是把由风轮得到的恒定转速通过升速传递给发电机构均匀运转，由此把机械能转变为电能。

6.2.4　风力发电的种类

尽管风力发电机多种多样，但归纳起来可分为两类：①水平轴风力发电机，风轮的旋转轴与风向平行；②垂直轴风力发电机，风轮的旋转轴垂直于地面或者气流方向。

（1）水平轴风力发电机

水平轴风力发电机可分为升力型和阻力型两类。升力型风力发电机旋转速度快，阻力型旋转速度慢。对于风力发电，多采用升力型水平轴风力发电机。大多数水平轴风力发电机具有对风装置，能随风向改变而转动。对于小型风力发电机，这种对风装置采用尾舵，而对于大型的风力发电机，则利用风向传感元件以及伺服电机组成的传动机构。

风力机的风轮在塔架前面的称为上风向风力机，风轮在塔架后面的则称为下风向风机。水平轴风力发电机的式样很多，有的具有反转叶片的风轮，有的在一个塔架上安装多个风轮，以便在输出功率一定的条件下减少塔架的成本，还有的水平轴风力发电机在风轮周围产生漩涡，集中气流，增加气流速度。

（2）垂直轴风力发电机

垂直轴风力发电机在风向改变的时候无须对风，在这点上相对于水平轴风力发电机是一大优势，它不仅使结构设计简化，而且减少了风轮对风时的陀螺力。

利用阻力旋转的垂直轴风力发电机有几种类型，其中有利用平板和被子做成的风轮，这是一种纯阻力装置；S形风轮，具有部分升力，但主要还是阻力装置。这些装置有较大的启动力矩，但叶尖速比低，在风轮尺寸、重量和成本一定的情况下，提供的功率输出低。

相比有些单轮式结构风机中采用外加的遮挡法、活动式变桨距等被动式减少叶轮回转复位阻力的设计，其体现了积极利用风力的特点。因此这一发明不仅具有实用作用，促进风力利用的研究和发展，而且具有新的流体力学方面的意义。它开辟了风能发展的新空间，是一项带有基础性质的发明，这种双轮风机具有设计简捷，易于制造加工，转数较低，重心下降，安全性好，运行成本低，维护容易，无噪声污染等明显特点，可以广泛普及推广，适应中国节能减排需求，大有市场前景。

2022年9月22日，哈电风能有限公司试制的国内首台最大单机容量陆上风力发电机组一次并网成功，标志着我国陆上风力发电机组技术的又一次突破。该机组单机容量功率范围涵盖6.75~8 MW，能够在中高风速陆上风场以及中低风速海上区域内稳定运行。单台机组预计年上网电量可达2 600万度，相当于节约标准煤8 250吨，减少二氧化碳排放24 600吨。风力发电已然成为全球能源发电的重要来源。

6.3 核能

核能又称原子能、原子核能，是原子核结构发生变化时放出的能量。那么，原子核又是什么呢？世界上的一切物质都是由原子或分子构成的，而原子是带正电的原子核和绕原子核旋转的带负电的电子构成的。原子核包括质子和中子，质子数决定了该原子属于何种元素，原子的质量数等于质子数和中子数之和。一个铀-235原子是由原子核和92个电子构成的，其中原子核是由92个质子和143个中子组成的。如果把原子看作是我们生活的地球，那么原子核就相当于一个乒乓球的大小。虽然原子核的体积很小，但在一定条件下却能释放出惊人的能量。如铀-235原子核完全裂变释放出的能量是同量煤完全燃烧放出能量的270万倍。

核能的利用
——核电站

利用核反应堆中核裂变或聚变所释放出的热能进行发电的方式与火力发电极其相似，只是以核反应堆及蒸汽发生器来代替火力发电的锅炉，以核裂变能代替矿物燃料的化学能。核电站内部如图6.6所示。除沸水堆外（轻水堆），其他类型的动力堆都是一回路的冷却剂

通过堆心加热，在蒸汽发生器中将热量传给二回路或三回路的水，然后形成蒸汽推动汽轮发电机。沸水堆则是一回路的冷却剂通过堆心加热变成70个大气压左右的过饱和蒸汽，经汽水分离并干燥后直接推动汽轮发电机，核能发电利用铀燃料进行核分裂连锁反应所产生的热，将水加热成高温高压的水蒸气，利用产生的水蒸气推动蒸汽轮机并带动发电机。核反应所放出的热量较燃烧化石燃料所放出的能量要高很多（相差约百万倍），比较起来所需要的燃料体积比火力电厂少相当多。核能发电所使用的的铀-235纯度只占3%～4%，其余皆为无法产生核分裂的铀-238。

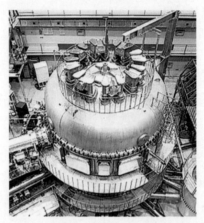

图6.6 核电站内部图

20世纪30年代，科学家在实验中发现铀-235原子核在吸收一个中子以后，分裂成两个或更多个质量较小的原子核，同时再放出2～3个中子和巨大的能量，这种能量比化学反应所释放的能量大得多，这就是如今所说的核能。核能的获得途径主要有两种，即重核裂变与轻核聚变。

6.3.1 核裂变

1964年10月16日15时，中国在本国西部地区爆炸了第一颗原子弹。原子弹的爆炸原理即核裂变原理，核裂变是大核分裂为小核的过程。普通的核武器和核电站都依赖于裂变过程产生的能量。

铀-235裂变是最早发现的核裂变，此核裂变（图6.7）是铀-235受慢中子轰击而诱发的裂变过程。铀-235的裂变产物中存在35种元素的200多种同位素，这些同位素多为放射性同位素，表明它以多种不同的方式发生裂变。以下的反应是其中的两种：

$$^{235}_{92}U + ^{1}_{0}n \longrightarrow ^{137}_{52}Te + ^{97}_{40}Zr + 2^{1}_{0}n$$

$$^{235}_{92}U + ^{1}_{0}n \longrightarrow ^{142}_{56}Ba + ^{91}_{36}Kr + 3^{1}_{0}n$$

两个反应产生的中子数分别为2和3。研究表明，铀-235的每次裂变平均产生2.4个中子。假定每次裂变产生2个中子，它们将会诱发另外两次裂变产生4个中子，4个中子又诱发4次裂变产生8个中子，如此等等。以这种方式发生的反应称为链反应。随着链反应的进行，裂变次数和释放的能量迅速增加，如果不加以控制，将导致爆炸。

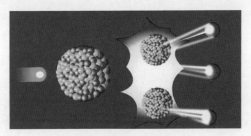

图6.7　核裂变原理图

为了使链反应能够发生，裂变材料的质量必须大于某一最小质量。否则，产生的中子在有机会轰击其他原子核之前，会从裂变材料样品中逸出。如果逃逸的中子太多，链反应将终止。对给定的裂变材料而言，足以维持链反应正常进行的质量称为临界质量。铀-235的临界质量约为1 kg，质量超过1 kg则发生爆炸。比如在一个原子弹装置中，弹壳中安放了两块次临界质量（不足1 kg）的金属铀，用化学炸药引爆的方法推动下部的一块楔形金属铀穿过弹膛，与上部靶铀合拢，合拢后的金属铀因超过临界质量而实现核爆炸。

显然，任何有核反应堆的国家都不难得到爆炸级的裂变材料，原子弹的基本设计又如此简单，从而给防止核武器扩散带来了困难。

6.3.2　核聚变

由两个或多个轻核聚合形成较重核的过程称为核聚变，轻核聚变释放的能量比重核裂变大得多。

聚变反应需要很高的反应温度，因而又称为热核反应，以聚变反应为基础的核武器称为热核武器。反应温度最低的一个聚变反应是氚核（$^3_1$H）与氘核（$^2_1$H）之间的反应，它也是氢弹爆炸的反应：

$$^3_1H + ^2_1H \longrightarrow ^4_2He + ^1_0n$$

该反应在4 000万 ℃条件下即可进行，原子弹爆炸可以提供这样的高温。氢弹就是利用装在其内部的一个小型铀原子弹爆炸产生的高温引爆的。

2006年，欧盟、俄罗斯、美国、中国、印度、日本和韩国签署协议，在法国建立第一个国际热核实验反应堆。这是一项研究核聚变发电的大型国际科研项目。与当前核电站使用的裂变技术相比，核聚变的原料在地球上几乎取之不尽，也不会产生难处理的放射性核废料。该计划一旦成功，将为人类开发新一代战略能源带来革命性进展。

6.3.3　核裂变的和平利用——核电站

核电站是利用原子核内部蕴藏的能量大规模生产电力的新型发电站。人类首次实现核能发电是在1951年。当年8月，美国原子能委员会在爱达荷州一座钠冷快中子增殖实验堆上进行了世界上第一次核能发电实验并获得成功。1954年，苏联建成了世界上第一座实验核电站，发电功率5 000 kW。

我国核电站起步相对较晚，1991年才有了自行设计建造的第一个秦山核电站，自此我国核电机组长期保持安全稳定运行，核电机组建设稳步推进。到2022年，我国新核准

核电机组10台，新投入商运核电机组3台，新开工核电机组6台。截至目前，我国在建核电机组24台，总装机容量约2 681万kW，继续保持全球第一。商运核电机组54台，总装机容量5 682万kW，位列全球第三。核能在我国已进入规模化发展的新时期，中国正在成为核电发展的中心。

核电站与火电站发电过程相同，均是热能—机械能—电能的能量转换过程，不同之处主要是热源部分。火电站是通过化石燃料在锅炉设备中燃烧产生热量，而核电站则是通过核燃料链式裂变反应产生热量。核电站是以核反应堆来代替火电站的锅炉，以核燃料在核反应堆中发生特殊形式的"燃烧"产生热量，使核能转变成热能来加热水产生蒸汽。利用蒸汽通过管路进入汽轮机，推动汽轮发电机发电，使机械能转变成电能。一般说来，核电站的汽轮发电机及电器设备与普通火电站大同小异，其奥妙主要在于核反应堆。

核反应堆，又称为原子反应堆或反应堆，是装配了核燃料用来实现大规模可控制裂变链式反应的装置（图6.8）。核燃料铀-235裂变链式反应产生大量热能，用循环水带走热量以避免反应堆因过热而烧毁。导出的热量可以使水变成水蒸气，推动汽轮机发电。由此可知，核反应堆最基本的组成是裂变原子核＋热载体。但是只有这两项是不能工作的。因为，高速中子会大量飞散，这就需要使中子减速，增加与原子核碰撞的机会；核反应堆要依人的意愿决定工作状态，这就要有控制设施；铀及裂变产物都有强放射性，会对人造成伤害，因此必须有可靠的防护措施。所以，核反应堆的合理结构应该是：核燃料＋慢化剂＋热载体＋控制设施＋防护装置。

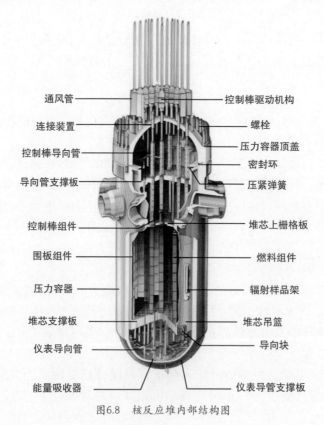

图6.8　核反应堆内部结构图

核电与火力发电相比有哪些优点呢？

①热能高。核燃料能量密度比化石燃料高几百万倍，故核能电厂所使用的燃料体积小，运输与储存都很方便。如一座10亿瓦的核能电厂一年只需30 t的铀燃料，一航次的飞机就可以完成运送。

②不会造成空气污染。核能发电不像化石燃料发电那样排放巨量的污染物质到大气中，因此核能发电不会造成空气污染。

③成本稳定。核能发电的成本中，燃料费用所占的比例较低，核能发电的成本不易受到国际经济形势影响，所以发电成本较其他发电方法稳定。

核电同样也存在缺点，比如现阶段的核能发电，仍然会产生很多放射性废物，核废物的处理及处置已成为国际性难题。另外核电的反应器内有大量的放射性物质，如果在事故中释放到外界环境里，会对生态及民众造成伤害。在人类历史上有两次重大的核泄漏事故，其一是1986年的苏联切尔诺贝利核电站核泄漏事故，造成约8 t强辐射核物质的泄漏，周围约5万平方千米土地受到直接污染，320多万人受到核辐射侵害，这次事故产生的放射性尘埃比日本广岛原子弹爆炸造成的辐射强400倍。核电站30 km以内的地区被定为"禁入区"，切尔诺贝利从此被称为"鬼城"。其二是日本福岛核泄漏事故。2011年3月11日，日本当地时间14时46分，日本东北部海域发生里氏9.0级地震并引发海啸，造成福岛第一核电站1—4号机组发生核泄漏事件。据日本经济产业省原子能安全保安院估算，福岛第一核电站发生事故后，1—3号机组释放的铯-137放射性活度达到1.5万万亿Bq，相当于广岛原子弹爆炸铯-137释放量的168倍。因此，人类在未来的核电发展中一定要把安全放在首位，并采取相关防范措施。

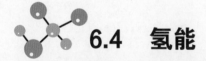

6.4　氢能

化学元素氢（H），在元素周期表中位于第一位，它是所有原子中最小的。众所周知，氢分子与氧分子化合成水，氢通常的单质形态是氢气（H_2），无色无味，极易燃烧，是最轻的气体。氢在地球上主要以化合态的形式出现，是宇宙中分布最广泛的物质。

氢能

氢能是通过氢气和氧气反应所产生的能量。氢能就是氢的化学能，由于氢气必须从水或化石燃料等含氢物质中制得，因此是二次能源。氢能的主要优点有：燃烧热值高，每千克氢燃烧后的热量，约为汽油的3倍，酒精的3.9倍，焦炭的4.5倍；燃烧的产物是水，没有灰渣和废气，不会污染环境，是世界上最干净的能源；资源丰富，氢气可以由水制取，而水是地球上最丰富的资源，演绎了自然物质循环利用、持续发展的经典过程。因此氢能是一种极为优越的新能源，被视为21世纪最具发展潜力的清洁能源，如图6.9所示。

图6.9　氢能的利用

氢气在一定压力和温度下很容易变成液体。液氢的重量特别轻，它比汽油、天然气、煤油都轻多了，因而携带、运送方便，液态的氢可用作汽车、飞机的燃料。氢作为气体燃料，首先被应用在汽车上。1976年5月，美国研制出一种以氢作为燃料的汽车；后来，日本也研制出一种以液态氢为燃料的汽车；20世纪70年代末，德国的奔驰汽车公司已对氢气进行了试验，他们仅用了5 kg的氢，就使汽车行驶了110 km。

氢具有很高的能量密度，释放的能量足以使汽车发动机运转，氢燃料电池以水中的氢原子为燃料，而且氢与氧气在燃料电池中发生化学反应只生成水，没有污染。因此，许多科学家预言，以氢为能源的燃料电池是21世纪汽车发展的核心技术，对汽车工业的发展进步具有革命性意义，氢动力汽车是传统汽车最理想的替代方案。由于氢能源来源于水，是真正取之不尽、用之不绝的"清洁能源"，几乎所有的世界汽车巨头都在研制氢动力汽车。2007年，中国长安汽车公司完成了中国第一台高效零排放的氢内燃机点火实验，并在2008年北京车展上展出了自主研发的中国首款氢动力概念跑车"氢程"。

6.4.1　氢能的特点

氢位于元素周期表之首，它的原子序数为1，在常温常压下为气态，在超低温高压下又可成为液态。作为能源，氢有以下特点：

①所有元素中，氢最轻。在标准状态下，它的密度为0.089 9 g/L；在－252.7 ℃时，可成为液体，若将压力增大到数百个大气压，液氢就可变为固体氢。

②所有气体中，氢气的导热性最好，比大多数气体的导热系数高出10倍，因此在能源工业中氢是极好的传热载体。

③氢是自然界存在最普遍的元素，据估计它构成了宇宙质量的75%，除空气中含有氢气外，它主要以化合物的形态储存于水中，而水是地球上最广泛的物质。据推算，如把海水中的氢全部提取出来，它所产生的总热量比地球上所有化石燃料放出的热量还大9 000倍。

④除核燃料外，氢的发热值是所有化石燃料、化工燃料和生物燃料中最高的，为142 351 kJ/kg，是汽油发热值的3倍。

⑤氢燃烧性能好，点燃快，与空气混合时有广泛的可燃范围，而且燃点高，燃烧速度快。

⑥氢本身无毒，与其他燃料相比氢燃烧时最清洁，除生成水和少量氨气外不会产生诸如一氧化碳、二氧化碳、碳氢化合物、铅化物和粉尘颗粒等对环境有害的污染物质，少

量的氮气经过适当处理也不会污染环境，而且燃烧生成的水还可以继续制氢，反复循环使用。

⑦氢能利用形式多，既可以通过燃烧产生热能，在热力发动机中产生机械功，又可以作为能源材料用于燃料电池，或转换成固态氢用作结构材料。用氢代替煤和石油，不需对现有的技术装备作重大的改造，将现在的内燃机稍加改装即可使用。

⑧氢可以以气态、液态或固态的氢化物出现，能适应储运及各种应用环境的不同要求。

6.4.2 氢能的应用领域

（1）航天领域

早在第二次世界大战期间，氢即用作A-2火箭液体推进剂。1970年，美国"阿波罗"登月飞船使用的起飞火箭也是用液氢作燃料。目前科学家们正研究一种"固态氢"宇宙飞船。固态氢既作为飞船的结构材料，又作为飞船的动力燃料，在飞行期间，飞船上所有的非重要零部件都可作为能源消耗掉，飞船就能飞行更长的时间。

（2）交通领域

氢燃料电池汽车加注时间短、续航里程长，在大载重、长续驶、高强度的道路交通运输体系中具有先天优势，加拿大、美国、日本等国家已经优先将氢能燃料电池动力系统应用在叉车上并进行了大量推广，我国氢能叉车也开始进入批量生产及商业化应用的初级阶段。相较于传统内燃机和蓄电池叉车，氢能燃料电池叉车本身具备较为显著的技术优势，一是工作效率高，二是使用成本低，三是使用更环保，四是节约时间和空间，五是更强的功能兼容性，六是更高的工况适用性，七是更好的市场推广性。目前我国叉车市场总额已超过其他国家总和，以美国氢能叉车市场发展情况以及我国叉车市场的每年新增数额来看，未来3~5年内，我国氢能叉车的年均新增量有望达到十万辆量级，形成百亿级的市场规模。

（3）民用领域

除了在汽车行业外，燃料电池发电系统在民用方面的应用也很广泛。氢能发电、氢介质储能与输送，以及氢能空调、氢能冰箱等，有的已经实现，有的正在开发，有的尚在探索中。燃料电池发电系统的开发如火如荼，以PEMFC为能量转换装置的小型电站系统和以SOFC为主的大型电站等均在开发中。

（4）其他方向

以氢能为原料的燃料电池系统除了在汽车、民用发电等方面应用外，在军事方面的应用也显得尤为重要，德国、美国均已开发出了以PEMFC为动力系统的核潜艇，该类型潜艇具有续航能力强、隐蔽性好、无噪声等优点，受到各国的青睐。

近年来，科学家们致力于发展太阳能制氢技术，试图把无穷无尽的、分散的太阳能转变成高度集中的能源，一旦该制氢技术成熟，将使人类在能源问题上一劳永逸。人们预计，当更有效的催化剂问世时，水中取"火"就成为可能，到那时，人们只要在汽车、飞机等的油

箱中装满水，再加入光解水催化剂，那么，在阳光照射下，水便能不断地分解出氢，成为发动机的能源。

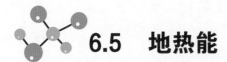

6.5 地热能

地热能

在我国已知的2 700多处温泉中，有文字记载开发利用最早的是陕西的华清池温泉。这里有"天下第一温泉"的美誉，此处流传着唐明皇和杨贵妃的爱情传说。华清池水温常年保持在43 ℃左右，水质纯净，细腻柔滑，因此华清池也成了历代帝王的御用宝地。

地热水中常含有铁、钾、钠、氢、硫等化学元素，因此很多天然温泉具有一定的医疗保健作用。如用氢泉、硫化氢泉洗浴可治疗神经衰弱、关节炎、皮肤病等。有些地热水还可以开发作为饮用矿泉水，并有特殊的保健效果。如饮用含碳酸的矿泉水，可调节胃酸、平衡人体酸碱度，对心血管及神经系统的疾病有治疗作用。含铁矿泉水饮用后，可治疗缺铁性贫血病。

目前热矿水被视为一种宝贵的资源，世界各国都很珍惜，地热在医疗领域的应用具有诱人的前景。由于温泉的医疗作用及伴随温泉出现的特殊的地质、地貌条件，温泉常常成为旅游胜地，吸引大批的疗养者和旅游者。在日本就有1 500多个温泉疗养院，每年吸引1亿人到这些疗养院休养。温泉是来自地下的热水，说明地球内部存在着某些形式的热能。如何利用这些来自地下的热能为人类服务，已经成为人们非常关心的问题。

地热是来自地球内部的热量，但是并非所有的地球热量都能作为能源被人类利用。

地球表面的热量有一部分会散发到周围的大气中，这种现象称为大地热流。我们在炎热的夏季或者某些高温地区，经常看到远处的景物变得迷离朦胧，就像隔着一层带有水痕的玻璃。据分析，地球表面每年散发到大气的热量，相当于370亿吨煤燃烧所释放的热量。这种能量虽然很大，但是太过分散，目前还无法作为能源来利用。此外，还有很多热量埋藏在地球内部的深处，开采困难，也很难被人类利用。

6.5.1 地热的分类

在某些地质因素作用下，例如：地壳内的火山活动或年轻的造山运动，地球内部的热能会以热蒸汽、热水、干热岩等形式向某些地域聚集，集中到地面以下特定深度范围内，有些能达到开发利用的条件。

有时地球内部的热能会以传导、对流和辐射的方式传递到地面上来，表现为可见的火山爆发、间歇喷泉和温泉等形式（图6.10）。

图6.10 火山爆发、间歇喷泉

地热资源是指在当前技术经济和地质环境条件下，能够从地壳内开发出来的热能量和热流体中的有用成分。地热资源是集热、矿、水为一体的矿产资源。

经过地质调查和勘探验证，地质构造和热资源储量中已经查明的地热资源，称为已查明地热资源或确认地热资源；经过了初步调查或是根据某些地热现象推测、估算的地热资源，称为推测地热资源。

从技术经济角度来看，目前地热资源勘查的深度可达到地表以下5 000 m，其中深度在地表以下2 000 m以内的为经济型地热资源，深度为2 000～5 000 m的为亚经济型地热资源。

6.5.2 地热的应用

地热资源储存在一定的地质构造部位，有明显的矿产资源属性，因而对地热资源要实行开发和保护并重的科学原则。地热能的利用方式可分为地热发电和直接利用两大类，不同温度地热流体的利用方式也有所不同。

总体而言，地热能在以下四个方面的应用最为广泛和成功。

（1）地热发电

地热发电是地热利用最重要的方式。高温地热流体应首先应用于发电，并努力实现综合利用。地热发电和火力发电的原理是一样的，都是利用蒸汽的热能在汽轮机中转变为机械能，然后带动发电机发电。所不同的是，地热发电不像火力发电那样要装备庞大的锅炉，也不需要消耗燃料，它所用的能源就是地热能。地热发电的过程，就是把地下热能首先转变为机械能，然后再把机械能转变为电能的过程。地热发电是地热利用最重要的方式。要利用地下热能，首先需要有"载热体"把地下的热能带到地面上来。能够被地热电站利用的载热体，主要是地下的天然蒸汽和热水。按照载热体类型、温度、压力和其他特性的不同，可把地热发电的方式划分为蒸汽型地热发电和热水型地热发电两大类。

（2）地热供暖

将地热能直接用于采暖、供热和供热水是仅次于地热发电的地热利用方式。因为这种利用方式简单、经济性好，备受各国重视，特别是位于高寒地区的西方国家，其中冰岛开发利用得最好。该国早在1928年就在首都雷克雅末克建成了世界上第一个地热供热系统，现今这一供热系统已发展得非常完善，每小时可从地下抽取7 740 t 80 ℃的热水，供全市11万居

民使用。由于没有高耸的烟囱，冰岛首都已被誉为"世界上最清洁无烟的城市"。此外利用地热给工厂供热，如用作干燥谷物和食品的热源，用作硅藻土生产、木材、造纸、制革、纺织、酿酒、制糖等生产过程的热源也是大有前途的。目前世界上最大的两家地热应用工厂就是冰岛的硅藻土厂和新西兰的纸浆加工厂。我国利用地热供暖和供热水发展也非常迅速，在京津地区地热利用已成为一种最普遍的方式。

（3）地热用于农业

地热在农业中的应用范围十分广阔。如利用温度适宜的地热水灌溉农田，可使农作物早熟增产；利用地热水养鱼，在28 ℃水温下可加速鱼的育肥，提高鱼的出产率；利用地热建造温室，育秧、种菜和养花；利用地热给沼气池加温，提高沼气的产量等。将地热能直接用于农业在我国日益广泛，北京、天津、西藏和云南等地都建有面积大小不等的地热温室。各地还利用地热大力发展养殖业，如培养菌种，养殖非洲鲫鱼、鳗鱼、罗非鱼、罗氏沼虾等。

（4）温泉洗浴和医疗

这部分主要是中低温热水的温泉沐浴等。地热在医疗领域的应用具有诱人的前景，热矿水就被视为一种宝贵的资源，世界各国都很珍惜。地热水由于从很深的地下提取到地面，除温度较高外，常含有一些特殊的化学元素，从而使它具有一定的医疗效果。如含碳酸的矿泉水供饮用，可调节胃酸、平衡人体酸碱度；含铁矿泉水饮用后，可治疗缺铁贫血症；氢泉、硫水氢泉洗浴可治疗神经衰弱、关节炎和皮肤病等。我国利用地热治疗疾病的历史悠久，含有各种矿物元素的温泉众多，因此充分发挥地热的医疗作用，发展温泉疗养行业是大有可为的。

由此可见，地热能是一种有效的热能应用方式，具有很好的发展前景。

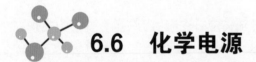

6.6　化学电源

随着数码相机、笔记本电脑等电器的普及，电池已成为人们生活工作中不可或缺的移动电源。随着各种电器产品日益增加，电流和容量的需求在不断提高，电池技术在迅猛发展，新型电池也不断涌现。

首先，什么是化学电源呢？

化学电源，也称为电池，是将物质化学反应产生的能量直接转化成电能的一种装置，不需要先转换成为热能。电池是目前使用十分广泛的直流电源设备。种类繁多，技术成熟，性能稳定，使用简便，效率较高。

按化学电源的工作性质及储存方式不同，可将电池分为：原电池、蓄电池和燃料电池。相较于原电池只能放电一次，蓄电池可反复循环使用，更加环保。本节主要介绍现今需求大幅增加的两种新型电池——锂电池和燃料电池。

6.6.1 锂电池

锂电池是指电化学体系中含有锂的电池，其中锂包括锂、锂合金、锂离子和锂聚合物。锂电池大致可分为两类：锂金属电池和锂离子电池。锂金属电池通常是不可充电的，且内含有金属态的锂。锂离子电池不含有金属态的锂，并且是可以充电的。习惯上，人们把锂离子电池也称为锂电池，但这两种电池是不一样的。现在锂离子电池已经成为主流。

锂电池

1992年日本索尼公司成功开发了锂离子电池。它的实用化使移动电话、笔记本电脑等便携式电子设备的重量和体积大幅减小（图6.11），使用时间大大延长。锂离子电池中不含有重金属镉，与镍镉电池相比，大大减少了对环境的污染。锂离子电池可选的正极材料很多，目前主流产品多采用锂铁磷酸盐。

图6.11 手机及电脑用锂电池

锂电池广泛应用于水力、火力、风力和太阳能电站等储能电源系统，邮电通信的不间断电源，以及电动工具（图6.12）、军事装备、航空航天等多个领域。刚研发出来的锂电池能在短时间内迅速充电完成，如手机充电时间仅为20 s，锂电池电动汽车充电像加油一样方便。

图6.12 锂电池汽车

锂离子电池的原理是把锂离子嵌入碳（石油焦炭和石墨）中形成负极（传统锂电池用锂或锂合金作负极）。正极材料常用Li_xCoO_2，也用Li_xNiO_2和Li_xMnO_4，电解液用$LiPF_6$ + 二乙烯碳酸酯（EC）+ 二甲基碳酸酯（DMC）。石油焦炭和石墨作负极材料无毒，且资源充足，锂离子嵌入碳中，克服了锂的高活性，解决了传统锂电池存在的安全问题，正极Li_xCoO_2在充、放电性能和寿命上均能达到较高水平，使成本降低，将锂离子电池的综合性能提高了。锂离子电池一般是使用锂合金金属氧化物为正极材料、石墨为负极材料、使用非水电解质的电池。

充电正极上发生的反应：$LiCoO_2 \Longrightarrow Li_{(1-x)}CoO_2 + xLi + xe^-$

充电负极上发生的反应：$6C + xLi + xe^- \Longrightarrow Li_xC_6$

充电电池总反应：$LiCoO_2 + 6C \rightleftharpoons Li_{(1-x)}CoO_2 + Li_xC_6$

正极材料：可选的正极材料很多，主流产品多采用锂铁磷酸盐。

正极反应：放电时锂离子嵌入，充电时锂离子脱嵌。

充电时：$LiFePO_4 \longrightarrow Li_{1-x}FePO_4 + xLi^+ + xe^-$

放电时：$Li_{1-x}FePO_4 + xLi^+ + xe^- \longrightarrow LiFePO_4$

负极材料：多采用石墨。新的研究发现钛酸盐可能是更好的材料。

负极反应：放电时锂离子脱嵌，充电时锂离子嵌入。

充电时：$xLi^+ + xe^- + 6C \longrightarrow Li_xC_6$

放电时：$Li_xC_6 \longrightarrow xLi^+ + xe^- + 6C$

通常我们所说的锂电池寿命是"500次"，指的不是充电次数，而是一个充放电周期。一个充电周期意味着电池的所有电量由满用到空，再由空充到满的过程，这并不等同于充一次电。比如说，一块锂电池在第一天只用了一半的电量，然后又为它充满电。如果第二天还如此，用一半就充，总共两次充电下来，这只能算作一个充电周期，而不是两个。因此，通常可能要经过好几次充电才完成一个周期。每完成一个充电周期，电池容量就会减少一点。不过，这个电量减少幅度非常小，高品质的电池经过多个充电周期后，仍然会保留原始容量的80%，很多锂电池产品在使用两三年后依旧照常工作。而所谓的充放电500次，是指厂商在恒定的放电深度下实现了625次左右的可充次数，达到了500个充电周期。

锂电池还可以广泛应用到汽车领域中，纯电动汽车则为其中之一。

电动汽车就是主要采用电力驱动的汽车，电动汽车的难点在于电力储存技术。纯电动汽车是完全由充电电池（如镍氢电池或锂离子电池）提供动力源的汽车。纯电动汽车已有134年的历史，但一直仅限于在某些特定范围内应用，市场较小。主要是因为各种类别的蓄电池普遍存在价格高、寿命短、充电时间长、外形尺寸和质量大等缺点。

纯电动汽车优点是技术相对简单成熟，无污染、噪声小，工作时不产生污染环境的有害气体。与内燃机汽车相比，纯电动汽车结构简单，运转、传动部件少，维修保养工作量小，能量转换率高，工作时可回收制动、下坡时的能量，提高能量的利用效率。在城市运行，汽车走走停停，行驶速度不高，电动汽车更加适宜。在夜间利用电网的廉价"谷电"进行充电，可以起到平抑电网峰谷差的作用。纯电动汽车的缺点有三点，一是电池成本过高，二是续航里程较小，三是充电不方便。

6.6.2 燃料电池

燃料电池是21世纪最有竞争力的高效、清洁的发电方式。目前，燃料电池在航天、军事通信、燃料电池汽车、移动电源、不间断电源、潜艇和空间电源等领域有着广泛的应用前景和巨大的潜在市场。

燃料电池

燃料电池是一种将存在于燃料与氧化剂中的化学能直接转化为电能的发电装置，燃料电池和传统的化学电源基本相同，也是通过氧化还原反应把化学能转化为电能。所不同的是，传统电池的内部是将物质事先填充好，化学反应结束后不能再供电，而燃料电池不是把还原剂、氧化剂全部储藏在电池内，而是在工作时，不断从外界输入，同时将电极反应产物不断排出电池。如果保证源源不断地从外部向燃料电池供给燃料和氧化剂，它就可以源源不断地发电。从外表上看燃料电池有正负极和电解质等，像一个蓄电池，但实质上它不能"储电"而是一个"发电厂"。

燃料电池的工作原理是一种电化学装置，其组成与一般电池相同。其单体电池是由正负两个电极（负极即燃料电极，正极即氧化剂电极）以及电解质组成。不同的是一般电池的活性物质储存在电池内部，因此，限制了电池容量。而燃料电池的正、负极本身不包含活性物质，只是个催化转换元件。因此燃料电池是名副其实地把化学能转化为电能的能量转换机器。电池工作时，燃料和氧化剂由外部供给，进行反应。原则上只要反应物不断输入，反应产物不断排除，燃料电池就能连续地发电。这里以氢-氧燃料电池为例来说明燃料电池。

氢-氧燃料电池反应是电解水的逆过程。电极应为：

负极：$H_2 + 2OH^- \longrightarrow 2H_2O + 2e^-$

正极：$\dfrac{1}{2}O_2 + H_2O + 2e^- \longrightarrow 2OH^-$

电池反应：$H_2 + \dfrac{1}{2}O_2 \Longrightarrow H_2O$

另外，只有燃料电池本体还不能工作，必须有一套相应的辅助系统，包括反应剂供给系统、排热系统、排水系统、电性能控制系统及安全装置等。燃料电池通常由形成离子导电体的电解质板和其两侧配置的燃料极（阳极）、空气极（阴极）及两侧气体流路构成，气体流路的作用是使燃料气体和空气（氧化剂气体）能在流路中通过。

在实用的燃料电池中因工作的电解质不同，经过电解质与反应相关的离子种类也不同。PAFC和PEMFC反应中与氢离子（H^+）相关，发生的反应为：

燃料极：$H_2 \Longrightarrow 2H^+ + 2e^-$

空气极：$2H^+ + \dfrac{1}{2}O_2 + 2e^- \Longrightarrow H_2O$

总反应式：$H_2 + \dfrac{1}{2}O_2 \Longrightarrow H_2O$

在燃料极中，供给的燃料气体中的H_2分解成H^+和e^-，H^+移动到电解质中与空气极侧供给的O_2发生反应。e^-经由外部的负荷回路，再回到空气极侧，参与空气极侧的反应。一系列的反应促成了e^-不间断地经由外部回路，因而就构成了发电。并且从上式中可以看出，由H_2和O_2生成的H_2O，除此以外没有其他的反应，H_2所具有的化学能转变成了电能。但实际上，伴随着电极的反应存在一定的电阻，会引起了部分热能产生，由此减少了转换成电能的比例。引起这些反应的一组电池称为组件，产生的电压通常低于$1\,V$。因此，为了获得大的出力需采用组件多层叠加的办法获得高电压堆。组件间的电气连接以及燃料气体和空气之间的分离，采用了被称为隔板的、上下两面中备有气体流路的部件，PAFC和PEMFC的隔板均由碳材料组成。反应堆的出力由总的电压和电流的乘积决定，电流与电池中的反应面积成比。

以碱性氢氧燃料电池（图6.13）为例，它的燃料极常用多孔性金属镍，用它来吸附氢气。空气极常用多孔性金属银，用它吸附空气。电解质则由浸有KOH溶液的多孔性塑胶制成，其发生的反应为：

Ni｜H₂｜KOH（30%）｜O₂｜Ag

负极：$2H_2 + 4OH^- - 4e^- = 4H_2O$

正极：$O_2 + 2H_2O + 4e^- = 4OH^-$

总反应式：$2H_2 + O_2 = 2H_2O$

　　燃料电池的工作原理是：当向燃料极供给氢气时，氢气被吸附，并与催化剂作用，放出电子生成H^+，电子经过外电路流向空气极，电子在空气极使氧还原为OH^-，H^+和OH^-在电解质溶液中结合生成H_2O。氢氧燃料电池的标准电动势为1.229 V。

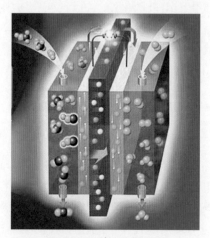

图6.13　燃料电池原理图

　　燃料电池作为一种电化学反应装置，能够将储存在燃料中的能量与氧化剂不通过燃烧而直接转化为电能，其能量转化率高，工作温度低，唯一排放的是纯净水，真正实现废气的零排放。具有发电效率高、环境污染少等优点。总体来说，燃料电池具有以下五个特点：①能量转化效率高。②有害气体SO_x、NO_x及噪声排放量都很低。③燃料适用范围广。④积木化强。⑤负荷回应快，运行质量高。

　　由于燃料电池具有以上诸多优势，使得其在很多方面有着广阔的应用前景。

（1）发电站

　　燃料电池电站具有效率高、噪声小、污染少、占地面积小等优点，可能是未来最主要的发电技术之一。从长远来看，有可能对改变现有的能源结构、能源战略储备和国家安全等都具有重要意义。

　　燃料电池既可用于大型集中式发电站，又可用于分布式电站。大型集中式电站，以高温燃料电池为主体，可建立煤炭气化和燃料电池的大型复合能源系统，实现煤化工和热、电、冷联产。中小型分布式电站，可以灵活布置在城市、农村、企事业单位甚至居民小区，也可以安装在缺乏电力供应的偏远地区和沙漠地区。

（2）交通工具的动力

　　燃料电池汽车是指以氢气、甲醇等为燃料，通过化学反应产生电流，依靠电机驱动的汽车。其基本原理是通过氢气和氧气的化学作用直接变成电能。燃料电池的化学反应过程不会产生有害物质，属于清洁能源，以燃料电池为动力的车辆自然也是无污染物排放的汽车。燃

料电池的能量转换效率比内燃机要高2~3倍，因此对能源的利用和环境保护而言，燃料电池汽车是一种理想的车辆。武汉、上海等地已推出燃料电池公交试验线路。燃料电池汽车由于没有内燃机和传动机构，减少了机油泄漏带来的污染，运行平稳、无噪声。

（3）仪器和通信设备电源

移动电话、数码相机、笔记本电脑等电子产品的主要技术难题就是电源问题，电源寿命短，且电池供电的维持时间也短，而燃料电池正好可以弥补这一缺陷。

便携式燃料电池以碱性燃料电池和质子交换膜燃料电池为主，其关键技术是氢燃料的储存和携带。

目前，东芝、IBM、NEC等世界著名企业正在投巨资研发燃料电池。

（4）军事上的应用

军事应用也是燃料电池最为适合的主要市场。效率高，类型多，使用时间长，工作无噪声，这些特点都非常适合军事装备对电源的需求。从战场上移动手提装备的电源到海陆运输的动力，都可以由特定型号的燃料电池来提供。20世纪80年代，美国海军就用燃料电池为其深海探索的船只和无人潜艇提供动力。

燃料电池这种新型能源，作为继火电、水电、核电之后的第四代发电方式，将在能源领域里占据举足轻重的地位。

6.7 超级电容器

超级电容器是通过电极与电解质之间形成的界面双层来存储能量的新型元器件（图6.14）。当电极与电解液接触时，由于库仑力、分子间力及原子间力的作用，固液界面出现稳定和符号相反的双层电荷，称为界面双层。把双电层超级电容看成是悬在电解质中的2个非活性多孔板，电压加载到2个板上。加在正极板上的电势吸引电解质中的负离子，负极板吸引正离子，从而在两电极的表面形成了一个双电层电容器。双电层电容器根据电极材料的不同，可以分为碳电极双层超级电容器、金属氧化物电极超级电容器和有机聚合物电极超级电容器。

图6.14 新型超级电容器构想图

6.7.1　超级电容器的工作原理

超级电容器基本原理和其他种类的双电层电容器一样，都是利用活性炭多孔电极和电解质组成的双电层结构获得超大的容量，其突出优点是功率密度高、充放电时间短、循环寿命长、工作温度范围宽，是世界上已投入量产的双电层电容器中容量最大的一种。

根据储能机理的不同可以分为以下两类：

①双电层电容。双电层电容是在电极/溶液界面通过电子或离子的定向排列造成电荷的对峙而产生的。对一个电极/溶液体系，会在电子导电的电极和离子导电的电解质溶液界面上形成双电层。在两个电极上施加电场后，溶液中的阴、阳离子分别向正、负电极迁移，在电极表面形成双电层；撤销电场后，电极上的正负电荷与溶液中的相反电荷离子相吸引而使双电层稳定，在正负极间产生相对稳定的电位差。这时对某一电极而言，会在一定距离内（分散层）产生与电极上的电荷等量的异性离子电荷，使其保持电中性；当将两极与外电路连通时，电极上的电荷迁移会使外电路中产生电流，溶液中的离子迁移到溶液中呈电中性，这便是双电层电容的充放电原理。

②法拉第准电容。法拉第准电容理论模型是由康威首先提出，是在电极表面和近表面或体相中的二维或准二维空间上，电活性物质进行欠电位沉积，发生高度可逆的化学吸脱附和氧化还原反应，产生与电极充电电位有关的电容。对于法拉第准电容，其储存电荷的过程不仅包括双电层上的存储，而且包括电解液离子与电极活性物质发生的氧化还原反应。当电解液中的离子（如H^+、OH^-、K^+或Li^+）在外加电场的作用下由溶液中扩散到电极/溶液界面时，会通过界面上的氧化还原反应而进入电极表面活性氧化物的体相中，从而使得大量的电荷被存储在电极中。放电时，这些进入氧化物中的离子又会通过以上氧化还原反应的逆反应重新返回到电解液中，同时所存储的电荷通过外电路释放出来，这就是法拉第准电容的充放电机理。

超级电容器利用静电极化电解溶液的方式储存能量。虽然它是一个电化学器件，但它的能量储存机制却一点也不涉及化学反应。这个机制是高度可逆的，它允许超级电容器充电放电达十万甚至数百万次。

超级电容器可以被视为在两个极板外加电压时被电解液隔开的两个互不相关的多孔板。对正极板施加的电势吸引电解液中的负离子，而负面板电势吸引正离子。这有效地创建了两个电荷储层，在正极板分离出一层，并在负极板分离出另外一层。

传统的电解电容器存储区域来自平面，导电材料薄板。高电容是通过大量的材料折叠，通过增加其表面纹理，进一步增加它的表面积。过去传统的电容器用介质分离电极，这些介质多数为塑料、纸或薄膜陶瓷。电介质越薄，在空间受限的区域越可以获得更多的区域，可以实现对介质厚度的表面面积限制的定义。

超级电容器的面积来自一个多孔的碳基电极材料。这种材料的多孔结构，允许其面积接近$2\,000\ m^2/g$，远远大于塑料或薄膜陶瓷。超级电容器的充电距离取决于电解液中被吸引到电极的带电离子的大小。这个距离（小于1 nm）远远小于通过使用常规电介质材料的距离。巨大的表面面积的组合和极小的充电距离使超级电容器相对传统的电容器具有极大的优越性。

6.7.2　超级电容器的内部结构

超级电容器结构上的具体细节依赖于对超级电容器的应用和使用。由于制造商或特定的应用需求，这些材料可能略有不同。所有超级电容器的共性是，它们都包含一个正极，一个负极，以及这两个电极之间的隔膜，电解液填补由这两个电极和隔膜分离出来的两个的孔隙（图6.15）。

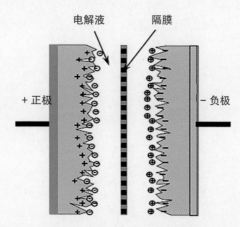

图6.15　超级电容器内部结构图

超级电容器的部件从产品到产品可以有所不同。这是由超级电容器包装的几何结构决定的。对于棱形或正方形封装产品部件的摆放，内部结构是基于对内部部件的设置，即内部集电极是从每个电极的堆叠中挤出。这些集电极焊盘将被焊接到终端，从而扩展电容器外的电流路径。

对于圆形或圆柱形封装的产品，电极切割成卷轴方式配置。最后将电极箔焊接到终端，使外部的电容电流路径扩展。

6.7.3　超级电容器的应用

超级电容器是一种新型储能元件，它的用途很广泛。超级电容本身具有快速充电功能，可以用在一些需要快速充电的产品中，比如电动车、手电筒等；大电流放电的功能可以使超级电容使用在电动工具、汽车启动中；吸收弱小电流，充电快的性能决定超级电容可以使用在太阳能光伏等产品中。也就是说，只要在有电源的地方超级电容都有可能使用，这需要根据超级电容本身的特点来决定。

超级电容器又叫双电层电容器，是一种介于传统电容器和蓄电池之间的新型储能装置，它具有充电时间短、使用寿命长、温度特性好、节约能源和绿色环保等特点，可以广泛应用于以下领域：

①税控机、税控加油机、真空开关、智能表、远程抄表系统、仪器仪表、数码相机、掌上电脑、电子门锁、程控交换机、无绳电话等的时钟芯片、静态随机存储器、数据传输系统等微小电流供电的后备电源。

②智能表（智能电表、智能水表、智能煤气表、智能热量表）作电磁阀的启动电源。

③太阳能警示灯、航标灯等太阳能产品中代替充电电池。

④手摇发电手电筒等小型充电产品中代替充电电池。

⑤电动玩具电动机、语音IC、LED发光器等小功率电器的驱动电源。

新产品和新功能的电子整机日新月异、产品的市场寿命越来越短，这对电子元件各个方面要求更高。并且，受世界经济环境的影响，电容器产业面临能源成本、材料成本、劳动力成本、环保成本的全面上涨，而产品销售价格却一再下降，整个行业的经营受到双重压力。所以电子元件产业要变强，必须做到企业创新、行业创新、产品创新，才能跟上电子信息整机发展的需要。

第 7 章

化学与材料

Chemistry in Daily Life

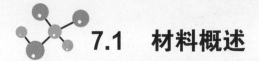

7.1　材料概述

材料是用于制造物品、器件、构件、机器或其他产品的化学物质。材料科学的发展十分迅速，它是物理、化学、数学、生物、工程等一级学科交叉而产生的新的学科领域。它具有十分鲜明的应用目的，是人类进行生产的最根本的物质基础，也是人类衣、住、行及日常生活用品的原料。

我国材料的发展经历了很多阶段，历史学家根据当时有标志性的材料将人类社会划分为石器时代、青铜器时代、铁器时代、钢铁时代等。因此材料发展的历史从生产力的侧面反映了人类社会发展的文明史。

7.1.1　石器时代

石器时代分为旧石器时代和新石器时代。旧石器时代可追溯到公元前10万年左右，那时的原始人类用天然的石、木、竹、骨等材料作为狩猎的工具，生产效率很低。公元前6 000年，人类发明了火，掌握了钻木取火的技术，不仅可以热食、取暖、照明和驱兽，还可以烧制陶器。陶器的发明和应用，创造了新石器时代的仰韶文化，在制陶技术的基础上又发明了瓷器，实现了陶瓷材料发展的第一次飞跃。

7.1.2　青铜器时代

人们在大量烧制陶瓷的实践中，熟练地掌握了高温加工技术，并利用这种技术来烧炼矿石，人们炼出了铜及其合金——青铜，这是人类社会中最早出现的金属材料，它使人类社会从新石器时代转入青铜器时代。从我国出土的大量古代青铜器表明，中国历史上有着灿烂的青铜文化，代表性的青铜器有司母戊鼎、越王勾践的宝剑、青铜编钟（图7.1）等。

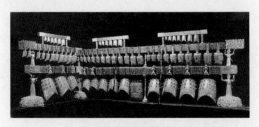

图7.1　青铜器编钟

7.1.3　铁器时代

人们在冶炼青铜的基础上逐渐掌握了冶炼铁的技术，之后迎来了铁器时代。铁器时代是人类发展史中一个极为重要的时代。铁器坚硬、韧性高、锋利，胜过石器和青铜器。铁器的广泛使用，使人类的工具制造进入了一个全新的领域（图7.2）。

图7.2　铁器时代工具

7.1.4　钢铁时代

18世纪，瓦特发明了蒸汽机，引发了工业革命，小作坊式的手工操作被工厂的机械操作所代替，生产力得到了极大的提高。工业的迅猛发展迫切要求发展铁路、航运。社会经济的发展促进了以钢铁为中心的金属材料的大规模发展（图7.3）。

图7.3　钢铁时代

7.1.5　工程塑料时代

第二次世界大战后各国致力于恢复经济，发展工农业生产，对材料提出了质量轻、强度高、价格低等一系列新的要求。合成高分子材料应运而生，具有优异性能的工程塑料部分地取代了金属材料。合成高分子材料的问世是材料发展中的重大突破，以金属材料、陶瓷材料和合成高分子材料为主体，形成了完整的材料体系，材料学科得到前所未有的发展（图7.4）。

图7.4　工程塑料

也有人将材料的研究和材料科学的发展经历分为了三个阶段，并形象地将其称为"拾柴火""炒菜""裁衣服"。最早，人们主要直接使用木材、石头等天然材料。到了工业社会，制作钢铁、水泥、塑料等材料必须按一定配方，掌握一定的火候，就像炒菜。而现代社会所需的材料有精确的组分和结构，常常是按需要来设计和生产材料。也就是说，此前的传统观念是只有产品是需要设计的，而不会去设计材料，材料是有什么用什么。

7.1.6 新材料技术时代

进入20世纪80年代以来，世界范围内，高新技术迅猛发展，各国在生物技术、信息技术、空间技术、能源技术、海洋技术等领域不断发展，而发展高新技术的关键是材料，因此新型材料的开发被称为新材料技术。其标志技术是材料设计，即根据需要来设计具有特定功能的新材料（图7.5）。

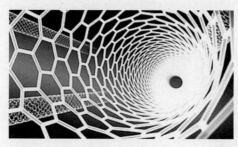

图7.5 新材料

在激烈的竞争中，谁掌握了最先进的新材料，谁的高技术及其产业就能得到迅猛发展。与此同时，当代特别是高技术及其产业的发展，对新材料提出了更新、更高和更为迫切的要求，这是推动材料科学技术发展的一个关键因素。

"巧妇难为无米之炊"是妇孺皆知的道理。优良的材料是任何产业坚实的物质基础。没有耐高温的轻质量、高强度的结构材料，再聪明的科学家也无法把通信卫星送上天，就没有宇航业的发展；没有半导体的开发和作集成电路的硅芯片材料的应用，计算机只能像一座楼房那样庞大；没有低损耗的光导纤维就没有光纤通信，更不会使整个通信产业发生革命性的变化；没有相应的材料，任何一项新技术都难以实现，因此，人们将材料视为技术进步的关键，称之为现代工业的骨肉、现代文明的支柱。

7.2 非金属无机材料——光导纤维

日常生活中人们都知道，光线只能沿直线前进，要使光线改变前进的方向，通常要借助于反射镜。如何用简单的方法才能使光线弯曲前进呢？1870年的一天，英国物理学家丁达尔到皇家学会的演讲厅讲光的全反射原理，他做了一个简单的实验：在装满水的木桶上钻个孔，然后用灯从桶上边把水照亮，结果使观众们大吃一惊。人们看到，放光的水从水桶的小孔里流了出来，水流弯曲，光线也跟着弯曲，光居然被弯弯曲曲的水俘获了。人们曾经发现，光能沿着从酒桶中喷出的细酒流传输，并且光能顺着弯曲的玻璃棒前进。这是为什么呢？难道光线不再直进了吗？这些现象引起了丁达尔的注意，经过他的研究，发现这是全反射的作用（图7.6）。经过长期的实践研究，科学家们终于找到了一种具有特殊结构的纤维，当光线从它的一端射入，这种纤维能把大部分光线传输到另一端，人们把这种纤维称为光导纤维，简称光纤，光纤是一种由玻璃或塑料制成的纤维，可作为光传导工具。传输原理是"光的全反射"。香港中文大学前校长高锟和乔治·霍克汉姆首先提出光纤可以用于通信传输的设想，高锟因此获得2009年诺贝尔物理学奖。

图7.6　丁达尔效应

7.2.1　玻璃光导纤维组成及分类

光纤按其材料成分可分为石英类、多组分玻璃类及有机高分子塑料纤维。玻璃是非晶无机非金属材料，一般是用多种无机矿物（如石英砂、硼砂、硼酸、重晶石、碳酸钡、石灰石、长石、纯碱等）为主要原料，另外加入少量辅助原料制成的。它的主要成分为二氧化硅和其他氧化物。普通玻璃的化学组成是Na_2SiO_3、$CaSiO_3$、SiO_2或$Na_2O \cdot CaO \cdot 6SiO_2$等，主要成分是硅酸盐复盐，是一种无规则结构的非晶态固体。石英玻璃纤维是从高纯度二氧化硅或石英玻璃熔融体中，拉出直径约为100 μm的细丝。

光纤裸纤一般分为三层，中心直径几十微米高折射率玻璃，中间为低折射率硅玻璃包层，最外是加强用的树脂涂层。光纤制备要求非常高，如石英光纤制备要求杂质的含量非常低，尤其是金属离子或羟基离子的存在会引起传输衰耗大幅度上涨，一般金属离子的浓度为10^{-9}，OH浓度一般为$10^{-9} \sim 10^{-7}$；对光纤的尺寸和形状要求也非常严格，纤芯直径的波动会产生大的传输消耗，甚至不能用，形状对称性的改变会严重影响光纤之间的连接；化学组成要均匀固定，其微小变化会影响纤芯的折射率，增加传输衰耗。当代的光纤多以石英玻璃为基础，由于熔融石英玻璃的红外透过极限约为2 μm，为了进一步降低损耗，新一代的光纤改为以氟化物玻璃为基础，有可能实现低损耗，从而实现长距离的信号传输而不需要中间放大。

7.2.2　塑料光导纤维组成及分类

塑料光纤纤芯材料按成分分主要有聚甲基丙烯酸甲酯、聚苯丙烯、聚碳酸酯、氟化聚甲基丙烯酸酯（FPMMA）和全氟树脂等。塑料光纤包层材料按成分分主要有聚甲基丙烯酸甲酯、氟塑料、硅树脂等。

近年来，以甲基丙烯酸甲酯（MMA）单体与四氟丙基丙烯酸甲酯（TFP-MA）为主要原材料，采用离心技术制成了渐变折射率聚合物预制棒，然后拉制成渐变折射率聚合物光纤（GIPOF）。具有极宽的带宽（>1 GHz·km），衰减在688 nm波长处为56 dB/km，适合短距离通信。国内有人以MMA及溴苯（BB）、联苯（BP）为主要原材料，采用IGP技术成功地制备了渐变型塑料光纤。氟化聚酰亚胺材料在近红外光内有较高的透射性，同时还具有折射率可调、耐热及耐湿的优点，解决了聚酰亚胺透光性差的问题。现已经用于光的传输。聚碳酸酯（PC）、聚苯乙烯（PS）的研究也在不断发展。

塑料光纤（POF）相比于石英光纤，具有柔韧性能好、数值孔径大、易耦合、数字脉冲的传播距离长、质量轻、制造简单、成本低等优点。塑料光纤对电磁干扰不敏感，也不发生辐射，不同速率下的衰减恒定，误码率可预测，能在电噪声环境中使用；尺寸较长，可降低接头设计中公差控制的要求，故成网成本较低等。随着塑料光纤制造技术和原材料制备技术的不断进步，塑料光纤的生产成本还会不断地降低；从激光器、光电子集成器件、连接器的发展情况看，国内及国际的相关技术发展很快，随着生产规模的不断扩大，相信发送接收器件的成本会有较大幅度的下降，使塑料光纤在接入通信中更具优势，如图7.7所示。

图7.7 光导纤维

塑料光纤不产生辐射，完全不受电磁干扰和无线电频率干扰以及噪声的影响。这一点对视频和音频的分流尤为重要。塑料光纤可以和铜缆在同一管道里或同一线束并排铺放。塑料光纤不产生噪声，不会对目前的管网产生负面影响。通过塑料光纤进行数据传输不会被窃听，这样塑料光纤在一些安全程度要求高的场合，就非常适用。虽然石英光纤广泛用于远距离干线通信和光纤到户，但塑料光纤被称为"平民化"光纤，理由是塑料光纤、相关的连接器件和安装的总成本比较低。在光纤到户、光纤到桌面的整体方案中，塑料光纤是石英光纤的补充，可共同构筑一个全光网络。

7.2.3 光导纤维的应用

光导纤维的特性决定了其广阔的应用领域，除最广泛地应用于通信领域外，由光导纤维制成的各种光导线、光导杆和光导纤维面板等，还广泛地应用在工业、国防、交通、医学和宇航等领域。在医学方面，光损耗大的光导纤维可在短距离使用，特别适合制作各种人体

内窥镜，如胃镜等；在照明和光能传送方面，利用光导纤维在短距离可以实现一个光源多点照明，可利用塑胶光纤光缆传输太阳光，作为水下、地下照明；在国防军事方面，可以用光导纤维来制成纤维光学潜望镜，装备在潜艇和坦克上；在工业方面，可传输激光进行机械加工，制成各种传感器用于测量压力、温度等，也可用于机器内及机器间的信号传送、光电开关、光敏元件等。

7.3　高分子材料

　　高分子材料是以高分子化合物为基础，再配以其他助剂所构成的材料（也称为聚合物材料）。高分子化合物简称高分子，又称为大分子，一般指相对分子质量高达几千到几百万的化合物，高分子化合物是由千百个原子以共价键相互连接而成的，虽然它们的相对分子质量很大，但都是以简单的结构单元和重复的方式连接的。高分子材料按特性分为橡胶、纤维、塑料、高分子胶黏剂、高分子涂料和高分子复合材料等；按来源分为天然（人们常用的棉花、羊毛、蚕丝、毛皮等都是天然的高分子材料）、半合成（改性天然高分子材料）和合成高分子材料；按其组成分为有机高分子和无机高分子，有机高分子以碳为主兼有少量氮、氧等原子，无机高分子的主链原子是除碳以外的其他原子，如过渡金属、硅、磷、氮和硼等；按用途又分为普通高分子材料和功能高分子材料，其中功能高分子材料除具有聚合物的一般力学性能、绝缘性能和热性能外，还具有物质、能量和信息的转换、传递和储存等特殊功能。

　　天然高分子是生命起源和进化的基础，人类社会一开始就利用天然高分子材料作为生活资料和生产资料，并掌握了其加工技术。如利用蚕丝、棉、毛织成织物，用木材、棉、麻造纸等。从19世纪开始，人类开始使用改造过的天然高分子材料；进入20世纪之后，高分子材料进入了大发展阶段；在1907年，发明了酚醛树脂，标志着人类应用合成高分子材料的开始；1920年高分子的概念被提出；20世纪20年代末，聚乙烯开始大规模使用；20世纪30年代初，聚苯乙烯开始大规模生产；20世纪30年代末，尼龙开始生产。高分子材料逐步改变着人们的生活。

　　制备合成高分子的原料，最初大多来源于农业和林业的副产品，如含淀粉的薯类、植物种子等，可从中提炼得到乙醇、丁醇、丙酮；含纤维的木屑、甘蔗渣、椰子壳、芦苇等可从中得到纤维素、糖醛；从非食用油脂的蓖麻油、桐油、松节油可从中得到对苯二甲酸、癸二酸、癸二胺。20世纪50年代后，石油化工兴起，石油和天然气逐渐取代了煤，成为合成高分子工业原料的主要来源。由于石油中有用成分高，生产合成高分子的成本降低。目前三大重要的合成高分子材料包括塑料、橡胶和纤维。

7.3.1 塑料

塑料是以合成树脂或化学改性的天然高分子为主要成分，再加入填料、增塑剂和其他添加剂，在一定的温度和压力下可塑制成型的合成高分子材料（图7.8）。通常塑料根据加热后的情况可分为热塑性塑料和热固性塑料。但若按用途可分通用塑料和工程塑料。通用塑料以"四烯"为代表，即聚乙烯（$\text{—}\!\!\left[\text{CH}_2\text{—CH}_2\right]_n$）、聚氯乙烯（$\text{—}\!\!\left[\text{CH}_2\text{—CHCl}\right]_n$）、聚丙烯（$\text{—}\!\!\left[\text{CH}_2\text{—CH（CH}_3\text{）}\right]_n$）和聚苯乙烯（$\text{—}\!\!\left[\begin{array}{c}\text{H}\ \ \text{H}\\ \text{C—C}\\ \text{H}\end{array}\right]_n$），它们的产量大、用途广、价格低廉。四烯的产量约占全部塑料产量的80%，尤其以聚乙烯的产量最大。工程塑料是指可以作为工程材料和代替金属用的塑料，要求有优良的机械性能、耐热性和尺寸稳定性。目前工程塑料主要有聚甲醛、聚酰胺、聚碳酸酯塑料等，例如聚甲醛的力学和机械性能与金属铜、锌相近，可做汽车上的轴。由于其绝缘性能，抗腐蚀性特别好，能耐高温和低温，可在200～250 ℃状态下长期使用，因此在宇航、冷冻、化工、电器医疗器械等工业部门都有广泛的应用（图7.8）。

图7.8 塑料制品

7.3.2 橡胶

橡胶是一类线型柔性高分子聚合物。其分子链间次价力小，分子链柔性好，在外力作用下可产生较大形变，除去外力后能迅速恢复原状。有天然橡胶和合成橡胶两种，天然橡胶的主要成分是聚异戊二烯（$\text{—}\!\!\left[\begin{array}{c}\text{CH}_2\text{—C}=\text{CH—CH}_2\\ \quad\ \ \ \text{CH}_3\end{array}\right]_n$）；合成橡胶的主要品种有丁基橡胶、顺丁橡胶、氯丁橡胶、三元乙丙橡胶、丙烯酸酯橡胶、聚氨酯橡胶、硅橡胶、氟橡胶等。

天然橡胶具有优良的回弹性、绝缘性、隔水性及可塑性等特性，并且经过适当处理后还具有耐油、耐酸碱、耐热、耐压、耐磨等性质，用途广泛。例如日常生活中使用的雨鞋、医疗卫生行业所用的外科医生手套、交通运输上使用的各种轮胎（图7.9）、工业上使用的耐酸碱的手套和防毒面具、气象测量用的探空气球、科学试验用的密封设备，甚至连火箭、人造地球卫星和宇宙飞船等高精尖科学技术产品都离不开天然橡胶。

图7.9　橡胶轮胎制品

橡胶在工业、交通运输业和国防上的重要地位，促使缺乏天然橡胶资源的国家率先研究开发合成橡胶。合成橡胶是由人工合成的高弹性聚合物，也称合成弹性体，是三大合成材料之一。如用异戊二烯作单体进行聚合反应得到的合成橡胶称为异戊橡胶，它的性能基本上与天然橡胶相同。由于异戊二烯只能从松节油中获得，原料来源受到限制，于是用来源丰富的丁二烯来代替异戊二烯合成橡胶，这样研究开发了一系列合成橡胶，如顺丁橡胶、丁苯橡胶、丁腈橡胶和氯丁橡胶等，特种橡胶具有特殊的性能（如耐油、耐化学腐蚀、高弹性等），并是在特殊条件下使用。硅橡胶是以硅氧原子取代主链中的碳原子形成的一种特殊橡胶，它柔软、光滑，适宜做医用制品，能耐高温，可以承受高温消毒而不变形，若将氟原子引入硅橡胶中，则可以得到氟硅橡胶，它是一种高弹性材料。硅硫橡胶能耐高温、低温，丁腈橡胶和聚硫橡胶耐油性好。硫是橡胶的硫化剂，凡能使橡胶分子由线型结构转变为体型结构，并获得弹性的物质都可称为橡胶的硫化剂。硫化的作用是使线性橡胶分子之间通过形成硫桥而交联起来，从而转变为体型结构，使橡胶失去塑性，同时获得高弹性。

7.3.3　合成纤维

纤维是强度较高的一类材料，可分为天然纤维和化学纤维，前者是指蚕丝、棉、麻、毛等；后者是以天然高分子或合成高分子为原料，经过纺丝和后处理制得，纤维的次价力大，形变能力小、模量高、一般为结晶聚合物。常见的合成纤维包括尼龙、涤纶、腈纶、聚酯纤维、芳纶纤维等。

化学纤维又可分为人造纤维和合成纤维。人造纤维是以天然高分子纤维素或蛋白质为原料，经过化学改性而制成的，如胶黏纤维（人造棉）、醋酸纤维（人造丝）等；合成纤维是由合成高分子为原料，通过拉丝工艺获得的纤维，如图7.10所示。

聚酯纤维俗称"涤纶"，是由有机二元酸和二元醇缩聚而成的聚酯经纺丝所得的合成纤维，简称PET纤维，属于高分子化合物，于1941年发明，是当前合成纤维的第一大品种。涤纶主要用于织衣料，也可做运输带、轮胎帘子线、过滤布、缆绳、渔网等。涤纶织物牢固、易洗、易干，做成的衣服外形挺括，抗皱性特别好。涤纶的分子链结构中含有刚性基团酯基，它使分子排列规整、紧密，结晶度较高，不易变形，受力变形后也容易恢复，这是涤纶抗皱性好的原因。美国商品科代尔（kodel）是已工业化生产的另一种聚酯纤维。它由对苯二甲酸与1，4-环己烷二甲醇缩聚而得的高聚物纺丝而成。与涤纶相比，比重较轻，为1.22，熔点较高为290～295 ℃，耐分解性能较强，纤维的强度和伸长率稍低，适宜与棉、毛等混纺，制成的织物弹性、手感、耐皱和抗起球性能较好，但强度和耐磨性较差。具体品种有聚对苯二甲酸乙二酯纤维、聚对苯二甲酸丁二酯纤维、聚对苯二甲酸丙二酯纤维、聚对苯二甲酸-1，4-环己二甲酯纤维、聚-2，6-萘二酸乙二酯纤维以及多种改性的聚酯基纤维。

聚酰胺纤维俗称尼龙，英文名称Polyamide（PA），密度1.15 g/cm³，是分子主链上含有重复酰胺基团 —[NHCO]— 的热塑性树脂总称，包括脂肪族PA、脂肪-芳香族PA和芳香族PA。其中脂肪族PA品种多，产量大，应用广泛，其命名由合成单体具体的碳原子数而定。

聚酰胺主要用于合成纤维，其最突出的优点是耐磨性高于其他所有纤维，比棉花耐磨性高10倍，比羊毛高20倍，在混纺织物中稍加入一些聚酰胺纤维，可大大提高其耐磨性；当拉伸至3～6%时，弹性回复率可达100%；能经受上万次折挠而不断裂。聚酰胺纤维的强度比棉花高1～2倍、比羊毛高4～5倍，是黏胶纤维的3倍。但聚酰胺纤维的耐热性和耐光性较差，保持性也不佳，做成的衣服不如涤纶挺括。另外，用于衣着的锦纶-66和锦纶-6都存在吸湿性和染色性差的缺点，为此开发了聚酰胺纤维的新品种——锦纶-3和锦纶-4的新型聚酰胺纤维，具有质轻、防皱性优良、透气性好以及耐久性良好、染色性好和热定型等特点，因此被认为很有发展前途。

由于聚酰胺无毒、质轻，有优良的机械强度、耐磨性及较好的耐腐蚀性，因此广泛应用于代替铜等金属在机械、化工、仪表、汽车等工业中制造轴承、齿轮、泵叶及其他零件；在民用上，可以混纺或纯纺成各种医疗及针织品；在工业上，用来制造帘子线、工业用布、缆绳、传送带、帐篷、渔网等；在国防上，主要用作降落伞及其他军用织物；在军事上，被称为"装甲卫士"。

图7.10　人造纤维

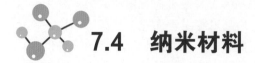

7.4 纳米材料

随着科学技术的发展，"纳米"一词已经越来越多地进入人们生活中，似乎已成为高科技的代名间，什么是"纳米"？什么是"纳米科技"？纳米材料是否真的具有神奇功能呢?

7.4.1 纳米材料的定义

纳米是物理学上的一个长度单位，$1 \text{ nm} = 10^{-9}\text{m}$；相当于几个原子排列起来的长度，把1 nm的物质放在乒乓球上，就相当于把乒乓球放在地球上。纳米（1～100 nm）是一个介观尺度（也就是介于微观和宏观的尺度），化学是从原子、分子水平研究物质的，原子尺度通常小于1 nm，凝聚态物理的研究对象通常为尺度大于100 nm的固体物质，纳米尺度即介于两者之间的尺度。物质达到纳米尺度后，会具有传统材料不具备的物理、化学性能，表现出独特的光、电、磁和化学特性。1959年12月2日，美国著名的物理学家理查德·费曼（1965年诺贝尔物理学奖得主）在加州理工学院举行的美国物理学会年会上发表了经典讲话"There's Plenty of Room at the Bottom"（物质底部大有空间）。他指出，人类可以用小的机器制成更小的机器，最后将变成根据人类意愿逐个排列原子，这是关于纳米技术最早的梦想。纳米科学是研究纳米尺度范围内原子、分子等物质运动和变化的科学，纳米技术是在纳米尺度范畴内对原子、分子等进行操纵和加工的技术，以及利用这些特性的多学科交叉的科学和技术。它包括纳米化学、纳米物理学、纳米材料学、纳米生物学、纳米电子学、纳米力学、纳米加工学等多种学科。纳米物理学和纳米化学为纳米技术提供理论依据，纳米电子学是纳米技术最重要的内容，纳米材料（图7.11）的制备和研究则是整个纳米科技的基础。

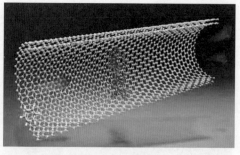

图7.11 纳米材料

7.4.2 纳米材料的特性

纳米材料具有特殊的结构和处于热力学上极不稳定的状态，因而表现出独特的效应以及由此衍生出各种特殊性能。主要包括：

①力学特性。纳米晶粒的金属比传统金属"硬"，如纳米铜块状材料的硬度比常规的金属材料高50倍；用纳米颗粒压制成的纳米陶瓷材料也有很好的韧性。

②热学特性。纳米材料比普通材料熔点低，开始烧结的温度和晶化温度均比常规粉体低得多，如银的常规熔点为967 ℃，而纳米银颗粒的熔点可低于100 ℃。

③电学性能。纳米级别材料的电阻、电阻温度系数较普通材料发生变化。例如，银是良导体，10～15 nm的银颗粒的电阻会突然升高，失去金属的特性而成为绝缘体。

④光学特性。当有色泽的各种金属成为纳米金属时，几乎都会变成黑色，对可见光反射率极低而呈现强吸收性；以纳米微粒为材料还可以降低光导纤维的传输损耗。

⑤磁学特性。纳米颗粒有巨磁电阻特性、超顺磁性、高的矫顽力、单磁畴结构等特性，用这样的材料制作的磁记录材料可以提高信噪比，改善图像质量等。

7.4.3 纳米材料的应用

在材料应用方面，可将其应用于金属、水泥、塑胶、纤维等诸多复合材料领域，它是迄今为止最好的储氢材料，并可作为多类反应催化剂的优良载体。像目前比较活跃的碳纳米管材料（图7.12），它是一维纳米材料的典型代表，是1991年发现的一种碳结构，它的中空管状结构可看作拉长的碳，也可认为是单层石墨烯卷曲而成。碳纳米管尺寸尽管只有头发丝的十万分之一，但其电导率却是铜的一万倍，强度是钢的100倍，而质量只有钢的七分之一；它像金刚石一样硬，却有柔韧性，可以拉伸；它的熔点是已知材料中最高的。碳纳米管自身的独特性质，决定了这种新型材料在高新技术诸多领域有着诱人的应用前景。在电子方面，利用碳纳米管奇异的电学性能，可将其应用于超级电容器、场发射平板显示器、晶体管集成电路等领域；在军事方面，利用它对波的吸收、折射率高的特点，可将其作为隐身材料广泛应用于隐形飞机和超音速飞机；在航天领域，利用其良好的热学性能，将其添加到火箭的固体燃料中，从而使燃烧效率更高。

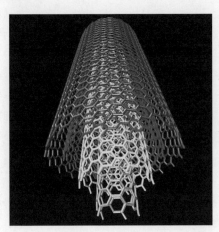

图7.12 碳纳米管材料

纳米材料及技术在生命科学领域也有着广泛的应用，如影像诊断、纳米人工组织器官和生物相容性材料、药物和基因输送系统等重要领域。在影像诊断方面，纳米氧化铁作为造影剂注射到血液后，在正常肝脏和脾脏内会被网状内皮细胞吸收。如果这些器官的细胞发生癌变，则所含网状内皮细胞大量减少，只能吸收少量氧化铁，从而在核磁共振的影像上显示出差别，由此能够很好地区分正常组织和恶性肿瘤组织，这对肝癌的早期诊断极为重要。纳米材料用于药物载体可以治疗癌症，还可以作为疫苗辅剂。纳米颗粒作为药物载体有其独特的优点，纳米颗粒可作为靶向制剂，使药物富集定位于病变组织、器官、细胞或细胞内结构的新型给药系统，被认为是抗癌药的适宜剂型。将磁性纳米颗粒（如FeO）与药物结合后注入人体，在外磁场作用下，定向移动于病变部位，从而达到定向治疗的目的。纳米药物载体还可以控制性地释放药物，即把药物粉末或溶液包埋在直径为纳米级的微粒中，使药物在预定的时间内自动按某一速度从纳米微粒中恒速释放于靶器官，并使药物较长时间维持在有效浓度。

同时纳米技术的神奇功能和特性在包装领域、涂料领域、汽车领域等都有着广泛的应用。可以预见，随着纳米材料逐渐深入地应用到各个领域，必将引起一场新的技术革命，创造新的奇迹。纳米材料是当今材料科学研究中的一个极为活跃的前沿，被誉为"21世纪最有发展前途的材料"。

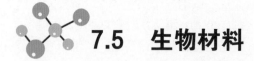

7.5 生物材料

生物材料泛指一切与生物体相关的应用性材料或由生物体合成的材料。按其应用可分为生物医用材料和与生物合成有关的应用材料；按照生物材料来源可分为天然生物材料和人工生物材料。与此同时，材料学的发展使有些材料兼具天然和人工合成的特性。

狭义的生物材料指的是能够用来制作各种人工器官和制造与人体生理环境相接触的医疗用具和制品的材料，用于人体组织和器官的诊断、修复或增进其功能的一类高技术材料，其作用药物不可替代。生物材料能执行、增进或替换因疾病、损伤等失去的某种功能，而不能恢复缺陷部位。例如日本北海道大学的科学家们利用从鲑鱼皮中提取的胶原制造全球首例人造血管。生物医用材料最重要的是材料与人体相容性和材料本身的性能，通过组织工程、生长因子、DNA和自组装技术，可生产出人类的各种器官。

生物医用材料与工业材料的最大区别是生物医用材料在生理环境下使用。移植在生物体内的仿生材料，应避免对周围组织和血液产生不良的影响，即应具有生物相容性。另外植入人体的生物材料，应有足够的力学性能，不能发生脆性破裂、疲劳断裂及腐蚀破坏等，即应有力学相容性。

生物医用材料是生物医学科学中的最新分支学科，是生物、医学、化学和材料科学交叉形成的边缘学科。具体涉及化学、物理学、高分子化学、高分子物理学、生物物理学、生物化学、生理学、药物学、基础与临床医学等学科。

7.5.1 生物医用材料的分类

按照生物材料的属性分类可分为：①医用金属材料，如不锈钢、钴基合金、钛基合金、贵金属等；②天然生物材料，如再生纤维、胶原、透明质酸、甲壳素等；③合成高分子生物材料，如硅橡胶、聚氨酯及其嵌段共聚物、涤纶、尼龙、聚丙烯腈、聚烯烃；④无机生物医学材料，如碳素材料、生物活性陶瓷、玻璃材料；⑤杂化生物材料，指来自活体的天然材料与合成材料的杂化，如胶原与聚乙烯醇的交联杂化等；⑥复合生物材料，用碳纤维增强的塑料、用碳纤维或玻璃纤维增强的生物陶瓷、玻璃等。

7.5.2 医用金属材料

在生物医学材料中，医用金属材料是指一类用作生物材料的金属或合金，又称外科用金属材料，它是一类生物惰性材料，除具有较高的机械强度和抗疲劳性能，具有良好的生物力学性能及相关的物理性质外，还必须具有良好的抗生理腐蚀性、生物相容性、无毒性和简易可行及确切的手术操作技术。该材料已成为骨和牙齿等硬组织修复和替换、心血管和软组织修复以及人工器官制造的主要材料（图7.13）。目前在临床使用的医用金属材料主要有不锈钢、钴基合金和钛基合金三大类，还有一些贵金属等。

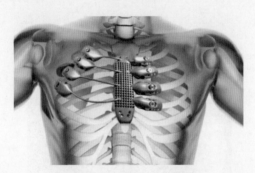

图7.13 医用金属材料

（1）不锈钢

铁基耐蚀合金（一般由铁、铬、镍、钼、锰、硅组成），易加工、价格低廉。一般不锈钢制成多种形体，如针、钉、髓内针、齿冠、三棱钉等器件和人工假体而用于临床、不锈钢还可以用于制作各种医疗仪器和手术器械。

（2）钴基合金

钴基合金含有较高的铬和钼，又称钴铬钼合金，具有极为优异的耐腐蚀性（比不锈钢高40倍）和耐磨性，综合力学性能和生物相容性良好，可铸造成形状复杂的精密修复体，有硬、中、软三种类型。临床上主要用于人工关节（特别是人体中受载荷最大的髋关节）、人工骨及骨科内固定器件的制造、齿科修复中的义齿、心血管外科及整形科等，由于其价格较高，加工困难，应用上不广泛。

（3）钛基合金

钛基合金的临床应用广泛，其质轻、比强度高、力学性能接近人骨、强度远低于纯钛，耐疲劳、耐蚀性均优于不锈钢和钴基合金，且生物相容性和表面活性好，是较为理想的一种植入材料。但其抗断裂强度较低，耐磨性能不尽人意，加工困难。冶炼及成型工艺复杂，要求条件较高。

钛基合金主要用于修补颅骨、制成钛网或钛箔用于修复脑膜和腹膜、人工骨、关节、牙和矫形物、人工心脏瓣膜支架、人工心脏部件和脑止血夹、口腔颌面矫形和修补、手术器械、人工假肢等。

（4）贵金属

贵金属是一种金属或合金，如黄金具有极高的抗氧化性和抗腐蚀性。贵金属具有独特稳定的物理和化学性能、优异的加工特性、对人体组织无毒副作用、刺激小等优良的生物学性能。主要用于口腔科的齿科修复，也可用于小型植入式电子医疗器械。

①纯金属铌（Nb）。其性能和应用范围与钽非常相似，用于修补颅骨和制作医疗器械。但由于来源困难，价格昂贵、使用受到限制，主要用于制造髓内钉等。

②纯金属钽（Ta）。钽具有良好的抗生理腐蚀性和可塑性，独特的表面负电性使其具有优良的抗血栓性能和生物相容性，还有很高的抗缺口裂纹能力。植入骨内能和周围的新骨形成骨性结合（图7.14）；植入软组织中，肌肉等组织可依附在钽条上正常生长。主要用于接骨板、颅骨板、骨螺钉、种植牙根、颌面修复体、义齿及外科手术缝线和缝合针；钽网可用于肌肉缺损修补；钽丝和箔用于缝合修补受损的神经、肌腱和血管；钽还可以用于血管内支架及人工心脏、植入型电子装置；钽的同位素可用于放射治疗。

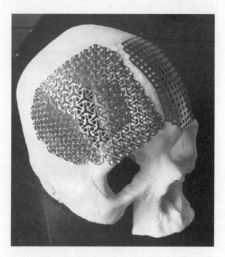

图7.14　颅骨修复医用金属材料

7.5.3　医用天然高分子材料

除了在医学上的金属材料，能在机体内使用的高分子材料常被称为医用高分子材料。医用高分子制品的研究，包括人工器官、医疗用品（输血输液用具、注射器、心导电、主动脉气囊反搏器、角膜接触镜、中心静脉管、膀胱造瘘管、医用黏合剂以及各种医用相关材料）和药物高分子（作为赋形剂、合成新型药物）三大类。高分子生物材料又可以分为天然高分子生物材料和合成高分子生物材料。天然高分子生物材料是人类最早使用的医用材料之一。具有不可替代的优点：功能多样性、与机体的相容性、生物可降解性等。

目前天然高分子生物材料主要有天然蛋白质材料和天然多糖类材料。天然蛋白质材料包括胶原蛋白和纤维蛋白，天然多糖类材料包括甲壳素和壳聚糖。

下面首先介绍第一种天然蛋白质材料——胶原蛋白。说到胶原蛋白，人们首先就会想到它是皮肤的主要成分，是脊椎动物的主要结构蛋白，是支持组织和结构组织（皮肤、肌腱和骨骼的有机质）的主要成分。不同种类的动物胶原结构极其相似。胶原与人体组织相容性好，不易引起抗体产生，植入人体后无刺激，无毒性反应，能促进细胞增殖，加快创口愈合并具有可降解性，可被人体吸收，降解产物无毒副作用。其基本单位为原胶原蛋白，有三条α-肽链相互拧成的三股螺旋状结构的蛋白质，其分子量为30万左右，胶原分散体具有再生特性，可以将其加工成不同形状的制品用于临床，并且越来越受到人们重视。胶原凝胶用作创伤敷料；粉末用于止血剂和药物释放系统；纺丝纤维用作人工血管、人工皮、人工肌腱和外科缝线；薄膜用于角膜、药物释放系统和组织引导再生材料；管用于人工血管、人工胆管和管状器官；空心纤维用于血液透析膜和人工肺膜；海绵用于创伤敷料和止血剂等。

纤维蛋白是纤维蛋白原在生理条件下凝固而成的一种材料，主要来源于血浆蛋白，因此具有明显的血液和组织相容性，无毒副作用和其他不良影响。纤维蛋白作为止血剂、创伤愈合剂和可降解生物材料在临床上已经应用很久；它的主要生理功能为止血，另外可明显促进创伤的愈合；也可以作为一种骨架，促进细胞的生长；还具有一定的杀菌作用。

纤维蛋白在临床上也有很多的应用形式。纤维蛋白原的就地凝固，用于眼科手术的组织黏合剂，肺切除后胸腔填充物和外科手术中的止血；纤维蛋白粉末，用作止血剂，可以与抗生素共用，用作充填慢性骨炎和骨髓炎手术后的骨缺损；纤维蛋白海绵，用于治疗作止血剂，扁平瘊的治疗和唾液腺外科手术的填充物；组织代用品，主要用于关节成形术、视网膜脱离、眼外科、肝脏止血及疝气修复等；纤维蛋白薄膜，用于神经外科，替代硬脑膜和保护末梢神经缝线，也用于治疗烧伤治疗，消除颌面窦和口腔间的穿孔。

第二类天然高分子生物材料——天然多糖类材料。多糖是由许多单糖分子经脱水缩聚，通过糖苷键结合而成的天然高分子化合物。自然界广泛存在的多糖有植物多糖，如纤维素、淀粉、果胶等；动物多糖，如甲壳素、壳聚糖、肝素、硫酸软骨素等；琼脂多糖，如琼脂、海藻酸、角叉藻聚糖等；菌类多糖，如D-半乳聚糖等；微生物多糖，如右旋糖酐、凝乳糖等。其中研究较多的多糖类材料为纤维素、甲壳素和壳聚糖。

首先介绍第一种天然多糖类材料——纤维素（图7.15）。它是葡萄糖经由糖苷键连接的高分子化合物，是构成植物细胞壁的主要成分，是存在于自然界中数量最多的碳水化合物。结构复杂，至今仍未被完全了解。纤维素在医学上的应用形式主要是制造各种医用膜。硝酸纤维素膜：用于血液透析和过滤，但由于制膜困难及不稳定等特点，已逐渐被其他材料取代；胶黏纤维（人造丝）或赛璐玢（玻璃纸）管：用于透析，但由于含有磺化物及尿素、肌酐的透析性不好等原因，作为透析用的赛璐玢逐渐被淘汰；再生纤维素（铜珞玢）：目前人工肾使用较多的透析膜材料，对溶质的传递，纤维素膜起到筛网和微孔壁垒作用；醋酸纤维素膜：主要用于血透析系统；全氟代酰基纤维素：用于人工心瓣膜，人工细胞膜层，

走进生活中的化学
CHEMISTRY

各种导管、插管和分流管等。

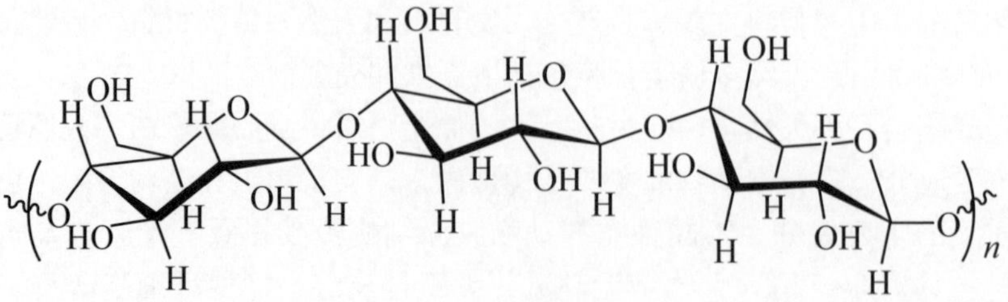

图7.15　纤维素结构式

第二种多糖材料为甲壳素（图7.16）。它是一种来源于动物的天然多糖，普遍存在于虾蟹等低等动物及昆虫等节肢动物的外壳中。将甲壳动物的外壳通过酸碱处理，脱去钙、盐和蛋白质，即得到甲壳质，其被科学家誉为继蛋白质、糖、脂肪、维生素、矿物质以外的第六生命要素。甲壳素有强化免疫、降血糖、降血脂、降血压、调节神经系统及内分泌系统等功能，还可作为保健材料等。同时作为医用生物材料可用于医用敷料，甲壳素具有良好的组织相容性，可灭菌、促进伤口愈合、吸收伤口渗出物且不脱水收缩，可以作为药物缓释剂，基本为中性，可与任何药物配伍，还可以作为止血棉、止血剂。在血管内注射高黏度甲壳素，可形成血栓口愈合剂，使血管闭塞，从而在手术中达到止血目的，较注射明胶海绵等常规止血方法，操作容易，感染少。

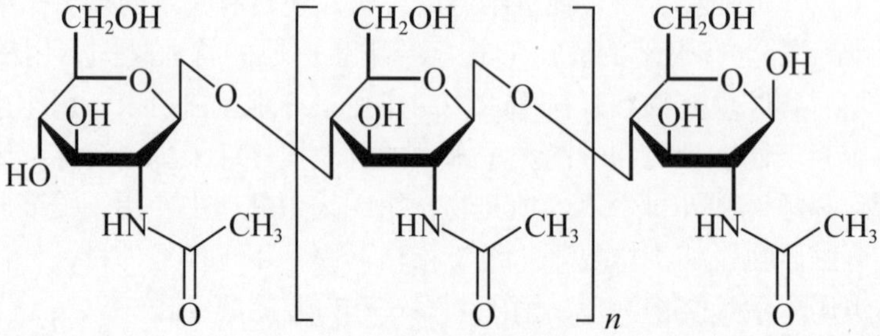

图7.16　甲壳素结构式

第三种天然多糖类材料——壳聚糖（图7.17），甲壳素去除部分乙酸基化则得到壳聚糖，具有一定的黏度、无毒、无害、无副作用。壳聚糖不溶于水和碱液，但可溶于多种酸溶液中。它具有较多的侧基官能团，可进行酯化、醚化、氧化、磺化以及接枝交联等反应对其进行改性。特别是磺化产品，其结构与肝素极其相似，可作为肝素的代用品作抗凝剂。壳聚糖作为生物相容性良好的新型生物材料正在受到人们的普遍重视。目前在医学上，壳聚糖作为生物材料可用于消化道和整形外科的可吸收性缝合线；用于整形外科、皮肤外科，用于二、三度烧伤等；用于制备不同形状的微胶囊，培养高浓度细胞，如包封的活细胞构成人工生物器官；用于拔牙患、囊肿切除、齿科切除部分的保护材料；用于生成较多的成胶原和成纤维细胞的眼科敷料；还可用于隐形眼镜，膜制品用于药物释放系统和组织引导再生材料等。

图7.17 壳聚糖结构式

7.6 仿生材料

7.6.1 仿生学

道法自然，向自然学习，是原始创新科学研究的源泉，是创造新材料和新器件的重要途径，一直在推动着人类社会的发展和文明的进步。自然界中的动物和植物经过亿万年的进化，其结构与功能已达到近乎完美的程度。例如，自然界生物表面的特殊浸润、黏附性能，飞鸟骨骼系统具有质量轻、强度大的构造形态；贝壳的珍珠层具有高的韧性和硬度等优异的力学性能；蜘蛛丝兼具独特的高强度、高弹性和高断裂功等机械性能、良好的可降解性和与生物组织的相容性等生物学特性。研究表明，自然界中生物体具有的这些优异的结构和功能均是通过由简单到复杂、由无序到有序的多级次、多尺度的组装而实现。

仿生学是研究生物系统的结构、特质、功能、能量转换、信息控制等各种优异的特征，并把它们应用到技术系统，改善已有的技术工程设备，创造出新的工艺过程、建筑构型、自动化装置等技术系统的综合性科学。仿生学的研究范围可包括电子仿生、机械仿生、建筑仿生、化学仿生等。例如人们根据蛙眼的视觉原理，已成功研制一种电子蛙眼。这种电子蛙眼能准确无误地识别出特定形状的物体。把电子蛙眼装入雷达系统后，雷达抗干扰能力大大提高。这种雷达系统能快速而准确地识别出特定形状的飞机、舰船和导弹等，特别是能够区别真假导弹，防止以假乱真。电子蛙眼还广泛应用在机场及交通要道上。在机场，它能监视飞机的起飞与降落，若发现飞机将要发生碰撞，能及时发出警报。在交通要道，它能指挥车辆的行驶，防止车辆碰撞事故的发生。自从人类发明了电灯，生活变得更加方便、丰富。但电灯只能将电能的很少一部分转变成可见光，其余大部分都以热能的形式浪费掉了，而且电灯的热射线有害于人眼。那么，有没有只发光不发热的光源呢？ 人类又把目光投向了大自然。人们根据对萤火虫的研究，创造了日光灯。近年来，科学家先是从萤火虫的发光器中分离出了纯荧光素，后来又分离出了荧光酶，接着，又用化学方法人工合成了荧光素。由荧光素、荧光酶、三磷酸腺苷（ATP）和水混合而成的生物光源（图7.18），可在充满爆炸性瓦斯的矿井中当闪光灯。由于这种光没有电源，不会产生磁场，因而可以在生物光源的照明下，做清除磁性水雷等工作。现在人们已能用掺和某些化学物质的方法得到类似生物光的冷光作为安全照明用。

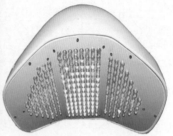

图7.18　萤火虫光及"生物光源"

7.6.2　仿生材料

仿生材料指模仿生物的各种特点或特性而开发的材料。例如人们模仿蚕吐丝的过程研制了各种化学纤维的纺丝方法，此后又模仿生物纤维的吸湿性、通气性等各种性能研制了许多新型纤维。西瓜是一种含水量极高的水果，在它的启发下，人们研制了一种与西瓜纤维素构造相似的超吸水性树脂，它是用特殊设计的高分子材料制造的，能够吸收超越自身重量数百倍到数千倍的水分。

还有自然界生物体中独特的微米、纳米结构赋予其特殊的表面浸润、黏附性能。例如根据蛤蜊贝壳大脑皮层覆盖区的水下低黏附超疏油性，然后模拟制备了一种新型的人工水下超疏油高能涂层。还有我们经常夸赞荷叶"出淤泥而不染"也就是荷叶的自清洁性（图7.19）以及一些昆虫翅膀（如蝉、蜻蜓、蝴蝶翅膀等）表面的自清洁性，就是因为它们表面特殊的微观结构使固/液界面形成了气膜，水滴不能浸润而达到超疏水性。水黾腿具有超级疏水力使得水黾能够在水上自由行走。浸润性是材料表面的重要特征之一，表面可控浸润性的研究在基础研究和工业应用方面都有重要的意义。

图7.19　荷叶"自清洁"效应

一些生物体如水稻叶、鸭和鹅的羽毛、蝴蝶翅膀等，水滴在其表面具有滚动的各向异性，即沿与表面主干平行和垂直的方向滚动性不同，这与表面微观结构的排列方式有关。

很多科学家从仿生的角度出发，在研究自然界具有特殊浸润性材料的基础上，构筑多种纳米/微米复合结构的特殊浸润性界面和智能界面，研究纳米材料和结构对表面浸润性的影响，并制备微纳米材料，这些材料在微流体控制、智能视窗、分子分离和分析以及药物控制缓释领域有着很大的潜在应用前景。

现实生活中壁虎的神奇游墙功，引起了人们极大的兴趣。然而直到2000年，才由美国科学家首次证实其神奇的黏附力主要来自壁虎脚掌（图7.20）极其微细的刚毛与壁面之间的分子吸引力（范德华力）。科学家由此脑洞大开，用碳纳米管、高分子等材料模仿其微米纳米结构，开发了各种仿生干胶，并在各种暂时或反复黏附的应用中显示出巨大优势，包括伤口敷料、精密工程、机器人、可穿戴健康监测等。中国科学院深圳先进技术研究院生物医学与健康工程研究所吴天准团队研发出一种"青出于蓝而胜于蓝"的仿生微纳结构材料，该材料以低成本、可拉伸乙烯-醋酸乙烯酯（EVA）高分子聚合物为衬底，利用微加工的微型蘑菇状阵列，实现了7倍于壁虎脚掌黏附力的超强黏附力，法向黏附强度可达到 70 N/cm^2。

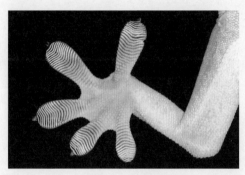

图7.20　壁虎脚掌

　　自然界的很多生物还有其独特的光学系统。例如北极熊毛吸收红外线性。北极熊的体色从外表看是白色的，实际上它的皮肤是黑绿色的。电子显微镜研究结果表明，北极熊的毛是空心无色的细管，这些细管的直径从毛的尖部到根部逐渐变大。北极熊的毛看上去之所以是白色的，是因为细管内表面较粗糙引起了光的漫反射。当人们利用自然光对北极熊拍照时，它的影像十分清晰，而借助红外线拍照时，只能看见其面部而看不到其外形。可见北极熊的皮毛有极好的吸收红外线的能力，而且具有较好的绝热、保温性能。很多鸟类的羽毛和北极熊毛一样，都具有极为精细的多通道的管状结构。由于其具有优异性能，很多科学家对这种多通道管状结构产生了浓厚的兴趣，仿照北极熊的毛管，可以制成隐形、保温、节能的人造中空纤维（图7.21）。

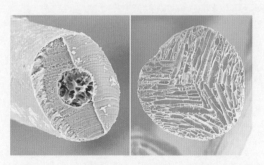

图7.21　显微镜下北极熊的毛（左）与仿生有序多孔纤维（右）

　　模拟生物体先进的光学系统，利用具有可定制光学特性的聚合物，应用软平板印刷术和三维微尺度处理技术，可以快速构建复杂的设计，如受到光敏性海星的启发设计的微流体双重透镜。例如，从竹子的断面来看，一种称之为纤维束的组织密布在竹子的表皮，竹子的内

部却很稀少，这样的结构形成了一种高强度的复合材料。这种从生物获得灵感的材料合成方法就是所谓的仿生材料合成或者仿生形貌生成方法。如果我们使用比构造出贝壳的原材料强度更高的材料，以其相同的设计，就有希望生产出强度更高的复合材料，用于装甲复合材料系统或机翼复合材料结构。人们在了解和掌握生物材料的设计方法以及材料最短长度尺寸的功能后，就可以学会构建轻质、高强度的仿生合成复合材料。

第 8 章

化学与文艺

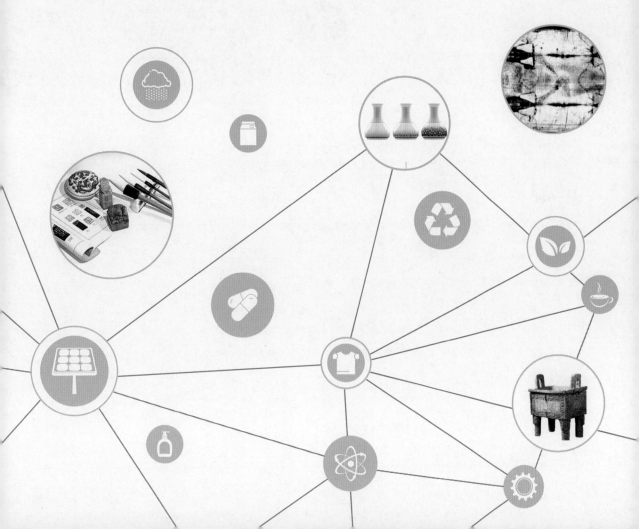

Chemistry in Daily Life

化学，一门自然科学的中心学科；文艺，一颗社会科学的璀璨明珠；一个理性而严谨，一个感性而自由。那么化学与文艺又有什么联系呢？看似处于磁铁的两极，实则相互贯通、相映成趣。无论是文艺创造所用的工具、作品的表达形式，还是作品的特殊效果，无不体现出化学的魅力。化学使文艺更加灿烂绚丽，同时文艺也让化学更生动自然。变色茶壶（图8.1）就是化学与艺术结合的一个很好的实例。茶壶的创意在于其外层涂有感温变色油墨，在加热过程中隐藏的装饰花纹，会随着温度的升高分步呈现，同时起到温度指示的作用。化学的应用使茶壶更加生动、有趣，而变色茶壶也使更多的人去关注、了解化学。

图8.1　清彩变色茶壶

8.1　化学与文房四宝

文房之名，始于南北朝时期，专指文人书房或书斋中使用的书写绘画等器具。随着科技的进步，文房无论从品类、实用性还是艺术性上都有所发展。目前对文房而言，实用价值仅是其基本价值的体现，文房用品的艺术价值和创新价值的比例更是日趋提高。我国传统的文房用品中，笔、墨、纸、砚被称为文房四宝。历史上，"笔、墨、纸、砚"所指之物屡有变化。在南唐时，"笔、墨、纸、砚"特指宣城诸葛笔、徽州李廷圭墨、澄心堂纸、徽州婺源龙尾砚。文房四宝（图8.2）的发明和应用凝聚着古人的智慧，而由此引申的制作工艺、书法和绘画等艺术更是代表了中国古代文人和工匠的审美和情怀。正所谓："笔扫春秋诵古今，墨扬冬夏赋诗吟。纸寻往事词间叹，砚阅前尘沐慧心。"

图8.2 文房四宝

（1）笔

文房用品中首当其冲的就是笔。而在各类笔中，毛笔可算是中国独有的品类，传统的毛笔不但是古人必备的文房用具，而且在表达中华书法、绘画的特殊韵味上具有与众不同的魅力。中国的书法和绘画都与毛笔的使用分不开。

毛笔的精髓在其毛，一般为动物纤维制成。提到毛笔，人们往往会想起"蒙恬造笔"的故事。相传战国时期的秦国大将蒙恬带兵在外作战，他要定期写战报呈送秦王。当时，人们用竹签为笔写字，使用不便。蒙恬在打猎时心生灵感，用兔尾巴，插在竹管上，试着写字，可是兔毛油光光的，不吸墨。于是随手把那支"兔毛笔"扔进门前的石坑里，有一天，他无意中发现那支被扔掉的笔，毛不仅变白了而且湿漉漉的，他将兔毛笔往墨里一蘸，兔尾巴竟然变得"听话"起来，写字非常流畅，原来石坑里有石灰质，经碱性水的浸泡，兔毛的油脂被去掉，变得柔顺亲水。其中暗含的化学反应即油脂在碱性条件下发生了皂化反应。反应物三酸甘油酯（也就是脂肪和植物油的主要成分）不溶于水，为疏水性物质，而产物甘油和羧酸盐均为亲水性物质。反应得到的羧酸盐可以用来做肥皂，而反应也是制造肥皂流程中非常重要的一步，因此也称为皂化反应（图8.3）。

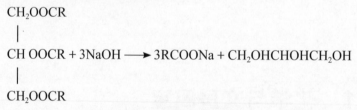

图8.3 皂化反应方程式

R基团不同，对应的产物羧酸盐RCOONa也不同。

根据笔毛的来源不同，毛笔可分为羊毫（软毫）笔、狼毫（硬毫）笔、兼毫笔和胎毛笔4种。其中羊毫大部分是用兔毛制作的，质软、弹性柔软，写出的字浑厚丰满；狼毫用黄鼠狼尾巴上的毛制成，质硬、富有弹性，适于写挺拔刚劲的楷体字；兼毫用软毫和硬毫按一定的比例混合制成，软硬居中；胎毛笔使用的是婴儿的毛发。因毛发主要成分为蛋白质，易被虫蛀，所以写完字后要及时洗净余墨，套好笔帽存放于阴凉、干燥处。新买的毛笔笔尖上有胶，应用清水把笔毛浸开，将胶质洗净再蘸墨写字。暂时不用的毛笔应置于阴凉通风处，久置不用的毛笔最好在靠近笔毛处放置卫生球以防虫蛀。

（2）墨

墨是我国文化发展和交流的重要工具，也是集中国绘画、书法和雕刻技巧于一身的特殊工艺品。追溯墨的起源，可分为天然墨和人工墨两类。天然墨始于新石器时代，如1980年陕西临潼姜寨村仰韶文化墓葬中，出土的黑红色氧化铁矿石就是天然墨。人工墨始于甲骨文时期，即商代。美国人曾在1937年的《工业及工程化学》（分析版）上发表论文，通过颜料的微量化学分析证明，在甲骨上书写文字的颜料中，红色是朱砂（HgS），而黑色是碳单质。通常书法中所说的墨是由碳单质（烟、煤）与动物胶相调和，经合剂、蒸杵等工序加工而成的。

（3）纸

纸是中国古代的四大发明之一。现陈列在陕西历史博物馆当中由植物纤维制成的灞桥纸是目前世界上发现的最早的纸。据考证，我国自西汉以来就开始造纸。东汉蔡伦改革并推广了造纸术，使纸的使用进一步发展和传播。古代用纸，在纸的品类中属于古纸和手造纸，都是由木浆经过不同的加工方式得到。而木浆的主要组成即植物纤维，其中除了含有纤维素、半纤维素和木质素这三大主要成分，还有少量的树脂、灰分以及硫酸钠等辅助成分。纤维素是一种复杂的多糖，由8 000～10 000个葡萄糖残基通过β-1，4-糖苷键连接而成。它是世界上最丰富的天然有机物，占植物界碳含量的50%以上。

造纸制浆过程中需要通过机械和化学方法去除原料中缠绕着纤维素的部分木质素和半纤维素等，使纤维素得以分离和利用。例如，化学制浆的硫酸盐过程中需要大量使用$NaOH$、Na_2S、Na_2SO_3等化学品来分离纤维素；使用废纸为原料的制浆和脱墨过程，则主要使用$NaOH$、Na_2SiO_3和一些表面活性剂；制浆漂白工艺中会用到含氯化合物、双氧水（H_2O_2）以及臭氧（O_3）等氧化剂来达到漂白的作用。此外，为了改善造纸工艺及制浆性能，还常使用各种化学助剂、增强剂、浆纱助剂等。

（4）砚

砚虽然在"笔墨纸砚"的排次中位居殿军，但从某一方面来说，却居领衔地位，所谓"四宝"砚为首，这是由于它质地坚实，能传之百代的缘故。中国四大名砚之称始于唐代，它们是端砚、歙砚、洮砚、红丝砚。砚是我国特有的文房用品，它是由砚石雕制而成的研墨工具。砚石主要由硬度较低的黏土矿物或方解石和一定比例（5%左右）硬度较高的次要矿物（石英、黄铁矿、红柱石和赤铁矿等）组成。方解石是最为常见的矿石之一，主要成分为$CaCO_3$；石英的化学组成为SiO_2；黄铁矿和赤铁矿都为铁的矿石，主要成分分别为FeS_2和Fe_2O_3；红柱石则是一种硅酸铝矿物，其化学成分为Al_2SiO_5。不同的砚石其矿物组成不同，其化学组成也随之不同，泥岩、板岩和千枚岩类砚石，其矿物组成主要为硅酸盐，因而其化学性质稳定。灰岩、大理岩类砚石，矿物组成主要为碳酸盐，化学反应性比硅酸盐强。

8.1.1　化学与油墨

除了传统的墨汁，随着化学的发展和人们对文房用品要求的提高，越来越多的化学创新成果应用到文房用品的设计和使用中，像钢笔墨水、圆珠笔和水性笔油墨、喷墨打印机的墨盒以及一些特殊作用墨都与化学的发展息息相关。油墨是具有一定流动性的浆状胶黏体，可分为液体油墨（溶剂）和浆状油墨（胶印、铅印）两大类。日常生活中接触最多的是液体油墨，其又可根据水溶性分为水性、油性和中性。

钢笔水可以分为纯蓝墨水、蓝黑墨水和黑墨水，当然也有红墨水。纯蓝墨水的主要原料为水溶性的酸性墨水蓝，其属三苯甲烷系，是由碱性品红与苯胺缩合后用硫酸磺化，经碳酸钠中和，最后用硫酸酸化而得（图8.4）。在不同的溶剂中所呈现的颜色有差异，如在水溶液体系中为蓝色，在乙醇中为蓝绿色，而遇到浓硫酸则呈红色。在一些重要的考试或长期保存、永久保存的重要文件中，书写不能使用蓝色墨水而要用黑色或蓝黑色，这是由于纯蓝墨水的主要原料酸性墨水蓝是水溶性的，并且在空气中容易被氧化，导致书写的字迹容易被水晕染和褪去，不利于文件的长期保存。而墨和墨汁的主要成分是碳素，写成的字迹耐水、耐光、耐热、不易褪色，适于长久保存。所以需长久保存的重要文件应当使用墨汁、蓝黑墨水和碳素墨水，不能使用纯蓝和其他质量低劣的墨水。

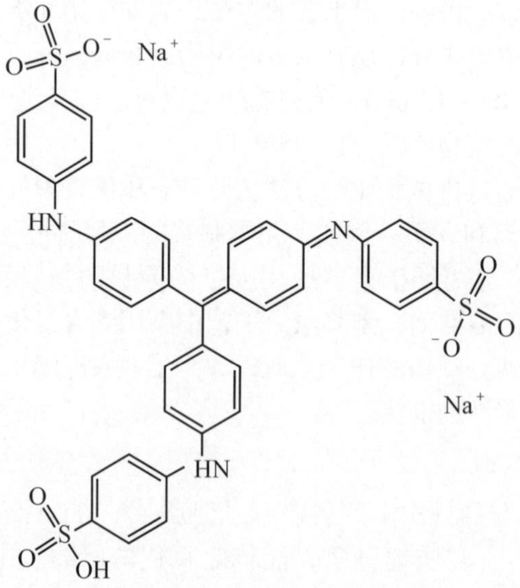

图8.4 酸性墨水蓝的结构式

针对纯蓝墨水易褪色的问题，其后研发的蓝黑墨水在颜色的持久性上有很大的改善。蓝黑墨水中除了含有酸性墨水蓝染料，还加入了鞣酸、没食子酸、硫酸亚铁等成分。因此，蓝黑墨水又称为鞣酸铁墨水。鞣酸和没食子酸能与Fe^{2+}反应生成无色可溶性鞣酸亚铁或没食子酸亚铁，并建立动态平衡。书写后经过空气中的氧气氧化，字迹中的亚铁化合物逐渐转变成黑色不溶性的鞣酸铁和没食子酸铁。沉淀使得有机染料被固着于纸上，此外鞣酸铁沉淀还可以增强墨水的耐水性，没食子酸铁沉淀则增强变黑性，两者都能使墨水颜色的持久性增强。

近年来，墨水钢笔的使用率逐渐降低，取而代之的是更为方便的油性笔、中性笔和水性笔。这三种笔的主要区别在于染料基质溶解性的差异。油性笔的基质染料为油性，难溶于水，不易褪色但黏度大；水性笔的墨为水性，纸对其吸收性好，书写相对流畅但遇水易晕染；中性笔则兼有上面两者的性质，是目前应用最为广泛的笔之一。

除了一般书写用油墨，还有一些特殊的油墨也出现在书写世界中。例如，荧光笔就是在普通油墨中加入荧光剂，在紫外线的作用下产生荧光效果，发出白光使墨迹更加鲜亮。此外，还出现了隐藏的无色荧光笔，书写后没有颜色，在紫外灯照射后方呈现书写内容。变色油也在市场上出现，如可擦中性笔就是利用摩擦生热使字迹油墨温度升高从而实现墨迹褪去。相较于传统的利用钛白粉或硫化锌覆盖作用的改正液，这种可擦中性笔在书写页面的整体性和美观性上提升了一步。对于追求书写整洁、美观的人，可擦中性笔是一个非常好的选择。像低年级的小学生在书写上容易出错，但为了书写页面的美观就可以使用可擦的中性笔。可擦中性笔的热致变色过程为不可逆过程，即字迹不会随着温度降低而重现。当然也有可逆的变色油墨在日常生活中的应用。变色马克杯的神奇效果就源于在杯子外的釉色中加入了可逆的热致变色染料。染料会随着杯子温度的变化开启关闭，从而控制图案的呈现效果。在前文中提到的清彩变色茶壶也是利用了可逆的热致变色油墨。2006年英国一家名为"狮王品质标准"的公司还将变色油墨用于鸡蛋上，以帮助人们通过油墨随温度的变化来标记煮的蛋是"嫩蛋""适中"还是"老蛋"，除了温感变色油墨外，还有光感变色油墨、湿感变色油墨、化学变色油墨等，这些特殊的油主要用于防伪、警报等特殊用途和创意产品的设计和研发。例如，人民币左下角数字就采用了光感变色油墨印刷，以起到防伪的作用。同样，2014年美国财政部也在新版美元上采用了可逆热致变色油墨用于防伪设计。

当特殊用途的油墨与纸结合，就创造了一些具有神奇效果的纸。例如，最初用于复写的印蓝纸（就像我们以前经常用到的发票或者收据）就是在油性纸的背面涂上蓝色碳墨染料，当受到压力时染料就会印到下一页。但这样的复写纸存在转印效果不佳、干净程度稍差的缺点，目前逐渐被另一种新的隐色无碳复写纸所代替。这种无碳复写纸是第一种化学型压敏记录纸，是1954年由美国NCR公司发明的。无碳复写纸复写的基本原理与印蓝纸类似，都是压敏纸，两者的区别在于，无碳复写纸不再需要用涂色蜡的复写纸作为"中介"，而只需将多页此类纸叠在一起书写即可实现高效、连续化的清洁复写，那么无碳复写纸的颜色来源何在呢？秘密就藏在上层复写纸的背面和下层复写纸的正面。无色染料藏在复写纸背面的微胶囊中，胶囊内装有染料前体。之所以称其为染色前体，是因为它原本无色，但在一定条件下能变成有色染料，如常用的无碳复写纸的黑、蓝、橙、绿、红等字迹颜色。这些染色前体的显色通常是pH值调控的，如首个使用的染料前体——晶体紫内酯，它酸性条件下会因分子结构转变而由无色变成紫色（图8.5）。这个变色条件是如何创造出来的呢？答案就藏在下层复写纸的正面，其上涂有相应的显色剂。当用力书写或者打印的冲击压力将上层复写纸的微胶囊压破时，微胶囊中的无色前体溶液流出与下层复写纸上涂覆的显色剂混合，发生化学反应呈现有色图文，从而达到复写的目的。如果以晶体紫内酯为前体，则显色剂只要是酸性溶液即可。总的来说，无碳复写纸的染料前体与显色剂溶液分别位于不同的纸面，一定条件发生化学反应而显色。另一种新型的打印纸——热敏纸同样也是利用染料前体和显色剂显色。但区别于无碳复写纸的是，热敏纸上染料前体与显色剂同时存在于纸张的同一面，其存在形式不是液体而是固体。例如，晶体紫内酯在常温下就是固体，如果接触的酸同为固体，那么虽然隐色染料与显色剂在物理上充分混合、亲密接触，但它们并不发生化学反应，能长时间相安无事。一旦条件改变，这些分子运动速率增大，如变成液态，则显色反应速率大大提高，从而能快速显色。热敏纸就是利用这一化学原理，将碾细的固体前体与显色剂混合均匀后涂抹在纸张表面，当纸上温度升高，固体熔化成液体，反应就能快速进行从而显色。目前热敏纸应用最广的领域是购物超市的小票

用纸。因为这些纸自带油墨，所以小票打印机并没有墨盒，取而代之的是一个提供高温的打印头。

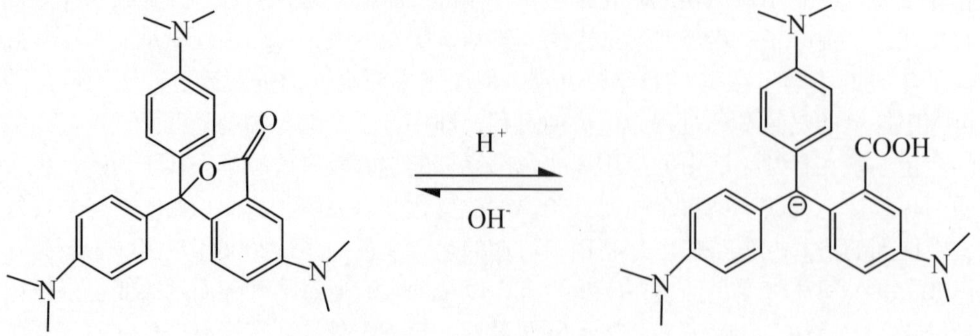

图8.5　晶体紫内酯的显色反应

除了上面提到的特殊纸，随着电子技术的发展还出现了基于化学原理的电子纸技术。电子纸技术，通常称为电子墨水（E-Ink），现在特指由E-Ink公司制造的一种使用特殊技术的显示屏幕，它是亚马逊Kindle阅读器和汉王阅读器的核心显影技术。电子纸的屏幕由数百万个微胶囊组成，胶囊粗细与人的头发相当。双色系统中每个微胶囊内都含有黑白两色的染料粒子。染料粒子可带电，它们悬浮于透膜液体中。当正、负电场接通时，由于库仑引力作用，相应电荷的粒子会移动至微胶囊顶端，从而呈现白色或黑色影像。目前E-Ink公司还开发出三色电子墨水系统，原理与双色系统类似，均为使染料带电，并在电压条件下相对移动。这一原理与化学中使用的电泳分析法的原理类似，因此这类电子墨水也称为电泳显示液。在E-Ink的制作中还蕴含了很多化学知识，如组成胶囊壁壳的聚合物的性质，不同颜色及特性的染料颗粒和体系中的分散剂组成及性质等，尤其是这些材料对电场的响应。这些性质都会影响电子墨水的成像。

8.1.2　化学与颜色

墨的发明和利用使人类能更好地记录世界，颜料和染料的发现和利用则使世界更加真实鲜活、绚丽斑斓，同时这些色彩也在悄无声息地影响和见证世界的进程。我国早在夏商周时期植物染料就已经形成规模，到唐宋已经达到登峰造极的地步。清朝还特别开设了织造局，专门为皇家织染衣服，《红楼梦》的作者曹雪芹家三代都是江南织造局的负责人，当时对于颜色的分类也日趋细化，如《红楼梦》中就有22种不同的词汇来描述红色。那么，同为着色剂，那颜料和染料又有什么区别呢？颜料一般不与溶剂（如水、油、乙醇等）互溶，只是以物理方式分散其中；而染料通常可以溶于溶剂中，是真正意义上的分子水平的溶解。因此颜料与染料在溶解性、着色方式上是不一样的。染料以有色有机物居多，而有色的无机物及部分不溶或难溶的有机物则多为颜料，虽然可用于染色的矿物不少，但因为上述因素，矿物颜料想要达到较好的染色效果，对矿物的质量和染色技巧都有较高要求。在《考工记·钟氏》中曾经记述用丹涂染羽毛，丹就是朱砂（HgS）。在宝鸡茹家庄西周墓出土的麻布以及刺绣印痕上就有用丹涂染的痕迹。由于朱砂颜色红赤纯正，经久不褪，直到西汉，仍然用它作为涂染贵重衣料的颜料。1972年，长沙马王堆一号汉墓中出土的朱红菱纹罗棉袍上的朱红色，

经X射线衍射分析，它的谱图就和六方晶体的红色硫化汞相同。朱砂或赭石颜料在施染以前都要经过研磨，并且加胶液调制成浆状，才可以用工具涂到织物表面。通过对上述出土纺织品的分析，可以看出当时的颜料研磨已经相当精细，涂染技术十分精良。天然无机颜料多以矿石为来源，如从孔雀石中提取绿色的碱式碳酸铜$Cu_2CO_2(OH)_2$，从青金石碱式铝硅酸盐中得到的蓝色颜料以及从黄铁矿中得到的黄色FeS_2等。有些金属因为其特有的金属光泽也能用作颜料，如铝粉、铜粉等可作为涂料使用。表8.1给出了一些常用无机颜料及其主要化学组成。

表 8.1 常见的无机颜料

颜 色	化学名	化学式	颜料俗名	发现年代
白色	水化硅酸铝	$Al_2O_3 \cdot SiO_2 \cdot 2H_2O$	瓷土、黏土、云母	—
白色	氢氧化铝	$Al(OH)_3$	水化氧化铝	—
白色	碳酸钙	$CaCO_3$	白垩	—
白色	碱式碳酸盐	$Pb_2(OH)_2CO_3$	铅白、怀特海德白	—
白色	氢氧化钙	$Ca(OH)_2$	圣乔尼白	15世纪
白色	氧化锑	Sb_2O_3	锑白	1920年
白色	硫酸钡	$BaSO_4$	重晶石粉	18世纪
白色	硝酸铋	$Bi(NO_3)_3 \cdot 5H_2O$	铋白	19世纪
白色	硫酸锶	$SrSO_4$	锶白	—
白色	二氧化钛	TiO_2	钛白	1870年
白色	氧化锌	ZnO	锌白、中国白、雪白	1834年
白色	硫酸钡+硫化锌	$ZnS + BaSO_4$	锌钡白	1874年
粉色	氧化锡	SnO_2	波特粉	—
红色	硫化汞	HgS	朱砂、辰砂	—
红色	硫化亚砷	As_2S_2	雄黄	—
红色	氧化铁	Fe_2O_3	印度红、威尼斯红、红土	—
红色	碘化汞	HgI_2	猩红	—
红色	氧化铅	Pb_3O_4	红铅、铅丹	中世纪
深红色	一氧化铅	PbO	密陀僧	—
橙色	铬酸铅	$PbCrO_4$	铬橙/红/黄、樱草黄	1797年
橙色	硫化锑	Sb_2S_3	锑黄	1847年

续表

颜色	化学名	化学式	颜料俗名	发现年代
橙色	硫化镉	CdS	镉黄	1817年
黄色	硫化砷	As_2S_3	雌黄	—
黄色	氯氧化铅	$PbCl_2·7PbO$	特纳黄	1781年
黄色	锑酸铅	$PbSb_2O_6$	拿蒲黄、锑黄	800年
黄色	硒化镉	$CdSe$	镉黄	—
黄色	铬酸钡	$BaCrO_4$	钡黄	19世纪
黄色	硝酸钴钾	$Co（NO_3）_2·6KNO_3$	钴黄	1830年
黄色	铬酸锶	$SrCrO_4$	锶黄	
黄色	铬酸锡	$Sn（CrO_4）_2$	—	
黄色	氧化铀	$UO_4·2H_2O$	铀矿	—
黄色	铬酸锌	$ZnCrO_4$	锌黄、柠檬黄	1847年
绿色	水化氢氧化铬	$Cr_2O_3·2H_2O$	铬绿	1838年
绿色	氧化铬	Cr_2O_3	氧化铬	1809年
绿色	砷化钴	Co_2As	—	—
绿色	氧化钴 + 氧化锌	$CoO + ZnS$	钴绿	1780年
翡翠绿色	乙酸铜合亚砷酸铜	$Cu（C_2H_3O_2）_2·3Cu（AsO_2）_2$	巴黎绿、席勒绿	1788年
蓝绿色	六氰合亚铁酸铁	$Fe_4[Fe（CN）_6]_3$	普鲁士蓝	1704年
蓝绿色	乙酸铜	$Cu（C_2H_3O_2）_2·H_2O$	威尔第绿	—
蓝色	碱式碳酸铜	$CuCO_3·Cu（OH）_2$	古董绿、蓝矿石	早期
蓝色	氢氧化铜	$Cu（OH）_2$	布勒门蓝、石亲蓝、孔雀蓝	18世纪
蓝色	硅酸铜钙	$CaCuSi_4O_{10}$	埃及蓝、釉蓝、波佐丽蓝	公元前3000年
蓝色	氧化钴	CoO	钴蓝	1802年
蓝色	锰酸钡	$BaMnO_4$	锰蓝	19世纪初
蓝色	钴硒酸盐	$CoO+SnO_2$	钴蓝	1805年
紫色	磷酸钴	$Co_3（PO_4）_2$	钴紫	—

续表

颜 色	化学名	化学式	颜料俗名	发现年代
棕红色	水合四氰合铁酸铜	$Cu_2Fe(CN)_4 \cdot xH_2O$	范戴科红	—
黑色	碳	C	骨黑、炭黑	罗马时代
黑色	氧化亚铁	FeO	黑色氧化铁、马斯黑	20世纪
黑色	氧化锰	MnO	黑色氧化锰	—
透明	水合硅酸镁	$3MgO \cdot 2SiO_2 \cdot 2H_2O$	石棉	—

相对于天然无机染料，天然有机染料则多来源于生物，特别是植物常作为无机色彩的补充。例如，红色染料可以从茜草、苏木、红花中提取。茜素是从植物茜草的根中获得的，有色成分为1，2-二羟基蒽醌，作为红色颜料使用。利用栀子果可以染出浓郁的橙黄色。我们都知道古代帝王都酷爱黄色，但其实直到唐朝才规定只有皇帝才能穿黄色服饰，到了宋朝赵匡胤时才有了"陈桥兵变，黄袍加身"的说法，那么黄袍是用哪种植物印染的呢？在《唐六典》中曾有记载"隋文帝著拓黄袍，巾带听朝"，《旧唐书》和《宋史》也说禁止民间使用拓黄。而这种颜色实际上是用拓木汁印染出来的，反复几次即可染出赤黄色，这种颜色在古代被称为拓黄袍，只有帝王才能穿。从菘蓝的叶子中可以提取出蓝色染料，其根是有名的中药材板蓝根。黑色染料植物主要有乌桕柏叶、冬青叶、五倍子等，它们均含有糅质，与铁盐作用呈黑色。黑色在古代大都作为平民服色。靛蓝则从靛草中提取得有机色素，它作为蓝色颜料应用已有3 000多年的历史，蓝色在古代也大都作为平民服色，所以需求量也较大，战国时期荀子的名句"青出于蓝而胜于蓝"就源于当时的染蓝技术。"蓝"即指制取靛蓝的蓝草。其中茜素和靛蓝是目前使用最广泛的两种天然有机颜料，它们是现代有机颜料的起源。

中国古代对颜料应用最集中、体现最生动的莫过于敦煌石窟。敦煌石窟不仅是世界艺术的宝库，也是一座丰富的颜色标本博物馆。敦煌石窟保存了古代10余个朝代的大量彩绘艺术的颜料样品，并且很多至今仍色彩鲜艳、金碧辉煌。它是研究我国古代颜料发展史的重要资料。敦煌石窟中所用料有30多种，大体分为无机颜料、有机颜料和非颜料物质三类。其中，无机颜料用量最大。例如，红色的朱砂、铅丹、雄黄、绛矾；黄色的雌黄、密陀僧；绿色的绿石、铜绿；蓝色的青金石、群青和蓝铜矿等；白色的铅粉、白垩、石膏、熟石膏、氧化锌和云母等；黑色则主要为碳。此外，壁画和彩塑上还应用了金箔和金粉等。有机颜料如红色的胭脂、黄色的藤黄、蓝色的靛蓝等。非颜料的矿物质以白色居多，如硅酸盐矿石（如含铝的高岭土、含镁的滑石）、石英、白云石（钙镁碳酸盐矿石）和各类铅矿石（$PbSO_4$、$PbCl_2$）等。在敦煌壁画所用颜料中，最值得一提的是云母。唐112窟所用的银白色颜料至今仍闪光发亮。经X射线衍射分析得知为纯的天然片状白云母粉，细碎的鳞片在画面上显色效果极佳。这也在一定程度上反映了当时先进的云母提纯和加工技术。除此以外，敦煌壁画中还应用了大量的蓝色，其来源多为青金石。青金石是碱性的铝硅酸盐矿石，因其"色相如天"常被用来制作皇室玉器工艺品。青金石是我国古代使用很早的彩绘颜料，敦煌石窟是应用青金石颜料时间最长、用量最多的地点之一。

随着对颜料性能和种类要求的逐渐提高，天然颜料已经不能满足人们的需求，于是开始通过化学方法合成颜料。除上面提到的蓝色系人工合成颜料外，真正意义上的工业合成染料始于1704年。当时，德国普鲁士人狄斯巴赫发现了铁蓝（$Fe_4[Fe(CN)_6]_3$）的工业制法，这一制备方法从染料扩展到颜料，带来了无机化学合成类颜料的迅猛发展。有机颜料的人工合成则起源于英国的珀金爵士。1856年，他在尝试通过化学方法合成奎宁时意外得到了一种紫色染料苯胺紫（图8.6）。苯胺紫的合成直接开启了随后几十年间一系列通过碳的提纯来制造颜料的序幕，是现代颜料的开端。1868年，德国化学家格伯和利伯曼以蒽为原料合成了茜素，这是第一个通过人工合成的方法得到的与天然色素结构相同的化合物，第二年实现了工业化，推动了蒽醌化学的发展。1878年，德国化学家拜耳第一次完成了靛蓝的人工合成。经过100多年的发展，合成的染料和颜料在纺织、橡胶、塑料、纸张、皮革、食品、化妆品、油墨、涂料、感光材料等各种领域中得到了广泛的应用。

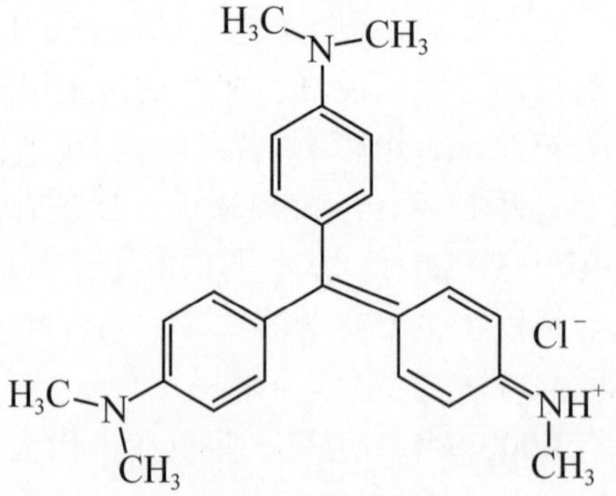

图8.6　苯胺紫的结构式

现在日常所用的颜料多为有机颜料。对普通民众而言，最为熟悉的有机颜料莫过于苏丹红。苏丹红一号是一种禁止作为食品添加剂的红色工业染料，具有较强的致癌作用。但一些不法商贩为了牟取暴利，擅自在食品中添加了这种有机颜料，当年苏丹红事件的曝光引发了中国有关食品安全的讨论。

颜料和染料在使世界更加绚烂的同时，化学家还赋予了其特殊的功能，如防锈颜料、磁性颜料、发光颜料、珠光颜料、导电颜料等。随着人们对颜料特性及其显色机理的进一步认识，相信会有更多的功能性颜料来点缀和改善人们的生活。

8.2 化学与文物

8.2.1 文物鉴定

文物是历史和传统文化的载体，对文物的发掘、研究和保护是人类对自然、自身不断了解的过程。如何对文物进行有效的发掘、如何更好地利用文物获取更多的历史信息、如何对文物实施高效的保护，这些过程都渗透着对化学知识及其材料的应用。其涉及的知识面非常广，首先从文物鉴定和文物保护两个方面做简要介绍。

对考古工作者而言，文物的挖掘、清理仅是考古工作的第一步，对文物的认识研究工作才刚刚开始。文物鉴定是文物研究的第一步，通过文物鉴定可辨识文物年代、质地、用途、真伪和价值。那么如何来解密文物的年龄呢？

文物断代，也就是辨识文物年代，这是文物鉴定的必要步骤。了解文物的出产年代，不仅有助于对其结构和成分进行推测，更有助于文物研究。随着科学技术的发展，人们开始利用科学方法对文物进行断代研究，其中应用最广泛的是放射性碳元素断代，其次是热释光断代、古地磁断代和钾-氢法断代等。这些方法都是基于物质的某些物理化学特点，借助一定的仪器测定相关数据来推测文物的年代。

放射性碳元素断代法，又称为^{14}C断代法，是由美国芝加哥大学教授利比于1949年提出的用于测定含碳物质（如动植物）的断代研究方法。^{14}C是^{12}C的同位素，^{14}C也参与自然界的碳交换循环，因此发现所有生物中都含有^{14}C。但区别于^{12}C的是，^{14}C具有放射性，会发生β衰变，此衰变反应为准一级反应，半衰期为（5 730±40）年，所谓半衰期是指某特定物质的浓度经过某种化学反应降低到初始浓度一半所消耗的时间。半衰期是研究反应动力学的一个非常重要的参数。

生物体在活着的时候因呼吸、进食等不断从外界摄入^{14}C，最终体内^{14}C与^{12}C的比值达到与环境一致（该比值基本不变）。但当生物体死亡后，^{14}C的摄入停止，同时遗体中^{14}C发生衰变，使遗体中的^{14}C与^{12}C的比值发生变化，通过测定此比值就可以测定该生物的死亡年代。

关于^{14}C断代法应用最著名的例子即"都灵尸布"事件。都灵裹尸布是一块印有男人面容及全身、正反两面痕迹的麻布（图8.7）。一些人认为它是裹有耶稣基督尸体的殓布。为了验证这一说法的真实性，1988年，位于英国、瑞士和美国的3个著名实验室分别用^{14}C断代法对来自殓布的3个样品进行检测，结果显示样本布料的年代介于1260—1390年，与圣经上记载的基督殉难的年代不符。但后来，也有相关报道提出，当时样本来自殓布已经被高度污染的一角，可能所取样本为后人修补所用的麻布，样本不具有特征性。2013年，意大利帕多瓦大学的范提教授在其新书《裹尸布之谜》中指出，最近科学家对过去进行碳年代测定时的布块纤维，再进行化学与机械测试，结果发现裹尸布年代为公元1世纪，与耶稣年代相符。直到现在都灵裹尸布的真实性还是一个谜。

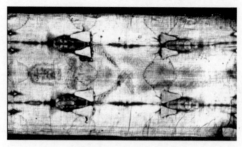

图8.7 都灵裹尸布

我国文物考古工作者也应用^{14}C断代法进行文物鉴定工作。中国社会科学院考古研究所用此法测定洋镐遗址、殷墟遗址和北京琉璃河遗址中出土的木炭、炭化小米、炭化栗、骨类等，得出武王克封为公元前1050—1020年。这与由历史文献和天文计算的公元前1046年的结果不谋而合，为我国夏、商、周断代提供了依据。

^{14}C断代法虽然在文物断代中有明显优势，但也存在局限性，其中最主要的就是这种方法只适用于生物样本。对陶瓷等非生物样本，此方法就不适用。针对陶瓷和黏土样本主要采用热释光断代法和古地磁断代法；而对古生物骨样品的断代研究则可依据年代范围不同，采取含氟法和氨基酸外消旋法。

8.2.2　文物组成

文物的组成鉴定也是文物检测工作的重要组成部分，对文物组成结构分析研究不仅有利于文物的保护，也有利于对文物的工艺流程、制作方法进行了解甚至还原，对古文物和文明的研究有着重要作用。文物组成和结构分析，离不开化学方法的辅助，其中既有由来已久的经典化学分析方法，也有目前应用较多和广泛的现代仪器分析技术。相对于经典化学分析方法而言，仪器分析方法有样品量少甚至是无损检测、准确性高、快速方便的特点。根据研究对象和目的的不同，可选择不同的仪器分析方法。

对无机元素的分析主要利用原子发射光谱（AES）、原子吸收光谱（AAS）、X射线荧光光谱（XFS）、质子荧光光谱（PFS）、X射线电子能谱（XPS）等。例如，在陕西省法门寺珍藏着很多玻璃制品，这些玻璃制品究竟是我国古代自己制造的，还是中西文化交流传入中国的呢？经研究，我国唐、宋以前的玻璃含铅量高，主要为铅钡玻璃，成分属 Na_2O-PbO-BaO-SiO_2系统；而西方古代玻璃以钠钙玻璃为主，基本不含铅。由元素分析得知，这些玻璃制品含铅量非常少，由此可进一步确证它们都是西方各国给唐朝的贡品，是中西文化交流的见证。通过丝绸之路，我国精美的丝织品传入西方，同时西方的玻璃制品也大量地传入我国。可见唐朝时期已实行开放政策，促进了唐王朝的兴旺发达。仪器分析方法除可以帮助考古研究者更好地研究文物组成外，还可以帮助他们进行文物相关的鉴定，了解文物背后的相关历史。20世纪40年代，欧洲古市场曾出现一批战国的"陶俑"，售价很高，真伪难分，后来英国牛津实验室用前面提到的热释光断代技术鉴定，结果表明它们为近代制作的赝品。

当需要对文物中有机分子组成和结构进行分析时，则多采用紫外可见光谱（UV-Vis）、红外光谱（IR）、质谱（MS）、核磁共振波谱（NMR）、拉曼光谱（FT-Raman）等。一个有趣的事例，即对20世纪后期出现的一起轰动世界的"希特勒日记"的鉴定事件。据称在一个建筑的废墟中发现了几页残缺不全的日记，酷似希特勒绝命前描画的一幅他未来征服全世界后由他统治世界构想蓝图的绝笔真迹，最后被德国国家博物馆以90万马克收藏为"珍品"。文学家还以这个日记的内容为题材，将其搬上了银幕。但是分析化学家用红外光谱法对日记纸张侧面残存的胶料成分进行分析，发现含有德国拜耳公司20世纪60年代才推出的化学糨糊聚乙烯吡咯烷酮，从而使该说法不攻自破。类似的还有美国古邮票真伪鉴定事件，两枚邮票上均有蓝色染料，用拉曼光谱分析发现真品中所用的染料为普鲁士蓝，与所称年代相符；而赝品中所使用的颜料为酞菁蓝，与所称年代不符。

对文物表面和微观形态的检测分析也是文物鉴定中重要的组成部分。通常采用光学显微镜（偏光，金相显微镜）、X射线荧光射线（XFS）、扫描电子显微镜（SEM）、透射电子显微镜（TEM）、显微分光光度计及图像分析系统、电子探针（EPA）、光电子能谱（ESCA）、俄歇电子能谱（AES）等。例如，在湖北楚中出土的越王勾践剑，虽在地下埋藏了2 000多年，但出土时仍然光彩熠熠、锋利如新、毫无锈蚀。应用X射线荧光分析方法，人们发现该剑身为铜、锡、铅、铁等金属铸成，表面还经过了硫化处理。锡的加入克服了纯铜质软的问题，但兵器的脆性增强，而越王勾践剑则选择了一个合理的铜锡配比。此外，对宝剑的表面分析表明，其表面经过硫处理，一方面增加了宝剑的美观，更重要的是增强了宝剑的抗腐蚀性，而这也是宝剑千年不锈的奥秘所在。另一个类似的例子是其后在秦俑中挖掘出土的秦箭。对"秦箭不锈之谜"的探秘借助了电子探针、微光显微镜、X射线和荧光灯的仪器分析方法。保持秦箭不锈的原因是其表面有一层致密的铬的氧化层。此保护层厚度为10～15 mm，平均含量为1%左右。而此项技术在西方直到20世纪30年代才首次获得专利。再如，利用X射线照相技术可以得到文物内层面貌的情形图像。对于铁质文物的研究则可以通过此方法得到文物锈蚀的分布和范围，估计锈蚀孔洞的深度，提取锈蚀成分覆盖的用肉眼无法观察到的一些历史信息，如铭文、花纹、垫片、铸造工艺、附件连接以及修补等情况。对司母戊鼎（图8.8）进行X射线拍照发现，鼎身与耳部分并非一次铸成，也证明有古人曾对其做过补铸。

图8.8　司母戊鼎

8.2.3　文物的腐蚀与保护

文物是集史料学和艺术性为一体的特殊历史"讲述者"，但面对这一生动的"讲述者"，我们通常会发出想说爱你不容易的感慨。因为文物是鲜活的历史，同时也是"娇贵"的历史，各类文物从出土去泥、清洗、除锈、防护处理，到入库由博物馆保存，其中各个环节都有可能造成不可挽回的破坏，文物发掘结束后，其防腐和保护工作就是文物工作的重中之重。2014年国家文物局公布的一项调查数据显示：50.66%馆藏文物存在不同程度的腐蚀损害，其中重度以上的腐蚀占16.5%。所谓腐蚀，从材料学讲，是指材料受到周围环境作用，发生有害的变化而失去其固有性能的过程。文物腐蚀及损害过程不仅仅是一个化学过程，除去人为因素的破坏，也可能有细菌侵蚀、虫蛀等生物作用，或如变形、开裂等机械因素等。但文物与化学物质作用是文物发生腐蚀和损害的一个重要因素。在了解了文物腐蚀的原因以后，就能有的放矢地进行文物保护。文物腐蚀与其保护的研究是相辅相成、相互促进的。

文物腐蚀与保护最熟悉的例子莫过于对油画或壁画上白色颜料变黑的探究和保护。例如，敦煌419窟的菩萨和圣人的脸本来是白色的但日久天长就变黑了。变黑的原因就在于作画所用的白色颜料为铅白$Pb_2(OH)_2CO_3$，受空气中硫化氢（H_2S）气体的作用就变成黑色硫化铅（PbS）。而针对变黑的机理，可用过氧化氢（H_2O_2）进行处理，将PbS氧化成白色硫酸铅（$PbSO_4$），重还菩萨以真容。

$$Pb_2(OH)_2CO_3 + 2H_2S \Longrightarrow 2PbS + 3H_2O + CO_2$$
$$PbS + 4H_2O_2 \Longrightarrow PbSO_4\downarrow + 4H_2O$$

那么铁器文物又是怎么被腐蚀，又利用什么方法进行保护呢？

铁制文物的腐蚀过程蕴含了很多化学腐蚀的基础知识。常见的化学腐蚀分为吸氧腐蚀和析氢腐蚀，铁的锈蚀过程就包含了这两种腐蚀原理。虽然从原理上来说，两种腐蚀有所区别，但也有共同点。共同点在于两者都是电化学腐蚀，铁与周围的环境组成原电池发生氧化还原反应，铁单质作为阳极失去电子，变成亚铁离子。

$$Fe(s) - 2e^- \longrightarrow Fe^{2+}$$

不同点则在阴极上的反应。对析氢腐蚀，顾名思义即在腐蚀过程中有氢气析出。腐蚀是在酸性条件下进行，体系中的H^+在阴极上还原析出氢气。

$$H^+(aq) + e^- \longrightarrow \frac{1}{2}H_2(g)$$

吸氧腐蚀即在腐蚀过程中吸收氧气，在既有酸性介质又有氧气存在的条件下，阴极上发生消耗氧气的还原反应：

$$O_2(g) + 4H^+(aq) + 4e^- \longrightarrow 2H_2O$$

吸氧腐蚀对应原电池的电动势约为析氢腐蚀组成原电池电动势的7倍，因此吸氧腐蚀比析氢腐蚀严重得多，是最为常见的金属腐蚀方式。通常阳极得到的Fe^{2+}被进一步氧化成Fe^{3+}，并与环境中的阴离子结合生成相应的稳定化合物。因此，铁制品制作工艺和埋藏环境的不同也会造成铁锈蚀在成分上有很大的差异。一般铁质文物常见的锈蚀成分有：不同化学物质组成的铁氧化物，如$FeOOH$（羟基氧化铁）、Fe_2FeO_4、Fe_2O_3，以及铁的硫化物、氯化物和磷酸盐、硫酸盐等。研究者可以根据锈蚀组成进一步推测文物埋藏的环境及气候变化等。针对铁制品的腐蚀保护，一般分为三步：首先清除表面锈块及附着物；其次是根除发生锈因素的前处理；最后用合成树脂或蜡等成膜物浸渍，进行强化保护处理。具体的操作如下：①针对锈块及附着物的化学组成，用蒸馏水或化学试剂进行洗涤和抽提；②用化学或电化学等方法脱

盐；③在特殊情况下经高温（800 ℃）加热后，用K_2CO_3或Na_2CO_3饱和溶液煮沸脱盐，最后在减压[（20~40）×133.3 Pa]下用丙烯酸树脂浸渍成膜，隔绝外界的空气和水。

8.2.4 "青铜病"的元凶及防治

另一个比较熟悉的文物腐蚀就是青铜腐蚀，青铜是铜中加入锡或铅的合金（图8.9）。青铜腐蚀区别于铁腐蚀，一个比较重要的特点即它是一个腐蚀速率不断加快的过程。腐蚀会像传染病一样迅速扩散，从一个器件蔓延到相邻的部分，最终导致整个器件的酥粉和损毁。因此，青铜腐蚀还有一个比较形象的名字，即"青铜病"。人们最初认为"青铜病"是细菌或真菌引起的，与之类似的腐蚀还有"锡疫""铅病"和"玻璃病"等。但后面对"青铜病"的研究表明，其"元凶"是器皿上的氯化铜盐类锈蚀。而这些氯由何而来呢？一个重要来源就是土壤中的氯离子。很多器物埋藏于土壤中，其中的氯离子会渗入铸件的小孔或缝隙中。由于电化学腐蚀，在青铜中铜被氧化失去电子，转变过程如下：

$$2Cu - 3e^- \longrightarrow Cu^+ + Cu^{2+}$$
$$Cu^+ + Cl^- \longrightarrow CuCl \downarrow$$
$$2CuCl + H_2O \longrightarrow Cu_2O + 2H^+ + 2Cl^-$$
$$4CuCl + 4H_2O + O_2 \longrightarrow CuCl_2 \cdot 3Cu(OH)_2 + 2HCl$$

Cu^+与Cl^-结合得到青铜腐蚀中最初也是最重要的化合物氯化亚铜（CuCl）。氯化亚铜与环境中的水分相互作用释放出H^+和Cl^-，从而又促进了器件中铜单质向氧化亚铜或其他稳定铜盐如碱式氯化铜——也就是"粉状锈"的转变，形成了一个铜腐蚀的自催化过程。一些现象也验证了这一原理。例如：在四川的一些地区，由于土壤中不含氯化物，因此出土的青铜器从未受到"青铜病"的侵扰。而最早通过把青铜器在120 ℃条件下加热20 min来阻止"青铜病"扩散的方法之所以能在短时间内奏效，也是因为加热可减少铸件吸附的水汽，适当减缓和阻止自催化反应的进行，因此，对青铜器的保护处理主要是防止"青铜病"。目前宜采用的方法有：①控制保存环境的湿度，最好维持在40%~50%；②用化学或电化学等方法除去氯化物；③用$NaHCO_3$溶液长时间浸泡，除去铜锈；④表面覆盖保护层，如用Ag_2O浆处理，使表面生成Ag_2O保护膜；或用苯并三唑固定铜和铜锈，抑制腐蚀的进行，再用含有苯并三唑的硝化纤维喷漆进行表面喷涂强化处理；最近开始用H_2、CH_4、N_2和Ar的混合气体进行辉光放电，还原覆盖在新出土金属文物上的块状锈，除去腐蚀层中的氯离子。

图8.9　青铜器

除防锈蚀以外，防腐蚀也是文物保护中一个重要课题，诸如丝绸、字画、木制品、石制品乃至人与动物的遗体等文物的保护过程中，防腐杀菌是最重要的环节。而对抗细菌、霉菌的侵蚀，化学方法例如化学合成的防腐剂、杀菌剂，都是非常有效且常用的手段。纸质文物也是一类很容易被腐蚀的文物。纸张的腐蚀主要是外界对纤维素、半纤维素和木质素的腐蚀。相对而言，纤维素的稳定性最好，半纤维素次之，木质素的稳定性最差。因此，在相同的条件下，纸品中木质素的含量越高，纸张的老化即变脆和变黄的速率越快。对纸制品的腐蚀主要有酸的腐蚀、光腐蚀和空气污染等，其中酸的腐蚀最为重要。酸的来源大致有三类：①纸制品制造过程中的余酸；②纸张填孔剂明矾水解产生的酸；③当纸张在一定条件下吸附空气中的酸性气体（CO_2、SO_2、H_2S等）后形成腐蚀性的无机酸。这些酸会促使纤维素水解，随着高分子链的断裂，纸会变脆和破损。光对纸文物的危害，一般认为是光的热辐射作用与化学作用共同作用的结果。研究发现，热辐射对纸质文物损害是非常显著的，温度每升高5 ℃，纸品的变质速率就会增加2倍。此外，波长小于385 nm的紫外线可断裂线性饱和键，因此紫外线短波对纸制文物的损害最为严重，纸张变黄的主要原因就在于木质素和半纤维素在光照和氧气条件下，能发生光氧化生成羰基生色团、羧基助色团以及醛基生色团等。因此，纸制品变黄的速率在一定程度上反映了纸制品的化学组成。从以上分析来看，对纸质文物的保护主要依据其腐蚀原理展开。例如，针对酸腐蚀，可用相应的碱进行中和，如用石灰水饱和溶液、碳酸氢镁水溶液或氢氧化钡甲醇溶液浸渍纸品，或者用甲基化镁、气相二乙基锌等能与纸张中的水作用产生如氧化锌这样的碱来中和酸。对光腐蚀和空气污染的防治则主要采用减少光照射和与空气接触的方法。

腐蚀是对文物的一种损害，但有时也可利用这些锈蚀来对文物进行真伪辨别。因为对于真品而言，锈蚀是积淀的结果，是一个个化学平衡逐渐完成的过程，所以其锈蚀形成的包浆是多层次的、致密的并与原铸件合为一体的。而赝品由于缺少岁月侵蚀，虽然通过人工方法可以达到快速锈蚀的目的，但其锈蚀层通常质地比较疏松、单层，易从本体部分脱落。

8.3 化学与文学影视娱乐

8.3.1 化学与文学

文学是社会科学中的人文精华，化学是自然科学的中心科学。文学创作可从化学中获取灵感，使其更加生动有趣，而化学也因为文学的传播而更为人们所认识和了解。说到化学与文学，很多人首先想到的可能就是英国作家阿瑟·柯南·道尔笔下的福尔摩斯。化学成就了福尔摩斯精湛的侦探技术，福尔摩斯也使化学更生动地走进了平常人的生活。很多人通过福尔摩斯了解化学，走进化学。虽然福尔摩斯是以一个侦探的身份展示在面前，但其本质是一名化学家，这不仅是因为他对化学的热爱，而且同时化学也是他破案的工

化学与文学

具。在《福尔摩斯探案集》（图8.10）第一篇《血字的研究》中一开始就多处交代。在小斯坦夫向华生介绍福尔摩斯时就说他是"一个一流的化学家"，其后福尔摩斯是伴着化验室、蒸馏瓶、试管、本生灯、沉淀血色蛋白的特效试剂和化学实验出场的。在与华生商讨合租下贝克街221B的公寓时，福尔摩斯就提到了自己常搞些化学药品，偶尔也做做实验。其后在华生对福尔摩斯学识范围评价时，使用了"精深"来评价其在化学方面的学识。几乎每个福尔摩斯的探案故事中都会提到化学物质，如《血字的研究》和《四签名》中都提到毒药的辨别，《最后一案》和《空屋》中福尔摩斯说他花数月时间研究煤焦油的衍生物，《显贵的主》中的硫酸毁容，《老修梁姆庄园案》中用显微镜判别铜和锌的颗粒，《海军协议》中的石蕊试纸测pH值等。书中还多次提到，当福尔摩斯醉心于某化学实验时被案件打断。化学不仅使福尔摩斯这个人物更神秘、更专业，也可以让我们透过阅读小说学习一些化学相关知识，提高对化学的兴趣。2002年10月16日，英国皇家化学会郑重宣布授予福尔摩斯先生为该学会的特别荣誉会员，以表彰这位"大侦探"将化学知识应用于侦探工作的业绩。

图8.10　福尔摩斯探案集

　　除了《福尔摩斯探案集》中充满着各种化学知识，还有其他一些侦探、推理类书籍中也运用了各种化学相关知识以增加作品的悬念。年轻人比较熟悉的《名侦探柯南》，还有日本知名小说推理作家东野圭吾的《神探伽利略》中的四个案件的设计都或多或少地应用了化学相关知识，例如第5集将高密度聚乙烯遇热燃烧，利用聚乙烯制作的弦线坚韧但不耐热的特性自杀，造成被人勒颈谋杀的假象；第6集中淀粉在水中形成溶胶，因为米纸的主要成分是淀粉，它在水中形成了透明不可见的溶胶，用油性笔写在上面的字，因为与水不相容而漂浮在水面上等。如《爆炸》中海上突如其来的无踪影的爆炸就是由钠引发的，因为钠化学性质活泼，与水反应非常激烈，所放出的热量无法及时被水吸收，局部热量过多，便引起爆炸；而在《出窍》中最终大家发现原来是液氯泄漏后与空气形成了两种折射率不同的介质，造成孩子看到了原本无法看到的物体，使案件得以告破。

　　以上谈到了化学为文学作品增色，其实文学作品也可以作为化学知识传播的载体。2011年3月美国化学会的《化学教育》杂志就推出了一个专刊，其中包括17篇过往发表在杂志上的普及化学知识的文章，它们都是借福尔摩斯探案为故事基础来破解化学谜案。此外，如曹天元的《上帝会掷骰子吗？——量子物理史话》（图8.11），作者以生动、幽默的语言再现了量子物理发展过程的层层硝烟、各路科学英雄的"华山论剑"，让原子结构、量子物理化学等原本枯燥、难于理解的知识更加生动、富有趣味性。

图8.11 量子物理史话

8.3.2 化学与影视作品

（1）毒药

除文学作品外，化学的身影也常在影视作品中出现，特别是一些侦探剧，如毒药、密信、血迹鉴定等都涉及化学相关知识。

提到毒药，我们脑海里很容易就浮现这样的场景：一人取出银针在酒中一搅，转而银针变黑，随即大叫"有毒"。人们对"银针测毒"的认识，其中暗含着一些化学道理，但也有一些"误解"。一般银针测的毒为砒霜中毒。砒霜的主要化学组成为As_2O_3，是我国古代常用的、最易获得的毒物之一。中央电视台在一档名为《是真的吗？》的互动求证节目中曾用纯的As_2O_3与银针作用，发现银针并没有变黑。原因何在？其实在"银针测毒"中，使银针变黑的并不是砒霜本身，而是砒霜中含有的硫化物。这些硫化物与银反应得到黑色的硫化银（Ag_2S）沉淀而沉积在银针上。古代砒霜的炼取是将含砷的矿石与木炭煅烧，使氧化砷升华得到。由于古代冶炼技术差，工艺粗糙，制成的砒霜中往往含有大量含硫的杂质，因此在古代可以用银针变黑的方法来测毒。可以看出，银针测毒为间接测毒，很有可能造成冤案。如人正常死亡后，尸体本身也会产生大量的硫化物，尸臭（主要为H_2S气体）就是其中之一。这些化合物大多都能与银反应得到硫化银。此外，在《是真的吗？》节目中还用新鲜的鸡蛋做了银针试毒实验，发现银针也能变黑，原因并不是鸡蛋有毒，而是新鲜的鸡蛋本身就富含硫元素。此外，银针试毒在原理上也局限了其应用，目前常见的毒物如敌敌畏、毒鼠强和氰化物等都是无法通过银针检出的。

说到氰化物，它是人们所知道的最强烈、作用最快的有毒药物，是"高端"毒药的杰出代表。很多名人就用它来自杀，如尼龙的发明人卡罗瑟斯、计算机科学和人工智能的创始人图灵、纳粹二号人物戈林等。例如，在某电影中，剧中的大反派就说他曾因任务失败而吞服过氰化物。除自杀外，各国的特工间谍以及不法分子也经常将氰化物用于谋杀。而很多侦探、悬疑类的作品中也经常出现氰化物中毒。氰化物的毒性源于氰根离子（CN^-），物质如能在体内以较快速度解离出CN^-就能使人迅速中毒，如NaCN、KCN和HCN等。HCN结构式如图8.12所示。CN^-进入体内与细胞色素酶中的Fe^{3+}配位，使两者牢牢结合，这样Fe^{3+}就不能再被还原为Fe^{2+}，由此血液中氧气的输运被阻止，人会窒息而死。这一致死原理与一氧化碳使人中毒的机制类似。氰化物虽然毒性大，发作快，但也并不是没有解药。从化学原理上看，只要能解离CN^-与Fe^{3+}之间的配位，就可以达到解毒的目的。

$$H : C :: N :$$

$$H — C \equiv N$$

图8.12　HCN的电子式和结构式

例如医学上利用吸入亚硝酸异戊酯、注射硫代硫酸钠、高压氧治疗等方法解毒，都是基于上面的原理。氰化物虽然能较为迅速使人致死，但剂量不足也不会立即死亡；此外其特有的苦杏仁味也容易使暗杀计划败露。

（2）密信

密信也是影视剧中常设定的桥段。据史料报道，在革命年代方志敏也曾用米汤给鲁迅先生写过密信。这里谈到的都是化学密信，即"水"在特定的条件下显色从而解密。常见的隐形"墨水"如酚酞溶液，将酸碱指示剂如酚酞溶液滴2滴于酸性溶液（如0.1 mol/L HCl）中，并利用毛刷蘸酸性溶液将滤纸涂满，待干后再利用毛笔蘸取碱性溶液（如0.5 mol/L NaOH）作为隐形墨水（无色透明），并在滤纸上写字，则便会在白色滤纸上出现粉红色字来。硫酸钠溶液（由硫代硫酸钠溶液与碘液作用时碘液的棕色会消失，$2Na_2S_2O_3+I_2 \rightleftharpoons Na_2S_4O_6+2NaI$）、铁盐溶液（由氯化铁溶液和硫氰酸钾溶液作用形成红色的$[Fe(SCN)^{2+}]$络离子、$Fe^{3+}(aq)+SCN^-(aq) \longrightarrow Fe(SCN)^{2+}$红色）、米汤或淀粉类食物、醋、牛奶、柠檬汁等，只要找到合适的"显影剂"就能使这些隐形墨迹现身。当然，前面提到的热敏纸这一类特殊的制品也可以用来写密信。

（3）血迹鉴定和指纹鉴定

血迹鉴定是影视剧中常见的场景，一些侦探或法医能够根据血迹的颜色推断大致的作案时间。因为随着时间的推移，血液中的红细胞逐渐被破坏，血红蛋白变成正铁血红蛋白，再变成正铁血红素，而颜色会由鲜红色—暗红色—红褐色—褐色—绿褐色—黄色—灰色逐渐变化。此颜色变化涉及相应的化学反应。而化学反应速率除会随时间变化而变化外，其他一些条件如温度、湿度、催化剂、pH值等也会影响反应的进行。例如，在非直接太阳照射下，鲜红的血迹可能要经过数年颜色才会变成灰褐色；但在弱太阳照射下变灰时间仅需数周；而在太阳直射条件下，数小时血迹即呈灰色。此外，还可以通过血清氯的渗透来推测时间，原理就是血迹中的氯会随着时间逐渐向基质渗透，用硝酸银与氯的沉淀反应来测定氯的渗透范围，从而推测时间。以上是肉眼可见的血迹，在影视剧中我们还经常看到对肉眼不可见的血迹的检测，镜头中血迹在某些作用下发出蓝绿色的荧光。这种方法称为鲁米诺血迹鉴定法，是利用鲁米诺被氧化后会发出蓝绿色荧光来显影。鲁米诺，又名发光氨，化学组成为3-氨基邻苯二甲酰肼（图8.13），其与过氧化氢（H_2O_2）混合组成鲁米诺试剂。血红蛋白中的铁能催化试剂中的H_2O_2分解得到单氧，单氧氧化鲁米诺改变其结构从而发光。这种方法灵敏度很高，能检测含量只有百万分之一的血，并且操作简便易行，仅需混合、喷洒两步就可暴露血迹。但由于鲁米诺在铜、铜合金或某些漂白剂的存在下也会发出荧光，因此如果犯罪现场被漂白剂彻底处理过，则鲁米诺发出的荧光会强烈掩盖血迹的存在。当然，化学家也找到了其他一些方法来克服这一缺陷，如美国科学家就发明了用"多模式红外热成像"技术来识别微量血迹。

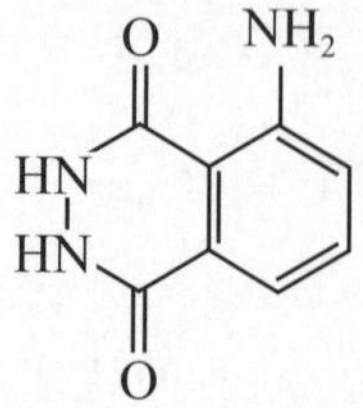

图8.13　鲁米诺结构式

指纹采集也经常在影视作品中出现，如美剧《CIS》和港剧《法证先锋》等，影视剧中展示的多为潜伏指纹的物理吸附和化学显影处理，物理吸附是利用不同的粉末吸附于指纹的某些成分上，从而完成采集和显影。常用的试剂有银粉、炭粉、磁粉、荧光粉等。化学显影则利用显影剂与指纹成分进行化学反应显影，如宁海德林法是利用试剂与氨基酸的反应；硝酸银法则是利用Ag^+与指纹中NaCl的Cl^-的沉淀反应；嗜脂性染剂则是利用与指纹中油脂成分反应；碘熏法是通过油脂吸收碘蒸气而呈现棕红色的纹路等。

8.3.3　其他影视作品中的化学

除在刑侦类影视作品中应用化学相关知识外，在一些其他类型的生活剧中也常有化学知识镶嵌其中。如在电视剧《余罪》中，沈佳雯海上制毒，而提供配方的竟然是她的化学老师何教授，并最终走上了不归路。

某些电影中有很多绚丽的魔术舞台效果都源于化学知识。电影里的魔盗团的第一次精彩亮相是通过"瞬间转移"将金库里的320万欧元从舞台天花板上撒下。其中有一个令人震撼的场景是金库中偷换的成堆假钞在瞬间燃烧殆尽，不留灰烬。这一效果是如何实现的呢？答案就是闪光纸，这种纸又称为火纸。它是经过浓硫酸和浓硝酸的混合溶液浸泡后的特殊用纸，纸中的纤维素与浓酸反应得到硝化纤维。

$$3n\text{HNO}_3 + [\text{C}_6\text{H}_7\text{O}_2(\text{OH})_3]_n \longrightarrow [\text{C}_6\text{H}_7\text{O}_2(\text{ONO}_2)_3]_n + 3n\text{H}_2\text{O}$$

硝化纤维爆炸反应得到的产物均为气体，它不会留下灰烬，因此又称为"无烟火药"。

$$2[\text{C}_6\text{H}_7\text{O}_2(\text{ONO}_2)_3]_n \longrightarrow 3n\text{N}_2\uparrow + 7n\text{H}_2\text{O}\uparrow + 3n\text{CO}_2\uparrow + 9n\text{CO}\uparrow$$

其爆炸威力为黑火药的2~3倍，并且燃烧速度非常快，常用作枪弹、烟弹的发射药或固体火箭推进剂的成分。如果制备的硝化纤维中，纤维素上只有部分羟基与硝酸发生酯化反应，则得到的产品含氮量较低，称为胶棉。胶棉燃烧爆炸性弱于火棉，可用于制造喷漆、人造革、胶片和塑料。我们熟悉的赛璐珞就是以胶棉为原料合成得到的最早的热塑性树脂。影片中四骑士的第二个魔术是在众目睽睽之下，通过电筒照射使支票上的余额发生变化。其中应用的化学原理类同于前面讨论的密信原理，其中的"显影剂"为光。在最后一次行动中，四骑士成员利用胶装物质在保险库钢板上的燃烧，瞬间切割开了保险库大门。化学中类似的反应如铝热反应常用于钢板的焊接和切割。铝热剂是铝粉和氧化铁的混合物，在氧化剂条件下点燃引发自热反应，过程中放出大量的热可使温度高达2 000 ℃以上，从而熔化钢板。

$$2Al + Fe_2O_3 \longrightarrow Al_2O_3 + 2Fe$$

此反应需要高温引发，影片中用的是一个热温枪，也可以用镁条等易燃物为引燃剂。此外，其他金属单质与金属氧化物混合后点燃，也会引发类似于铝热反应的强烈放热反应。其中金属如镁、钙、钛等，而氧化物如氧化铁、氧化铜、二氧化锰、三氧化二铬等。对应的反应根据还原剂可称为镁热法、钙热法、钛热法等。

8.3.4 化学与娱乐

除了文学作品与电影、电视是传播化学魅力的良好载体，化学在其他形式的文化娱乐中也熠熠发光。而这些娱乐节目中，与化学联系最紧密的莫过于魔术。人们常将化学家喻为大自然的魔术师，借助化学变化给我们创造了一个更加便利、舒适、丰富多彩的生活环境。同时，现代高超的魔术师则更多地将化学应用于魔术设计中，巧借化学手段使魔术显得更炫目、神秘，如前面提到的电影中所使用的闪光纸、显影纸等在日常魔术中就常见到。魔术中常有玩火而不烧死的表演，如其他影片中的"冷火"等，一般是利用了一些低燃点物质的燃烧来实现。因为火的内焰温度低于外焰温度，当手或身体部位处于内焰时，快速燃烧并不会带来特别大的伤害。一个经典的化学魔术，将手帕在酒精与水的混合溶液中浸泡后燃烧，手帕仍能完好无损，就是利用的这一原理。而魔术师所用的溶液瞬间变色也可利用化学染料的变色轻松实现。美国麻省理工学院（MIT）开设的公开课《魔术后面的化学》，就是通过解密12个经典魔术来介绍一些简单的化学基本原理。

除了在魔术中应用化学，实际上我们日常看到的很多舞台效果也源于化学，最常见的舞台烟雾来自干冰（也就是固体二氧化碳）的升华，人造雪是通过聚丙烯酸酯高分子材料来制造，镁光灯和霓虹灯能带来绚丽的灯光效果。除此以外，演唱会或大型表演时还会用到荧光棒来增强观众互动和舞台效果。荧光棒是一种能够在暗中发出荧光的透明塑料棒。荧光棒多为条状，有双层的套管结构，内层为玻璃细管夹层，外层为可折的塑料管包装。经在弯折、打击、搓揉等使玻璃管破裂，分别封在两个管中的液体混合发生化学反应，致使荧光染料发出荧光。荧光棒发光暗含的化学原理（图8.14）就是：荧光棒内层玻璃管内装有过氧化氢（H_2O_2），外层塑料管内有荧光染料和草酸苯酯衍生物。玻璃管破裂，处于内外管的溶液混合发生反应，草酸苯酯被过氧化氢氧化，生成苯酚和过氧化酯（二氧杂环丁二酮）。过氧化酯不稳定，自发分解成CO_2并释放出一定的能量。这部分能量被荧光棒中的染料（dye）吸收，由基态变成激发态（dye*），同时激发态的染料会回到基态并借由光子释放出能量。光子释放能量的高低取决于染料的结构，因此不同的染料分子会呈现不同颜色的荧光，如罗丹明B荧光剂发红光，红荧烯发橙红光，蓝绿色系荧光棒的荧光剂多为苯基蒽类化合物。随着荧光棒的使用日趋广泛，其安全问题也引起了关注。荧光棒易折断漏液使人中毒的说法是真的。国家质量监督检验检疫总局发布质量安全风险警示称，荧光棒中的荧光物质含有低毒成分，尤其是儿童应当尽量少接触这类产品，一旦弯折泄漏出来被儿童误吸或触

碰，可能造成恶心、头晕、麻痹、昏迷等伤害。除了使用不当造成液体泄漏，荧光棒是不会对人体造成伤害的。

图8.14　荧光棒发光的化学原理

第 9 章

化学与未来世界

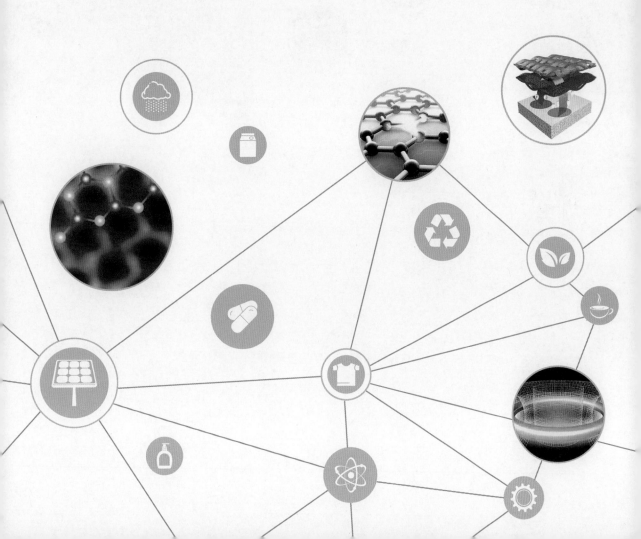

Chemistry in Daily Life

现代经济社会的发展和全人类的衣、食、住、行都离不开化学和化工产品。可以毫不夸张地说，现代文明离不开化学，化学与现代生活密不可分、与现代文明相辅相成与现代科技休戚相关。它不仅支撑着人们日常生活中的吃穿用度，也为应接不暇的高科技产品提供了各种先进材料，更为维护人类的生命健康、资源的持续发展等方面提供了坚实基础。

俗话说"是药三分毒"，化学化工正为人类的生产生活带来新的便捷与创新，但与此同时化学化工带来的环境破坏、资源消耗及生产安全等副作用也是不能忽视的。同时现代科学与技术的发展正以指数式的速度演进，曾经的人们从来不会想象现今三十年来的世界变化是如此之快，照这样的速度发展下去，要想保持社会经济循环永续的发展，化学的发展之路一定是朝着资源可再生、能源更清洁、科技含量更高的方向前进。

弗里德里希·凯库勒曾经说过"想象力是大海之上的繁星"。化学未来之路需要不断凭借我们的想象力去探索，化学和化学工程也一直在推陈出新、一路前行，为人们的想象力发展和创造力实践提供充分广阔的空间。

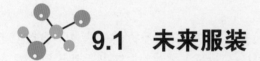

9.1　未来服装

从刀耕火种到工业崛起再到科技飞跃的今天，人类的衣着发生了翻天覆地的变化。目前，衣物多以棉、麻、蚕丝等较传统材质作为主要材料，但由于这些材质较为脆弱、易变色、易变形、易受到破坏，因此寻求新型耐用，同时舒适保暖的材质成为人们比较关注的方向。此外，除了保暖作用，随着生活水平的不断提高，衣物的装饰作用也正逐步提升，成为衣物新的发展方向。伴随着现代科技的发展，未来衣物的作用将变得多种多样，如可具有发光、防水、抗静电、防变形等特性（图9.1）。

随着化学科技技术的日益进步，制衣原料与化学产生了奇妙的反应，可以在舒适性、耐用性、安全性、智能化、多功能性等诸多方面得到提升。新型化学材料的研制，使得古时"天衣无缝"即将成为现实，科学家们研发了多种化学材料，保留了传统名贵的制衣材料的舒适、轻柔、保暖等特点的同时，又成功地降低了制衣成本，增强了新型制衣材料的耐用性，使轻柔、舒适、保暖和经济、耐用完美融合为一体。

服装面料日新月异，款式琳琅满目，用途也越来越广泛，《黑客帝国》《蜘蛛侠》《变形金刚》等科幻电影不断向我们展示着科技的最高形态，唤醒我们的脑细胞，尽情想象一下未来人的衣服会是什么样的呢？

图9.1　未来服装

9.1.1　调温服装

　　长期以来，温度都是影响人们选择穿衣的首要条件，极寒的条件下人们总是会尽可能地多穿衣服，而这往往会影响美观；极热的条件下人们会穿得越少越薄，但这也抵挡不了炎热的感觉。要是衣服自带调温功能是不是就能让人们的穿着既美观又舒适了呢，研究人员创造了一种能够自动调节热量的织物（图9.2），满足了我们对调温服装的渴望。这种智能调温织物由涂有导电碳纳米管材料的特殊功能纱线制作而成。这种纱线具有红外辐射"门控"功能，当外界环境凉爽干燥时，这种织物会减少热量的散发；当外界环境温暖潮湿时，织物会加快红外辐射通过。这种织物能够调温主要是由于这种纤维材料既能亲水又能疏水，当温度升高、人体开始排汗时，这种特殊纤维因潮湿环境而弯曲甚至卷曲，将织物中的孔洞打开，并改变碳纳米管的电感耦合效应，改变周围环境中与之共振的波长或频率，给身体中的热辐射放行。反之，当体温降低时，这一机制可以阻断热辐射，达到保温的目的。并且这一机制的发生具有瞬时性，在人们对冷热有明显的感知之前，调温行为已然发生。目前这项研究离商业化的道路还比较遥远，但实现"穿在身上的空调"指日可待。

图9.2　调温面料

9.1.2 自清洁服装

自清洁服装可能是那些要面对清洁任务的人的最迫切的愿望,科研人员做的如下工作使这一愿望不再遥远。科研人员利用光降解的原理将微细金属与棉纤维结合形成织物,其表面可以在阳光下分解污垢。图9.3是微金属表面的SEM结构图,其具体的做法是在棉纱线上沉积3D纳米结构的铜和银成为织物,在可见光的照射下,织物吸收能量激发了铜和银两种金属原子中的电子,进而分解表面的污垢,大约在6 min内自清洁过程即可完成,同时银离子还有杀菌的作用,提高了衣服的安全性。也许有一天洗衣机就像胶卷照相机、录音机一样成为历史,但在我们抛弃它之前还有很长的路要走,不过这种光降解织物表面污垢的研究已经为未来开发出完全自清洁的衣服奠定了基础。

图9.3 微金属表面SEM结构图

9.1.3 自充电服装

在十年前,你很难想象手机除了打电话外可以囊括照相机、录音机、电脑、导航、公交卡、计算器、电视、钱包等一系列你想象不到的功能。也许十年之后,衣服也将不只是遮体附加美观的物件,而将同时兼具手机等电子产品的多项功能。随着智能时代的到来,未来只要通过触摸衣服上的特定按钮或经过特殊编制的区域即可接电话、听音乐或者开车时为你导航(图9.4)。

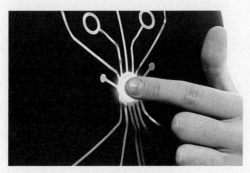

图9.4 智能服装

就像现在每天要为手机充电一样,如果未来我们每天穿戴这样的智能服装都需要充电的话就会给我们的生活带来诸多不便。沿着这个方向思考,科学家对柔性可穿戴电子产品的能源问题创造出了能够织入纺织品内并且能够清洗的能量收集导电纱线,这种能量收

集导电纱线包括以人们活动时动作中摩擦产生的静电收集的能量为来源的自驱动传感器和能量收集系统。这种导电纱线采用导电纤维为电极，充当正电性摩擦材料，以膨体聚四氟乙烯（e-PTFE）为负电性摩擦材料，通过层压法制备构建了具有良好的柔性、透气性、可清洗的独立层工作模式并且能够大规模连续化制备的摩擦纳米发电织物。这种结构还兼具提高收集到的电荷量，电流密度及输出频率，即人体只要摆动手臂或者行走即可收集能量（图9.5）。

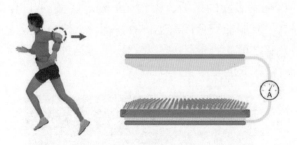

图9.5　能量收集存储为一体的自充电服装

此外，科学家研发了一种化学涂料，可以在剧烈碰撞发生时产生大量安全气体，将这项技术应用在制衣领域，当穿衣者受到来自外部的剧烈撞击时，这种衣服迅速释放气体形成气囊，人的内脏就不会因外界巨大的冲击力而受到伤害，以提高安全性。这项技术同样可以应用于汽车驾驶、航空航天、高空作业等诸多涉危领域，将显著提高这些领域中受伤者的生存概率。

随着科技的进步和新材料的不断涌现，各种功能性的衣服不断展现，抗菌防臭服装、免烫服装、内置触觉反馈的健身服装、可以检测身体状态的服装等，但智能服装在功能性和服用性上还有很多需要改善的地方，未来服装将会如何发展我们不可预见，期待大家的进一步探索。

9.2　未来材料

千百年来人类对材料的需求一直依赖于木材、石材、沙和黏土以及一些金属等有限的材料门类，这些材料经过一些简单方式的加工，根据用途的不同，即成为我们如今所使用的成千上万种材料。斗转星移，人类社会不断前行，人口的持续增长、生活水平的不断提高、科技的飞速发展都推动着材料流的不断更新，你不能想象，1950年时全世界的钢铁产量与水泥产量还几乎一样多，但到2010年，钢铁产量增加了8倍，水泥产量增加了25倍。可以看出，对于每一个现代国家，现在的确要比100年、50年、10年前需要更多的木材、石头、沙子、金属和非金属矿物质。这种高消耗、低效率的粗放生产模式对地球上有限的资源带来了极大的挑战，对我们生存的环境带来了不可逆转的破坏，人们不禁有了很多思考和问题。

现代经济发展导致的自然资源断崖式减少并且超过了峰值会持续下去吗？能持续多久呢？在21世纪有哪些手段能抑制像20世纪的材料膨胀？我们能否提倡一些限制物质消费的理性手段？对现有材料替代、加强回收和再利用的机会有哪些？新材料的发明会怎样推动现代社会文明的发展呢？

这些问题的提出不仅使我们不断地倡导材料的减量化发展，更鞭策着人类不断探索向前的脚步，找到更多能够替代传统材料、具有更优异性能的新型超级材料。许多新型材料在短短几年间就取得显著成就，相信在未来10~50年内必将开发出重要的实际应用产品。

前述已经初步了解了纳米材料，它是工程结构达到100 nm或至少小一个维度尺寸的材料，已经用作半导体、催化剂、化妆品、涂料和药物的载体等，并且这些产品在未来的诸多领域中将会有极其广泛的应用，在日常生活中的使用也将会日益扩大。下面介绍几种具有未来感的材料。

9.2.1 碳纳米材料

你是否听过陶瓷超级材料、弹性体超级材料、气凝胶超级材料？"超级材料"一词正在现在报道中广泛使用并被人们所熟知，但是有一种超级材料一定耳熟能详并把其他超级材料都淹没。你一定不相信，因为它的发现，两位发现者获得了2010年的诺贝尔奖，戏谑称为用透明胶撕出来的诺贝尔奖，这就是石墨烯，现代材料科学热潮的鼻祖。

（1）石墨烯

石墨烯的发现来自一个偶然的机会。2004年，英国曼彻斯特大学的两位科学家安德烈·盖和克斯特亚·诺沃消洛夫用一种炫酷的机械加工技术获取（即撕胶带）。他们的做法是从高定向热解石墨中剥离出石墨片，然后将石墨片的两面粘在一种特殊的胶带上，撕开胶带，就能把石墨片一分为二。重复这样的操作，薄片就会越来越薄，最后，他们撕出了仅由一层碳原子构成的薄片，即石墨烯。

石墨烯是一种以sp^2杂化轨道组成六角形呈蜂巢晶格的二维碳纳米材料（图9.6）。厚度为一个原子层，碳原子间由σ键连接，这些σ键赋予了石墨烯极其优异的力学性质和结构刚性。石墨烯的硬度比最好的钢铁还要强一百倍，甚至要超过金刚石。在石墨烯中，所有原子均参与了离域，未成对的p电子可以在整个片层上下两侧自由移动；并且由于共价单键的稳定性，石墨烯不会出现某位置碳原子的缺失或被杂原子替换，保证了大π键的完整性，p电子在其中移动时不会受到晶体缺陷的干扰，得以高速传导，因此石墨烯有着超强的导电性，其中电子的运动速度高达光速的三百分之一，赋予了石墨烯良好的半导体性。其电子迁移率超过硅的2个数量级，并且它的热电导率幅度比银还大。随着批量化生产以及大尺寸等难题的相继突破，石墨烯的产业化应用逐步实现，应用于航空航天、新能源电池等领域，并且未来一定会在能源材料、微纳加工、生物医学及药物传递等方面具有重要的应用前景，甚至使太空探索发生革命性的变化。现阶段石墨烯在储氢材料、电池领域、光电子器件等方面均有广泛应用。

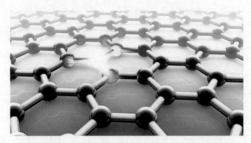

图9.6　石墨烯

除了以上领域的应用，石墨烯在诸多领域都具有巨大的潜力（图9.7），包括用于光催化领域、医学和仿生生物领域、传感器、数据传输系统、超强复合物、光伏和能量存储领域等。但关于石墨烯技术，目前较多仍处于实验室的理论研究阶段，与实际应用隔着千山万水。据中国科学院预计，到2024年后，石墨烯应用领域将进一步扩展到生活中包括衣食住行的各个方面，为如功能服装、保健品、触屏材料、超轻型飞机材料等应用提供更广阔的可能。

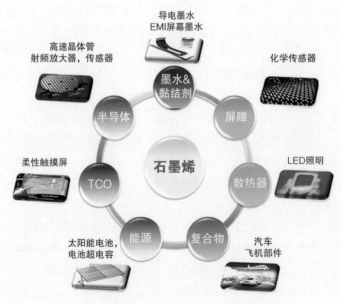

图9.7　石墨烯的诸多应用

（2）碳纳米管

碳的同素异形体酷似足球的C_{60}，它被称为布基球，又叫富勒烯，富勒烯一经发现即吸引了全世界的目光，科学家哈罗德·克罗托、理查德·斯莫利和罗伯特·柯尔亦因共同发现C_{60}并确认和证实其结构而获得诺贝尔化学奖。在富勒烯研究的推动下，1991年另一种更加神奇的碳结构——碳纳米管被日本NEC公司的饭岛博士发现。电子显微镜专家饭岛在高分辨透射电子显微镜下检验石墨电弧设备中产生的球状碳分子时，意外发现了由管状的同轴纳米管组成的碳分子，这就是现在所说的碳纳米管（Carbon nano tube，CNT）。

CNT是一种径向尺寸为纳米量级，轴向尺寸为微米量级，管两端基本封口的具有特殊结构的一维量子材料，由单层或多层石墨烯围绕一定的卷曲矢量C_h（n，m）卷曲而成的无缝纳米空心管，每层的碳原子均采取sp^2杂化，形成蜂巢状六边形平面圆柱面（图9.8）。相比sp^3杂化，sp^2杂化中s轨道成分比较大，从而使碳纳米管具有高模量、高强度等特性。与石墨烯相比，碳纳米管因曲率而导致原本对称分配的Π电子云发生了畸变，由管内向管外偏移，在管内外形成电势差，由于这种独特的结构和性质，使其具备作为催化剂载体的优异条件。

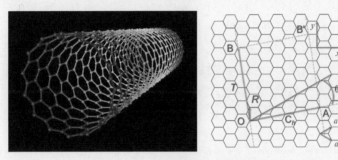

图9.8 由石墨烯卷曲而成的碳纳米管

碳纳米管是由呈六边形排列的碳原子构成的单层到数十层的同轴圆管。根据石墨烯片的层数可分为单壁碳纳米管（SWCNTs）和多壁碳纳米管（MWCNTs）（图9.9），直径一般为2～20 nm，层与层间保持固定的距离，约0.34 nm。

图9.9 多壁碳纳米管

碳纳米管具有优异的力学性能，硬度可以与金刚石媲美，强度的理论计算数值可达50～200 GPa，约是钢的100倍，密度仅为钢的1/7～1/6，更可贵的是碳纳米管同时拥有良好的柔韧性，弹性可达钢的5倍。碳纳米管的长径比一般在1 000∶1以上，相较于工业上理想材料的长径比20∶1，碳纳米管明显是理想的高强度超级纤维材料。因优异的长径比使其沿着长度方向有着极高的热交换性能，而垂直方向的热交换性能相对较低，所以通过合适的取向，碳纳米管还是理性的高各向异性的热传导材料。近年来科研人员将碳纳米管与基底功能材料复合，制备的复合材料性能均有极大改善，表现出良好的弹性、抗疲劳性及各向同性。此外，碳纳米管具有极高熔点，是已知材料中最高的。

与石墨烯一样，碳纳米管因同样的片层结构具有良好的电学性能，导电性极佳。有研究发现碳纳米管的导电性能与螺旋角也就是卷曲矢量C_h（n，m）值有关，对于一个给定（n，m）

的碳纳米管，在$n = m$方向，碳纳米管表现出卓越的导电性，电导率甚至可达铜的一万倍；在$2n + m = 3q$（q为整数）的方向上能表现出金属性，是良好的导体，否则表现为半导体性。碳纳米管的导电性还和管径有关，管径小于6 nm时，具有良好导电性能，可看作一维量子导线。通过理论计算预测当直径为0.7 nm时的碳纳米管甚至有超导性；但当碳纳米管的管径大于6 nm时，随管径增大导电性能开始下降。基于小管径下的超导性，碳纳米管又为我们打开了探索通往超导领域的大门。

碳纳米管质量轻、导电强、稳定性好、硬度大、柔韧性好等，它有着这么多吸引人的地方，和石墨烯一样，碳纳米管在电磁学、力学、催化剂材料、医学等众多领域已有所应用。相信有一天，我们一定能够用它制造出只存在于今日幻想中的事物。我们不仅可以用碳纳米管制造我们常用的汽车弹簧、电磁屏蔽材料、暗室吸波材料等，我们还能用它制造梦寐以求的隐身衣，甚至能制造一台电梯，直通宇宙。我们已经站在了非凡进步的门口，而这源于我们想要探寻周遭未知的世界并不懈追求的脚步从未停歇。

9.2.2 Stanene 材料

我们知道，石墨烯因其特有的二维排列而表现出许多突出的特性，Stanene是与石墨烯类似具有平面结构的单层锡（Sn）原子，被称作"后石墨烯材料"。经扫描隧道显微镜（STM）观察，Stanene呈现出引人注目的六角形蜂巢状图像（图9.10）。

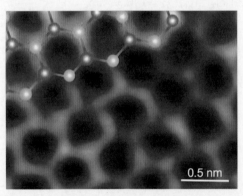

图9.10　Stanene的STM图

就像石墨烯不同于普通石墨一样，Stanene的行为表现与普通金属锡非常不同。由于元素中电子的自旋轨道相互作用相对较强，单层锡被认为是"拓扑绝缘体"，也被称为量子自旋霍尔（QSH）绝缘体。与普通金属锡的显著差别在于此材料内部是绝缘的，而表面或边缘具有良好的导电性能。这种单层拓扑绝缘体有望成为纳米电子学的理想布线材料。此外，这种材料的边缘具有可以携带特殊手性电流的高导电通道，通过自旋状态的不同可以锁定运输方向，这将在自旋电子学的应用研究中也别具魅力。通常情况下多数拓扑绝缘体只能在低温下显示出来。而Stanene在室温和更高的温度下也被预测为QSH状态，如果掺杂其他元素将Stanene功能化，其在电子和计算领域也将会拥有着令人难以置信的应用前景。

9.2.3 功能性材料

（1）智能高分子凝胶材料

　　智能高分子凝胶是高分子凝胶的一种，因其具有类生物反应即能感知周围环境变化而做出响应的特点被叫作智能高分子凝胶，又被称为刺激响应型聚合物，这些刺激主要有温度、pH值、光照、磁场、电场、反应物、应力等。智能高分子凝胶材料是由三维高分子网络形成的能保持一定形状的、不溶性交联结构和溶剂两部分组成。由于凝胶结构中含有亲溶剂性基团，使之可被溶剂溶胀而达到平衡体积。这类高分子凝胶随环境条件的变化而产生可逆、非连续性的体积变化。与普通凝胶相比，这种智能材料通过分子设计和有机合成的方法，赋予了材料更加高级的功能，如自修与自增殖能力、识别与鉴别能力、刺激响应与环境应变能力等。

　　利用智能高分子凝胶材料受外界环境刺激而变形的特性，人们设计出了许多化学能机械能转换的装置。智能水凝胶的应用（图9.11）利用高分子网络孔的可控性设计了智能药物释放体系；利用智能高分子凝胶在电场中发生收缩这一现象，人们提出了"化学阀"的构想，通过调节电场的大小，凝胶膜的孔径能被精确控制，从而可以自由选择可通过的粒子，达到分离物质的目的；利用智能高分子凝胶的膨胀-收缩循环的特性，开发出了随着温度的变化不断地收缩或伸展的人造肌肉。

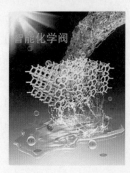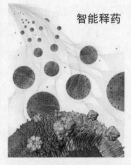

图9.11　智能高分子凝胶应用

（2）自愈合材料

　　我们知道，人类及生物的身体都具有自愈合的能力（图9.12）。如果划破了手指，伤口很快就会愈合，过不了几天就会完好如初。壁虎的尾巴断了，还可以长出新尾巴。海胆如果扭伤脊椎，体内就会产生一种由$CaCO_3$包裹着的胶状物自动填充到伤口并逐渐结晶硬化，对脊椎进行修补。自愈赋予了生物体顽强的生命力，科研人员受此启发：如何能让生活与生产中使用的材料"活"起来，像生物一样变得有"感觉"，能够应对外部环境的刺激，做出相应的自我调节，实现自我愈合与修复？

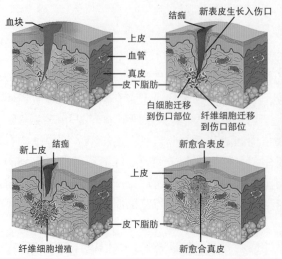

图9.12　动植物的自愈合能力

　　现在科学家已经研究出许多具有自愈功能的复合材料，用这样的复合材料制造的航天器在太空中受伤后能够自动修补伤口，材料的力学性能得到恢复，从而延长了使用寿命。还有科研人员研究出一种不需要外部刺激即可自我修复的凝胶材料，这种材料能够自行修复因反复折叠或弯曲等机械原因造成的电路裂痕，从而使断开的电路重新连通而导电。还有添加特殊愈合材料的混凝土，当接触到水时自动生成石灰石，使产生裂缝的墙体自动愈合，省去人工劳动，使建筑物的寿命得以延长。以上这些能够自行修复由于长期使用而造成的机械损伤，恢复其原有结构和功能的材料被称作自愈材料。从机理上讲，这些材料具有自愈功能是由于材料本身具有恢复载荷传递的能力，这种恢复可以是自主地发生，也可以通过外界刺激来激发愈合过程，例如热量的辐射、激光、压力等。因此，自愈材料能够延长材料的使用寿命，提高材料使用安全性并能降低材料的维护成本，在执行器、汽车涂层、形状记忆材料、可穿戴电子、软体机器人、生物医学等诸多领域备受关注。

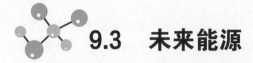

9.3　未来能源

　　资源、能源、环境与人类的发展息息相关，随着人类社会的高速发展，人们对生活水平的要求日益提高，对化石资源的消耗日益加剧，对各类能源的需求持续增加，由此看来解决未来能源问题是人类社会能够永续发展的关键。人类现在涉及利用的能源我们已初步了解，包括太阳能、风能、核能、氢能、地热能以及化学电源能等能源。这些能源的利用都是推进国家能源结构调整和实现可持续发展的必然选择。但在自然界中还有许多看似微不足道但也许会成为未来能源构成中浓墨重彩的一笔。

9.3.1 摩擦纳米发电能

近年全球气候变暖现象日益加剧，2018年北极圈的温度一度在秋季时节颠覆性地达到了32 ℃，由此引发的冰川消融、海平面上升等自然环境的变化已经引发全球、全社会的普遍关注并对社会发展带来巨大挑战。绿色新型能源技术的开发迫在眉睫。机械能作为环境中广泛存在的具有多样性与持续性的绿色能源，正得到越来越多的关注及开发利用。

在我们的日常生活生产及环境中存在着大量可以利用的机械能。我们很小的时候就知道用尺子在头皮上摩擦后，尺子就可以吸起许多碎纸屑，这种摩擦起电便是一种机械能。人们在日常生活中都会经历到某种形式的摩擦生电现象，例如冬天穿毛衣偶尔会有被电击的感觉，这就是摩擦产生的静电，还有鞋子在地毯上摩擦产生的静电等。摩擦起电似乎无处不在，但是摩擦电却很难被收集与利用，因此它的价值常常被人们所忽视，那么，可以用摩擦生电产生的电能为手机充电吗？答案是肯定的，这有赖于科学家发现的摩擦纳米发电技术。

传统的摩擦纳米发电技术是基于介电材料之间的摩擦起电来获得高电压或者说是静电荷的积累，然而由于常用聚合物阻抗高，这样产生的电流非常微弱，这就需要有一种能够有效收集的装备，摩擦纳米发电机（Triboelectric nanogenerator，TENG）的出现解决了这一问题。其原理是在摩擦纳米发电机的内部电路中，根据摩擦起电效应，利用两个摩擦电极性不同的材料薄层之间发生的电荷转移形成电势差。在TENG的外部电路中，电子在电势差驱动下，在分别粘贴在摩擦电材料层背面的两个电极之间或者电极与地之间流动，从而来平衡这个电势差，进而收集材料接触、摩擦所产生的电能，把微小的机械能转换为电能。另外摩擦纳米发电机在制作中没有用磁铁和线圈，而是使用质轻且密度低、成本低的高分子材料，具有前所未有的输出性能和优点。它能够采集我们四周的机械能为电子设备如手机、平板电脑等充电。将摩擦纳米发电机大规模投向海水表层，随着与海水波浪的起伏摩擦作用来收集电能，摩擦纳米发电为大尺度的"蓝色能源"提供一种全新的技术方案（图9.13），就是利用海浪能摩擦纳米发电。这有可能为整个世界的能源可持续发展做出重大贡献，也为有效收集机械能提供了一个全新的模式。

图9.13　海浪能摩擦纳米发电

更重要的是，和经典电磁发电机相比，摩擦纳米发电机在低频下具有不可比拟的高效性能。在生活中摩擦纳米发电机还可以收集原本浪费掉的各种形式的机械能，图9.14即是摩擦纳米发电机输出电量的各种可能，根据输出电量的不同可以供应不同的设备。例如，

未来我们可以在鞋子中安装摩擦纳米发电机，只要正常走路，就可以为自己随身携带的手机充电。同时摩擦纳米发电机还可以用作自驱动传感器来检测机械信号。这种机械传感器在触屏和电子皮肤等许多领域具有多种潜在的应用，也许在不久的将来你就会拥有一台永远不用充电的手机和一个靠说话就能点亮的灯束，病人可以植入不会断电的医疗原件，大大延长了性命等。摩擦纳米发电机作为一种新能源的收集器给我们的生活带来了无限的畅想。

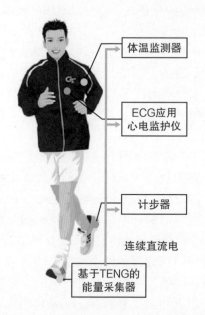

图9.14　人体运动摩擦纳米发电机输出能量的潜在应用

9.3.2　人造太阳能源

　　能源可谓是推动现代社会前进的车轮，这个车轮的骨架就是我们一直以来赖以生存的传统能源煤炭、石油、天然气，全世界各国围绕这些能源的事端也从来没有停止过。但如果有一天这些宝贵的一次能源耗尽的时候，人类面对能源危机该怎么办呢？有没有这样一种装置，它能像太阳一样产生无尽的、永久的清洁能源呢？人类始终没有停止过探索终极能源的脚步，科技的进步已经快比肩于人类的想象，"人造太阳"已经从科幻世界走到了现实世界当中。那什么是人造太阳呢？例如，电影《钢铁侠》相信大家都看过，钢铁侠胸前可发出巨大光束的离子发射器其实就是一个人造太阳（图9.15）。当然钢铁侠的人造太阳还存在于想象之中，但未来一定会出现只需200 kg的重水D_2O（氘的氧化物）和锂就能支撑一个城市一年的用电量。

图9.15 钢铁侠的"人造太阳"

那人造太阳能究竟是什么呢？简单来说，人造太阳就是一个受控核聚变装置。核能主要通过三种核反应释放即核裂变、核聚变、核衰变。简单来讲，核裂变好比原子弹爆炸，是指较大的原子核分裂为较小的核释放的结合能；核聚变正相反是较轻的原子核聚合在一起释放的结合能，像氢弹爆炸；而核衰变是指原子核自发衰变过程中释放的能量，量级较低。目前，受控核裂变技术是当前核能应用的主流，核电站已实现了商业化发展。利用核裂变核电站的好处不言而喻，但核电站的安全风险及造成的不可逆转的伤害始终是人们挥之不去的阴影。日本福岛核电站泄漏后，那里的人们至今还生活在灾难的阴影之下。此外核裂变需要的金属铀在地球上含量稀少，放射堆还会产生核废料，这都对这种能源的利用带来了限制因素。与核裂变相反，核聚变的主要原料是氘核（^2_1H）与氚核（^3_1H），它们都是氢的同位素，这两种元素在地球上的储量比铀丰富得多，例如氘，海水中大约6 000～7 000个氢原子中有一个氘原子，也就是说每升水约含30 mg氘，而这30 mg氘产生核聚变的能量相当于300 L汽油燃烧的能量。与此同时，核聚变产生的能量却是核裂变的近10倍之多，核聚变还兼具核废料少、放射性时间短等优点。其实核聚变对我们来说并不遥远，太阳每天普照大地，孕育万物，它的能量就源于其自身内部时刻发生的核聚变，也就是说我们每天都在享受着核聚变的能量。太阳虽然是我们无法超越的自然，但科学家及能源学家却大胆设想，我们能否在地球上建造一个"人造太阳"，让"种太阳"不再是儿歌里的美好愿望。

人类已经对核聚变有所应用，例如氢弹，但想要和平的使用核能，就要解决对核聚变的可控方式。太阳时刻在进行核聚变是因为它具有1 500万 ℃及3 000亿个大气压的环境，而在地球的自然环境中就要求聚变燃料加热到1亿 ℃以上才能产生核聚变反应，这样高的温度和能量释放是现在任何材料都难以承受的。于是科学家想到用磁的方法将这团上亿度的等离子体火球悬浮起来，装置内形成真空，就既不能与容器周边的材料接触又能减少能量损失，这样进行加热与控制，进而成为受控的"太阳"。图9.16即为"人造太阳"托卡马克装置。

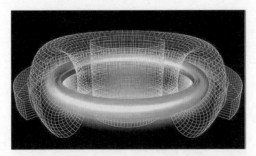

图9.16　人造太阳

　　由于等离子体是带电的，当给托卡马克装置中线圈通电时会产生强磁场，这个强磁场产生的洛伦兹力就可以将等离子体约束在内部的环形真空室中。由于等离子体的温度可以超过5 000万 ℃，如果没有洛伦兹力的约束，托卡马克装置会被瞬间融化，所以洛伦兹力非常重要，它是人造太阳能够实现的前提。就现阶段而言，磁约束最大的问题是等离子体的约束不稳定，粒子的密度温度以及内部空间的不均匀性，导致了托卡马克装置无法长期进行运转。

　　核聚变研究关系到未来是否能够最终解决人类能源问题，世界上很多国家包括美国、日本、巴西、欧盟等都在进行相关研究。目前，中国在人造太阳的研究中处于世界领先地位，2017年7月中国科学院等离子体物理研究所宣布，我国超导托卡马克实验装置EAST（东方超环）（图9.17），实现了全球首次5 000万 ℃等离子体持续放电101.2 s的高约束运行，并且中国EAST装置稳定运行的时间每年都在提升，2018年11月EAST装置已经能够加热到10 MW，等离子的储存能量可达30万J，在低杂波协和电子回旋作用之下，EAST内部的等离子体温度能够达到1亿℃，在走向商业化的道路上又迈进了一步。

图9.17　东方超环

　　核聚变的探索之路还在不断向前，我国希望在十年之后建成自己的工程堆来演示发电，图9.18是核聚变堆的初步设计图。它像一只大鹏，满载着中国腾飞的梦想。相信在未来几十年，人类一定可以高效利用核聚变，使用这种更轻便、无污染、能量大的能源，未来核裂变核电站也将被核聚变核电站取代，我们生活用电的成本将会更低。人造太阳的实现指日可待，造福人类的梦想一定会变成现实，让我们期待人造太阳来照亮世界上每个角落。

图9.18 未来核聚变堆

　　人类的历史像一座巍巍高山，化学的发展就像那通天之梯，将不屈的探索精神引向巅峰。化学发展到今天不仅为材料科学、环境工程、地球信息、生物医学等学科提供坚实基础，成为发现和创造物质的重要手段，同时还为提高人类生活水平、保证人类健康、推动社会进步等方面发挥着不可替代的作用。未来的世界是无比美好的，但化学定会成为你谱写未来社会美好篇章的重要音符。

参考文献
REFERENCES

[1] 高胜利，谢钢，杨奇. 化学·社会·能源[M]. 北京：科学出版社，2012.

[2] 范小振，张翠华. 生活中的绿色化学[M]. 保定：河北大学出版社，2014.

[3] 李清寒，赵志刚. 绿色化学[M]. 北京：化学工业出版社，2017.

[4] MILLER J M. 超级电容器的应用[M]. 韩晓娟，李建林，田春光，译. 北京：机械工业出版社，2014.

[5] 姚兴佳，刘国喜，朱家玲，等. 可再生能源及其发电技术[M]. 北京：科学出版社，2010.

[6] 朱永强. 新能源与分布式发电技术[M]. 北京：北京大学出版社，2000.

[7] 钱易，唐孝炎. 环境保护与可持续发展[M]. 北京：高等教育出版社，2000.

[8] 陈伟珂. 社区生活垃圾分类与处置一点通[M]. 天津：天津大学出版社，2017.

[9] 李之悦，张志祥，尚海涛，等. 超高压技术在果蔬贮藏与加工中的应用研究进展[J]. 黑龙江农业科学，2018（9）：144-148.

[10] 陈殊慧. 3D打印在食品中的运用[J]. 数码设计，2017（7）：107-109.

[11] 李源，于乐祥，张辉. 微化工技术的研究与应用[J]. 工艺技术，2018（10）：171-172.

[12] 崔超婕，田佳瑞，杨周飞，等. 石墨烯在锂离子电池和超级电容器中的应用展望[J]. 材料工程，2019，47（5）：1-9.

[13] GAO L L, JIN Y, LIU X F, et al. A rationally assembled graphene nanoribbon/graphene framework for high volumetric energy and power density Li-ion batteries [J]. Nanoscale, 2018, 10（16）：7676-7684.

[14] TENG Y Q, ZHAO H L, ZHANG Z J, et al. MoS$_2$ nanosheets vertically grown on graphene sheets for lithium-ion battery anodes [J]. ACS Nano, 2016, 10（9）：8526-8535.

[15] 李邵娟，甘胜，沐浩然，等. 石墨烯光电子器件的应用研究进展[J]. 新型碳材料，2014（5）：329-356.

[16] 韩昌报，王嫚琪，黄建华，等. 摩擦纳米发电技术研究进展及其潜在应用[J]. 北京工业大学学报，2020，46（10）：1103-1127.